U0163600

工程光学(含 MATLAB)

Engineering Optics with MATLAB®

原书第二版

Second Edition

〔美〕潘定中(Ting-Chung Poon) 〔韩〕金兑根(Taegeun Kim) 著

张亚萍 刘 燕 许 蔚 译

科学出版社

北 京

图字:01-2021-1783 号

内 容 简 介

本书译自美国弗吉尼亚理工大学潘定中(Ting-Chung Poon)和韩国首尔世宗大学金兑根（Taegeun Kim）所著 *Engineering Optics with MATLAB* (*Second Edition*)一书，该书详细介绍了工程光学的基本原理，重点阐述了几何光学的矩阵形式理论、波的传播和衍射、傅里叶光学的基本知识，以及声光、电光的基本原理和应用等。

本书提供了常用软件工具 MATLAB 对理论和应用进行建模的经验，适合光学工程、光电信息科学与工程、工程物理等专业高年级本科生或研究生一年级水平的读者。

图书在版编目(CIP)数据

工程光学：MATLAB 版：原书第二版 /(美)潘定中（Ting-Chung Poon），(韩)金兑根(Taegeun Kim)著；张亚萍，刘燕，许蔚译. —北京：科学出版社，2024.3

书名原文：Engineering Optics with MATLAB(Second Edition)

ISBN 978-7-03-078200-7

Ⅰ. ①工… Ⅱ. ①潘… ②金… ③张… ④刘… ⑤许… Ⅲ. ①Matlab 软件-应用-工程光学 Ⅳ. ①TB133-39

中国国家版本馆 CIP 数据核字（2024）第 051101 号

责任编辑：叶苏苏 / 责任校对：彭 映

责任印制：罗 科 / 封面设计：义和文创

科学出版社 出版

北京东黄城根北街16号

邮政编码：100717

http://www.sciencep.com

四川煤田地质制图印务有限责任公司 印刷

科学出版社发行 各地新华书店经销

*

2024 年 3 月第 一 版 开本：787×1092 1/16

2024 年 3 月第一次印刷 印张：13 1/2

字数：329 000

定价：139.00 元

（如有印装质量问题，我社负责调换）

译 者 序

光与电的结合从深度和广度上加速了现代光学、信息科技及产业的飞速发展。其中，以几何光学和波动光学为基础的信息光学、声光学、电光学等理论及其应用是当前最活跃的研究领域之一。基于光电信息工程、光学工程等专业的人才培养需求，工程光学是这些专业必修的专业基础课程。

本书主要面向光电类专业的高年级本科生和研究生，书中选择了基本而又重要的内容，兼具基础性和学术性，对重点部分的推导和解释极为详尽，相关基本理论知识面的扩展能够带给学生极大的启发。大量的应用实例和 MATLAB 仿真分析能让学生快速而扎实地掌握相关理论。希望通过对本书的学习，读者能快速了解光电领域的重点理论和方法。

本书注重理论与实践的结合，简单清晰地阐述了基础理论，内容由浅入深，方便读者自学。书中给出的实例均附有相应的 MATLAB 代码，可以直接运行，读者也可以修改参数并进行结果分析，从而更深入地理解相关理论。

本书较全面地介绍了工程光学的基本理论及其应用。全书共分 5 章，第 1 章主要介绍几何光学、矩阵理论等。第 2 章主要对波动光学、麦克斯韦电磁理论、傅里叶光学、高斯光学等基础知识进行阐述。第 3 章为光在非均匀介质和克尔介质中的传输理论。第 4 章重点介绍声光理论及其应用。第 5 章为电光理论及其应用。译著内容由译者合作完成，刘燕和许蔚完成校对工作，最后由张亚萍完成全文定稿。

感谢潘定中(Ting-Chung Poon)教授对本书中文版出版给予的大力支持和指导，感谢云南省现代信息光学重点实验室博士生姚勇伟、硕士生范厚鑫和张竟原等对书中图表所做的编辑工作。感谢家人给予的支持与关爱。

张亚萍、刘燕、许蔚

2023.3.1

关 于 作 者

潘定中

潘定中(Ting-Chung Poon)是美国弗吉尼亚州弗吉尼亚理工大学电气和计算机工程系的教授。目前的研究领域包括三维图像处理和光学扫描全息术。潘博士是专著《光学扫描全息(含 MATLAB)》(*Optical Scanning Holography with MATLAB*)[施普林格(Springer),2017]的作者,也是教材《现代数字全息导论(MATLAB 版)》(*Introduction to Modern Digital Holography with MATLAB*)[剑桥大学出版社(Cambridge University Press),2014]、《工程光学(含 MATLAB)》(*Engineering Optics with MATLAB*)[世界科技(World Scientific),2006]、《当代光学图像处理(含 MATLAB)》(*Contemporary Optical Image Processing with MATLAB*)[爱思唯尔(Elsevier),2001]和《应用光学原理》(*Principles of Applied Optics*)[麦格劳-希尔(McGraw-Hill),1991]的合著者。他还是《数字全息和三维显示》(*Digital Holography and Three-Dimensional Display*)[施普林格(Springer),2006)一书的编辑。潘博士于 2004~2014 年担任《应用光学》(*Applied Optics*)的专题编辑/区主编,也是《IEEE 工业信息学汇刊》(*IEEE Transactions on Industrial Informatics*)的副主编。当前,潘博士是《中国光学快报》(*Chinese Optics Letters*,COL)的副主编。潘博士是美国光学学会(Optical Society of America,OSA)2007 年主题会议“数字全息与三维成像”(Digital holography and 3-D imaging)的创始主席,是美国电气与电子工程师学会(Institute of Electrical and Electronics Engineers,IEEE)、英国物理学会(Institute of Physics,IOP)、美国光学学会和国际光学工程学会(the International Society for Optics and Photonics,SPIE)的会士。他因对光学扫描全息术(optical scanning holography,OSH)的开创性贡献,于 2016 年荣获了国际光学工程学会的丹尼斯·伽柏(Dennis Gabor)奖,为数字全息术和三维成像的发展作出了重大贡献。

金兑根

金兑根(Taegeun Kim)是韩国首尔世宗大学电气工程系的教授。目前的研究领域包括全息和三维成像系统。金博士是教材《工程光学(含 MATLAB)》[世界科技(World Scientific),2006]的合著者。他于 2011~2014 年担任《韩国光学学会杂志》(*Journal of Optical Society of Korea*)的专题编辑,并从 2015 年起担任《应用光学》(*Applied Optics*)专题编辑。金博士是韩国光学学会(Optical Society of Korea,OSK)和美国光学学会的会员,也是国际光学工程学会的资深会员。

以此纪念我的父母

——潘定中

致李相旼(Sang Min Lee)、金燦尹(Chanyun Kim)和金始衍(Siyeon Kim)

——金兑根

原著第二版前言

此版在各个章节提供了更为深入的讨论和举例。这一版的基本理念与第一版相同，主要有两个目的：首先介绍一些基本的知识点，如几何光学的矩阵形式理论、波的传播和衍射及傅里叶光学的基本背景知识等；其次介绍声光和电光的基本原理，并为学生提供使用常用软件工具 MATLAB 对理论和应用进行建模的经验。

原著第一版前言

本书有两个目的：首先介绍一些基本内容，如几何光学的矩阵形式理论、波的传播和衍射，以及傅里叶光学的基本背景知识；其次介绍声光与电光的基本原理，并为学生提供使用常用软件工具 MATLAB 对理论和应用进行建模的经验。本书内容基于作者的课堂讲义及其在该领域的研究工作。

本书的主要特点如下。每部分内容均从基本原理出发。例如，几何光学的讨论从费马原理出发，而声光和电光的讨论从麦克斯韦方程组出发。MATLAB 举例贯穿整本书，包括相关重要内容的程序，如高斯光束的衍射、非均匀介质和克尔介质中分布光束传输法、声光中高达 10 阶的耦合微分方程的数值计算等。最后，重点介绍声光在当代的应用，如空间滤波和外差技术。

本书可作为光学/光学工程课程的通用教材，也可作为高年级学生的声光、电光课程教材。希望本书能激发读者对光学的兴趣，并为他们提供声光和电光的基本知识背景。本书面向工程物理专业高年级本科生或研究生一年级水平的读者，适用于两个学期的课程。同时，本书适用于希望了解光束在非均匀介质中的传播及声光和电光基础知识的科学家和工程师。

潘定中谨此感谢他的妻子伊丽莎(Eliza)、孩子克里斯蒂娜(Christina)和贾丝廷(Justine)对他的鼓励、包容和爱。此外，潘教授还要感谢贾丝廷对部分手稿的电脑绘制工作，感谢比尔·戴维斯(Bill Davis)对正确使用文字处理软件提供的帮助，感谢艾哈迈德·萨法伊-贾齐(Ahmad Safaai-Jazi)和帕尔特·班纳吉(Partha Banerjee)对物理光纤和非线性光学内容的修改。最后，还要感谢莫尼什·查特吉(Monish Chatterjee)阅读手稿并提供改进意见及建议。

金兑根想感谢妻子李相旼(Sang Min Lee)、父母金平光(Pyung Kwang Kim)和朴爱淑(Ae Sook Park)对他的鼓励、无尽的支持与爱。

目 录

第1章 几何光学

在研究光学时，人们首先会想到光。光具有双重性质：光既是粒子[称为光子(photon)]，亦是波。当一个粒子运动时，它具有动量 p，而当一束波传播时，它具有振动波长 λ。动量和波长之间的关系可由德布罗意关系(de Broglie relation)给出：

$$\lambda = \frac{h}{p},$$

式中，$h \approx 6.2 \times 10^{-34}$ J·s 为普朗克常数(Planck's constant)。因此可以说，每个粒子也是一束波。

每个粒子或光子的能量 E 都可以通过其频率 ν 准确地计算，能量 E 由下式给出：

$$E = h\nu .$$

若粒子在自由空间或真空中运动，则频率 $\nu = c / \lambda$，其中，c 为粒子在自由空间或真空中的传播速度，为常数，约等于 3×10^8m/s。在透明的线性、均匀、各向同性介质中，光速也是常数，但它比 c 小，一般用 u 表示，该常数与材料的物理特性相关，c / u 的值称为材料的折射率(refractive index)，用 n 表示。

在几何光学(geometrical optics)中，光被看作粒子，而这些粒子的运动轨迹称为光线。因此，可以通过追迹穿过系统的光线来描述一个由类似反射镜和透镜等元件组成的光学系统。

几何光学是波动光学(wave optics)或物理光学(physical optics)的一种特殊情况，也是本章研究的重点。实际上，在波动光学中，当光波的波长趋于零时，即可得到几何光学。在此极限下，光的衍射和波动性质是不存在的。

1.1 费 马 原 理

几何光学始于费马原理(Fermat' s principle)。实际上，费马原理包含了几何光学中如反射定律(law of reflection)、折射定律(law of refraction)等物理定律的简洁表述。费马原理指出，与附近的路径相比，光线经过的路径是光程(optical path length，OPL)取极值的路径，该极值可能是极小值、极大值或相对于光程变化为恒定值，但通常为极小值。图 1.1(a)和图 1.1(b)分别给出了极大值和恒定值时的情况(极小值的情况将在下面介绍的反射定律和折射定律中进行讨论)。

在图 1.1(a)中，观察来自球面镜(M)的反射。其中，C 点表示球面镜的曲率中心，长度 CP 表示球面的曲率半径(radius of curvature)，图中还绘制了一个通过 P 点且焦点(focal point)分别为 F_1 和 F_2 的椭圆(E)。现在，讨论光从 F_1 开始，在 P 点反射到达 F_2 后，该光线的路径长度为 F_1P+PF_2。再考虑另一束光的路径长度 F_1Q+QF_2，其中，Q 点为球面镜

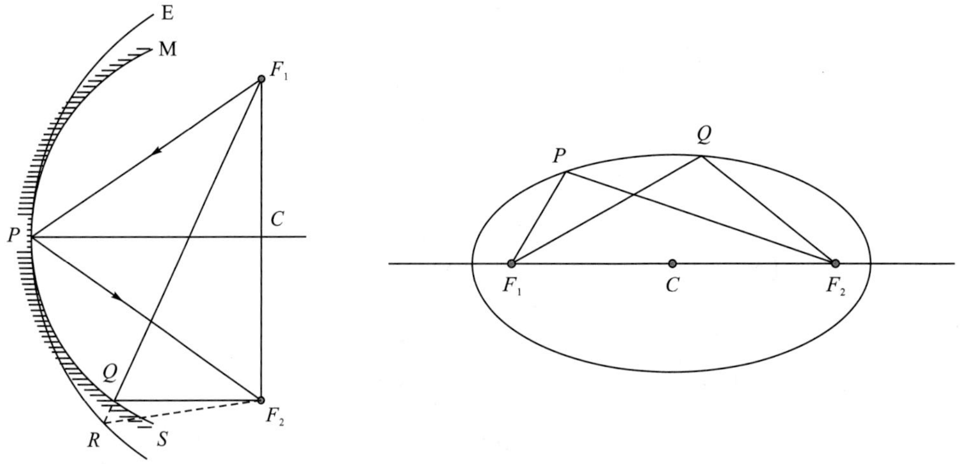

(a)球面镜 (b)椭圆镜

图 1.1 球面镜和椭圆镜

上的另一个点。由于 $QR+RF_2>QF_2$ ，这里 R 为椭圆上的一个点，它是 F_1Q 延长线截取椭圆时与椭圆的交点，可以看出 $F_1Q+QR+RF_2>F_1Q+QF_2$ ，故有 $F_1R+RF_2>F_1Q+QF_2$ 。由椭圆的性质可知， $F_1P+PF_2=F_1R+RF_2$ ，故 $F_1P+PF_2>F_1Q+QF_2$ ，即该光线的实际路径总是比其相邻的可能路径长，这种情况表示该极值为极大值。图 1.1(b)为上半部的椭圆焦点分别为 F_1 和 F_2 的一个椭圆反射镜。从图中可以看出，任意一条从其中一个焦点开始的光线，如从 F_1 开始，在被椭圆镜上的任意点(P 或 Q)反射后，都会穿过另一个焦点 F_2。由椭圆的性质可知， $F_1P+PF_2=F_1Q+QF_2$ 。因此，所有光线在反射后都具有相同的路径长度，这就是该极值为恒定值的情况。

现在，给出费马原理的数学描述。设 $n(x,y,z)$ 表示沿端点为 A 和 B 的路径 C 上与位置相关的折射率，如图 1.1(c)所示。定义其光程为

$$\mathrm{OPL}=\int_C n(x,y,z)\,\mathrm{d}s\ , \tag{1.1.1}$$

式中，$\mathrm{d}s$ 为无穷小弧长。根据费马原理，在连接两个端点 A 和 B 的众多路径中，光线将沿两个端点之间为极值的路径传播，即在变分法中，有

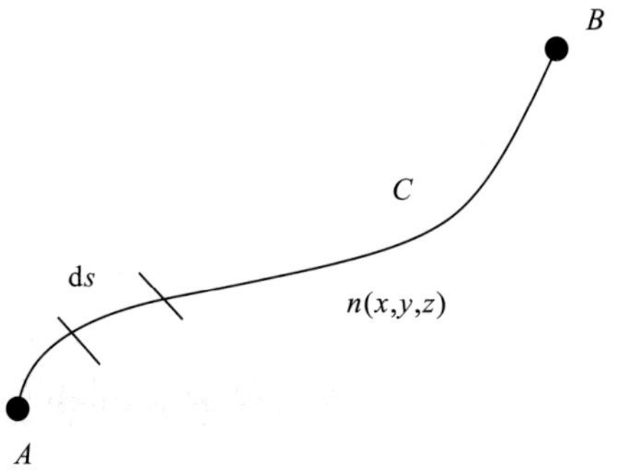

图 1.1 (c)穿过端点为 A 和 B 的路径 C 的一束光线

$$\delta(\text{OPL}) = \delta\int_C n(x,y,z)\,\mathrm{d}s = 0 \text{，} \tag{1.1.2}$$

式中，δ 为一个微变化。换句话说，一束光线将以总 OPL 为极值的方式在介质中传播。由于该极值意味着变化率为零，所以式(1.1.2)表示为

$$\frac{\partial}{\partial x}\int n\,\mathrm{d}s + \frac{\partial}{\partial y}\int n\,\mathrm{d}s + \frac{\partial}{\partial z}\int n\,\mathrm{d}s = 0 \text{.} \tag{1.1.3}$$

现在，由于光线以速度 $u = c/n$ 沿该路径传播，所以有

$$n\,\mathrm{d}s = \frac{c}{u}\mathrm{d}s = c\,\mathrm{d}t \text{，} \tag{1.1.4}$$

式中，dt 为沿该路径传播距离 ds 时所需的微分时间。将式(1.1.4)代入式(1.1.2)，可得

$$\delta\int_C n\,\mathrm{d}s = c\delta\int_C \mathrm{d}t = 0 \text{.} \tag{1.1.5}$$

如前所述，该极值通常为极小值，因此可以将费马原理称为最短时间原理(principle of least time)。在均匀介质(homogeneous medium)中，即在折射率为常数的介质中，光线路径为一条直线，因为两个端点之间最小的 OPL 是沿直线的，即沿所需时间最短的路程。

1.2　反射和折射

如图 1.2 所示，当一束光入射到折射率分别为 n_1 和 n_2 的两种不同界面上时，可知其中一部分光被反射回介质 1，而其余的光则被折射进介质 2。这些光线的方向可由反射定律和折射定律来描述，也可从费马原理推导出来。

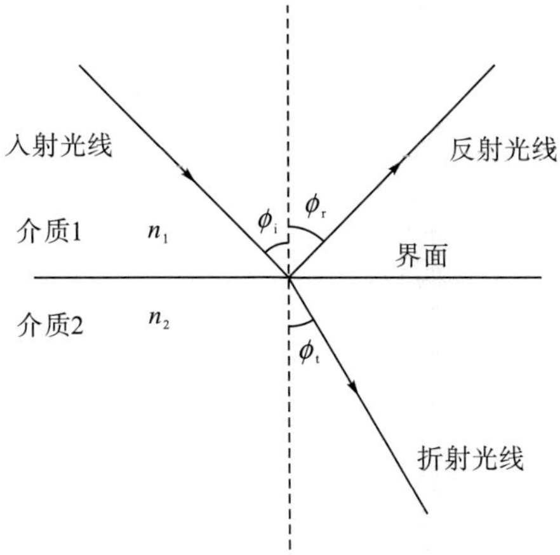

图 1.2　光入射到两种介质界面时的反射光线和折射光线

下面证明如何用最短时间原理来推导反射定律。考虑如图 1.3 所示的反射面。从 A 点发出的光经反射面反射到达 B 点，从法线开始分别形成入射角(incident angle) ϕ_i 和反射角(reflection angle) ϕ_r。光线穿过路径 $AO+OB$ 所需时间为 $t = (AO + OB)/u$，其中，u 为 A 点、O 点和 B 点所在介质中的光速。这里，认为该介质是均匀且各向同性的(isotropic)。从几何关系可以发现：

$$t(z)=\frac{1}{u}\left\{[h_1^2+(d-z)^2]^{1/2}+[h_2^2+z^2]^{1/2}\right\}. \tag{1.2.1}$$

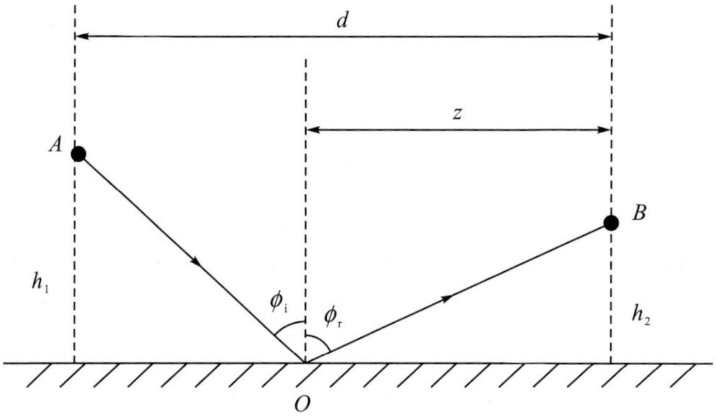

图 1.3 入射光线(*AO*)和反射光线(*OB*)

根据最短时间原理，光会找到一条随 z 变化并使 $t(z)$ 达到极值的路径。因此，设 $\mathrm{d}t(z)/\mathrm{d}z=0$，可以得到

$$\frac{d-z}{[h_1^2+(d-z)^2]^{1/2}}=\frac{z}{[h_2^2+z^2]^{1/2}} \tag{1.2.2}$$

或

$$\sin\phi_i=\sin\phi_r \tag{1.2.3}$$

故

$$\phi_i=\phi_r, \tag{1.2.4}$$

这就是反射定律。容易证明，$t(z)$ 的二阶导数在临界点 z_1 处为正。这里，$\mathrm{d}t(z_1)/\mathrm{d}z=0$，因此得到的结果符合最短时间原理。此外，费马原理还要求入射光线、反射光线和法线在同一平面内，该平面称为入射面(plane of incidence)。

同样，也可以根据最短时间原理推导折射定律，即

$$n_1\sin\phi_i=n_2\sin\phi_t, \tag{1.2.5}$$

这就是斯涅尔折射定律(Snell' s law of refraction)。在式(1.2.5)中，ϕ_i 为入射光线的入射角，ϕ_t 为折射光线的透射角(或折射角)，这两个角度均从其表面的法线开始测量。同样，与反射一样，入射光线、折射光线和法线都位于同一平面。斯涅尔折射定律表明，当光线从折射率较小的介质 1 斜射入折射率较大的介质 2 或光学密度较高的介质中时，折射光线将向法线方向偏折。相反地，若光线斜射入折射率较小的介质中，则折射光线偏离法线。对于后一种情况，若折射光线偏离法线的角度恰好为 90°，在这种情况下，入射角称为临界角(critical angle) ϕ_c，并由下式给出：

$$\sin\phi_c=n_2/n_1. \tag{1.2.6}$$

当入射角大于临界角时，从介质 1 发出的光线被全部反射回介质 1 中，这种现象称为全内反射(total internal reflection)。光纤(optical fiber)就是利用全内反射原理来引导光传播，如炎热夏日里出现的海市蜃楼现象也是全内反射造成的光学幻景。

1.3　非均匀介质中的光线传播：光线方程

1.2 节讨论了光在两种具有不同折射率的介质之间的折射，这是光在离散非均匀介质(inhomogeneous medium)中传播的最简单的一种情况。在一般的非均匀介质 $n(x,y,z)$ 中，有一个能描述光线轨迹的方程是具有指导意义的。这类方程称为光线方程(ray equation)，该光线方程类似于经典力学中粒子和刚体的运动方程(equation of motion)，运动方程可以根据牛顿力学(Newtonian mechanics)来推导，也可以直接从哈密顿原理(Hamilton's principle of least action)导出。实际上，光学中的费马原理和经典力学中的哈密顿原理是相似的。下面，先阐述哈密顿原理，进而建立力学中的拉格朗日方程(Lagrange's equation)，再用光学中的拉格朗日方程来推导光线方程。

哈密顿原理指出，一个粒子在时间 $t_1 \sim t_2$ 的轨迹是：对于固定的 t_1 和 t_2，其曲线积分的变分为零，即

$$\delta\int_{t_1}^{t_2} L(q_k,\dot{q}_k,t)\,\mathrm{d}t = 0\,, \tag{1.3.1}$$

式中，$L = T - V$ 为拉格朗日函数(Lagrangian function)，其中 T 为粒子动能，V 为粒子势能；q_k 为广义坐标(generalized coordinates) ($k=1,2,3,\cdots,n$)；$\dot{q}_k = \mathrm{d}q_k/\mathrm{d}t$。

广义坐标是指能唯一确定运动的独立坐标 q_k 的任意集合(不受任何方程的约束)。广义坐标的个数 n 即自由度(degrees of freedom)的个数。例如，单摆有一个自由度，即 $q_k = q_1 = \phi$，其中，ϕ 为单摆与垂线的夹角。如果单摆比较复杂，绳子是有弹性的，那将有两个广义坐标，即 $q_k = q_1 = \phi$ 和 $q_k = q_2 = x$，其中，x 为摆绳的长度。又如，考虑一个被限定在只能沿半径为 R 的球面运动的粒子，其坐标 (x, y, z) 并不是一个独立集，它们通过约束方程 $x^2+y^2+z^2=R^2$ 互相联系。该粒子只有两个自由度，需要两个独立的坐标才能唯一地确定它在球面上的位置。这些坐标可以作为纬度和经度，也可以从球坐标中选择 θ 角和 ϕ 角作为广义坐标。

这里，若力场 $\boldsymbol{F}$ 是保守的，即 $\nabla\times\boldsymbol{F}=\boldsymbol{0}$，则总能量 $E=T+V$ 在运动过程中是一个常数，并且可以由哈密顿原理得出粒子的运动方程，称为拉格朗日方程：

$$\frac{\mathrm{d}}{\mathrm{d}t}\left(\frac{\partial L}{\partial \dot{q}_k}\right) = \frac{\partial L}{\partial q_k}\,. \tag{1.3.2}$$

举个简单的例子来说明拉格朗日方程的应用。考虑一个质量为 m 的粒子，其动能为 $T = m|\dot{\boldsymbol{r}}|^2/2$，势能为 $V(x, y, z)$，其中，$\boldsymbol{r}(x, y, z) = x(t)\boldsymbol{a}_x + y(t)\boldsymbol{a}_y + z(t)\boldsymbol{a}_z$ 为位置向量，$\boldsymbol{a}_x$、$\boldsymbol{a}_y$、$\boldsymbol{a}_z$ 分别为沿 x、y 和 z 方向的单位向量。根据牛顿第二定律，有

$$\boldsymbol{F} = m\ddot{\boldsymbol{r}}\,, \tag{1.3.3}$$

式中，$\ddot{\boldsymbol{r}}$ 为 $\boldsymbol{r}$ 关于 t 的二阶导数。通常，力由势能的负梯度给出，即 $\boldsymbol{F}=-\nabla V$。因此，根据牛顿力学，可以得到粒子的矢量运动方程，即

$$m\ddot{\boldsymbol{r}} = -\nabla V\,. \tag{1.3.4}$$

现在，由拉格朗日方程可知$L = T - V = \frac{1}{2}m|\dot{\boldsymbol{r}}|^2 - V$，由$q_1 = x$，可得

$$\frac{\mathrm{d}}{\mathrm{d}t}\left(\frac{\partial L}{\partial \dot{x}}\right) = m\ddot{x} \text{ 和 } \frac{\partial L}{\partial x} = -\frac{\partial V}{\partial x}. \tag{1.3.5}$$

根据式(1.3.2)并利用上述结果可知，

$$m\ddot{x} = -\frac{\partial V}{\partial x}. \tag{1.3.6}$$

由于$q_2 = y$和$q_3 = z$，对于y分量和z分量，情况也类似。通过牛顿力学，可以直接得出方程式(1.3.4)。由此可见，牛顿方程可以通过拉格朗日方程来推得。事实上，这两组方程是同等重要的。然而，该物理问题已经被转化为一个纯粹的数学问题，所以与传统的牛顿定律相比，拉格朗日体系具有一定优势。因此，这里只需要求系统的T和V，然后再通过拉格朗日方程进行数学处理。此外，由于拉格朗日方程是标量方程，不需要考虑类似牛顿力学中的任何矢量方程。事实证明，拉格朗日方程更适合处理如量子力学(quantum mechanics)和广义相对论等领域的复杂系统。

==

例(1)　单摆例子

参照图例(1)，这里有一个单摆问题：一个质量为m的质点附着在一根质量可忽略不计的杆的末端，其运动被限定在一个垂直平面内。

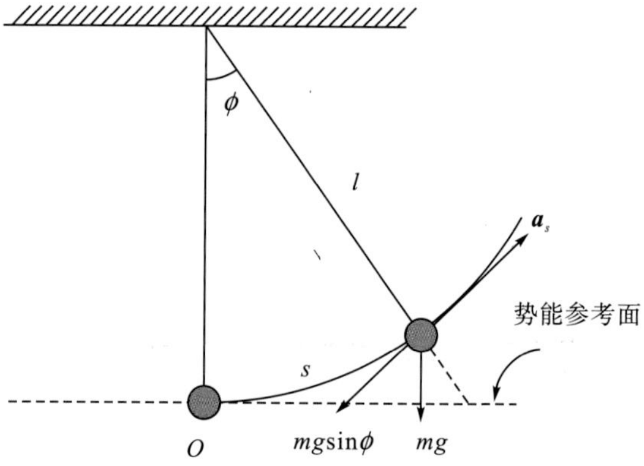

图例(1)　单摆示例图

图例(1)中，弧长s从平衡位置O点开始测量，$\boldsymbol{a}_s$为与圆弧相切的单位矢量。根据牛顿第二定律，有

$$F = m\ddot{s}\boldsymbol{a}_s = -mg\sin\phi\boldsymbol{a}_s,$$

式中，mg为重力，负号表示试图使质点回到平衡状态的回复力。这里，$s = l\phi$，l为摆的长度，则上式简化为

$$l\ddot{\phi} = -g\sin\phi \text{ 或 } \ddot{\phi} + (g/l)\sin\phi = 0.$$

利用拉格朗日的处理方法，首先求所考虑系统的动能 T 和势能 V：

$$T = mu^2/2 = m(l\dot{\phi})^2/2, \quad V = mg(l - l\cos\phi),$$

而由 $L = T - V$，可以得到

$$\frac{\partial L}{\partial \dot{\phi}} = ml^2\dot{\phi}, \quad \frac{\partial L}{\partial \phi} = -mgl\sin\phi.$$

又因为 $\frac{\mathrm{d}}{\mathrm{d}t}\left(\frac{\partial L}{\partial \dot{\phi}}\right) - \frac{\partial L}{\partial \phi} = 0$，由此可得 $\ddot{\phi} + (g/l)\sin\phi = 0$。

==

在对哈密顿原理有了一定了解并利用拉格朗日方程得到粒子的运动方程后，现在来写出光学中的拉格朗日方程。再次说明，光学中关注的粒子是光子。从式(1.1.2)给出的费马原理出发，有

$$\delta\int_C n(x,y,z)\,\mathrm{d}s = 0. \tag{1.3.7}$$

参考图 1.4，沿光线路径的弧长 $\mathrm{d}s$ 可写为

$$\mathrm{d}s^2 = \mathrm{d}x^2 + \mathrm{d}y^2 + \mathrm{d}z^2. \tag{1.3.8}$$

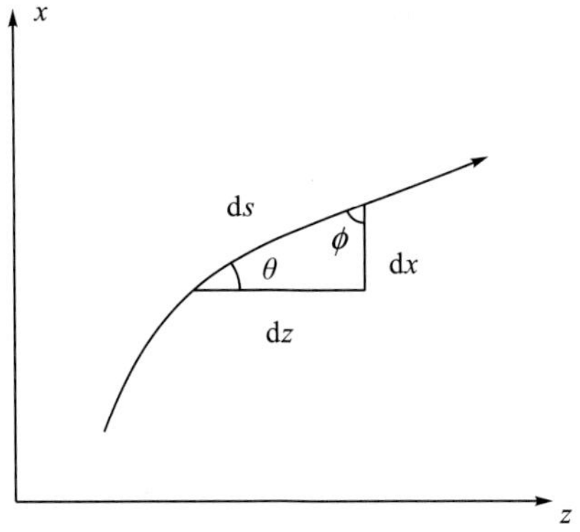

图 1.4　光线在连续非均匀介质中的路径

为了简单起见，这里仅给出二维平面图(即 x-z 面)。定义 $x' = \mathrm{d}x/\mathrm{d}z$ 且 $y' = \mathrm{d}y/\mathrm{d}z$，可以将式(1.3.8)写成

$$\mathrm{d}s = \mathrm{d}z\sqrt{1 + (x')^2 + (y')^2}. \tag{1.3.9}$$

将式(1.3.9)代入式(1.3.7)，得

$$\delta\int_C n(x,y,z)\sqrt{1 + (x')^2 + (y')^2}\,\mathrm{d}z = 0. \tag{1.3.10}$$

将上式与方程式(1.3.1)进行比较，可将光学中的拉格朗日函数定义为

$$L(x,y,x',y',z) = n(x,y,z)\sqrt{1 + (x')^2 + (y')^2}. \tag{1.3.11}$$

可以看到，哈密顿原理是基于时间的最小化函数，而费马原理是基于长度 z 的最小化函数，因为这里假设 z 相当于拉格朗日力学中的 t，并将 z 方向作为光线的传播方向。

既然已经建立了光学中的拉格朗日函数，就可以参考式(1.3.2)直接写出光学中的拉格朗日方程：

$$\frac{\mathrm{d}}{\mathrm{d}z}\left(\frac{\partial L}{\partial x'}\right)=\frac{\partial L}{\partial x},\quad \frac{\mathrm{d}}{\mathrm{d}z}\left(\frac{\partial L}{\partial y'}\right)=\frac{\partial L}{\partial y}. \tag{1.3.12}$$

由这两个方程即导出可追迹光线(或光子)位置的光线方程。就像在拉格朗日力学中一样，通过拉格朗日方程可以推导粒子的运动方程。

利用式(1.3.9)和式(1.3.11)，式(1.3.12)经过一些变换后化简为

$$\frac{\mathrm{d}}{\mathrm{d}s}\left(n\frac{\mathrm{d}x}{\mathrm{d}s}\right)=\frac{\partial n}{\partial x} \text{和} \frac{\mathrm{d}}{\mathrm{d}s}\left(n\frac{\mathrm{d}y}{\mathrm{d}s}\right)=\frac{\partial n}{\partial y}. \tag{1.3.13}$$

当然，我们的目标是对于一个给定的 n，通过求解上述方程来求 $x(s)$ 和 $y(s)$。因此，有必要指出通过上面的两个方程足以确定光线轨迹，从而表明光线方程中的 z 分量确实是多余的。实际上，相应的求 z 的方程可由下式给出，即通过求 x 和 y 的公式中导出：

$$\frac{\mathrm{d}}{\mathrm{d}s}\left(n\frac{\mathrm{d}z}{\mathrm{d}s}\right)=\frac{\partial n}{\partial z}. \tag{1.3.14}$$

现在，结合式(1.3.13)和式(1.3.14)，可以得到矢量形式的光线方程(ray equation in vectorial form)：

$$\frac{\mathrm{d}}{\mathrm{d}s}\left(n\frac{\mathrm{d}\boldsymbol{r}}{\mathrm{d}s}\right)=\nabla n, \tag{1.3.15}$$

式中，$\boldsymbol{r}(s)$ 为位置向量，表示光线上任意一点的位置。

例 1.1 均匀介质

对于 $n(x,y,z)=$ 常数，式(1.3.15)变为

$$\frac{\mathrm{d}^2\boldsymbol{r}}{\mathrm{d}s^2}=0, \tag{1.3.16}$$

其解为

$$\boldsymbol{r}=\boldsymbol{a}s+\boldsymbol{b}, \tag{1.3.17}$$

式中，$\boldsymbol{a}$ 和 $\boldsymbol{b}$ 为根据初始条件确定的常数向量。显然，式(1.3.17)是均匀介质中光线路径的直线方程，如图 1.5 所示。

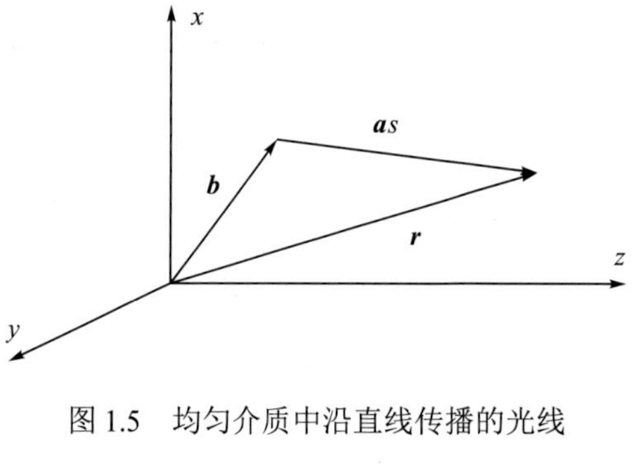

图 1.5 均匀介质中沿直线传播的光线

例 1.2 由光线方程导出的折射定律

考虑一个包含 x 坐标和 z 坐标的二维情况，其中 n 为 x 的函数。如图 1.6 所示，介质

由一组折射率不同的介质薄片组成。因为我们感兴趣的是光线如何沿 z 轴传播，所以可以利用式(1.3.14)，即

$$\frac{\mathrm{d}}{\mathrm{d}s}\left(n\frac{\mathrm{d}z}{\mathrm{d}s}\right)=0,$$

或

$$n\frac{\mathrm{d}z}{\mathrm{d}s}=\text{常数}.$$

由于 $\mathrm{d}z/\mathrm{d}s=\cos\theta=\sin\phi$ (图 1.4)，所以上式可以写为

$$n\sin\phi=\text{常数}.$$

这在整个光线轨迹中都是成立的。由此，可以导出折射定律或斯涅尔定律，即 $n_1\sin\phi_1=n_2\sin\phi_2=n_3\sin\phi_3$。

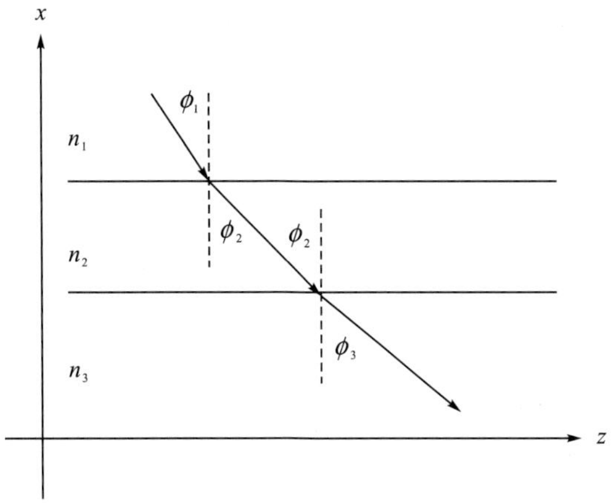

图 1.6　沿离散介质层折射的光线

例 1.3　平方律介质

$n^2(x,y)=n_0^2-n_2(x^2+y^2)$

本例首先考虑折射率与 z 无关的光波导，即一般情况下，$n=n(x,y)$，然后再求特殊情况下的平方律介质(square-law medium) $n^2(x,\ y)=n_0^2-n_2(x^2+y^2)$ 的解。可以看出，由于 n_2 足够小，所以对于 x 和 y 的所有实际值，有 $n_0^2\gg n_2(x^2+y^2)$。

对于 $n(x,y)$ 不是 z 的函数的情况，可以通过式(1.3.14)来深入理解该问题：

$$\frac{\mathrm{d}}{\mathrm{d}s}\left(n\frac{\mathrm{d}z}{\mathrm{d}s}\right)=\frac{\partial n}{\partial z}=0,$$

这表示 $n\frac{\mathrm{d}z}{\mathrm{d}s}$ 不是 s 的函数。也就是说，它在沿光线路径上的值是常量。实际上，它和 $s(x,y,z)$ 不同，不是任何坐标 x、y 和 z 的函数。因此，严格来说，$n\frac{\mathrm{d}z}{\mathrm{d}s}$ 是一个常数。设 $n\frac{\mathrm{d}z}{\mathrm{d}s}=\tilde{\beta}$，并参考图 1.4，利用 $\frac{\mathrm{d}z}{\mathrm{d}s}=\cos\theta(x,y)$，同时考虑一般情况下 y 方向的维度，可以得到方程：

$$n(x,y)\cos\theta(x,y)=\tilde{\beta}\ ,\tag{1.3.18}$$

上式为广义斯涅尔定律(generalized Snell's law)。其物理意义是当光线沿波导内部轨迹传播时，其光线会发生弯曲，而乘积 $n(x,y)\cos\theta(x,y)$ 或 $n(x,y)\sin\phi(x,y)$ 保持不变。现在找出可以求解 $x(z)$ 和 $y(z)$ 的方程式。为了求 $x(z)$，可以用含 x 的拉格朗日方程表示[式(1.3.12)]，即

$$\frac{\mathrm{d}}{\mathrm{d}z}\left(\frac{\partial L}{\partial x'}\right)=\frac{\partial L}{\partial x}\ ,\tag{1.3.19}$$

式中，对于当前的例子，$L=n(x,y)\sqrt{1+(x')^2+(y')^2}$，则式(1.3.19)变为

$$\frac{\mathrm{d}^2x}{\mathrm{d}z^2}=\frac{n}{\tilde{\beta}^2}\frac{\partial n}{\partial x}=\frac{1}{2\tilde{\beta}^2}\frac{\partial n^2}{\partial x}\ .\tag{1.3.20}$$

类似地，可以利用式(1.3.12)的 y 分量导出 $y(z)$ 的光线方程：

$$\frac{\mathrm{d}^2y}{\mathrm{d}z^2}=\frac{n}{\tilde{\beta}^2}\frac{\partial n}{\partial y}=\frac{1}{2\tilde{\beta}^2}\frac{\partial n^2}{\partial y}\ .\tag{1.3.21}$$

上述两个方程为折射率与 z 无关的介质的精确方程。

现在考虑平方律介质中的一个简单例子，即从 $x=x_0$ 处以相对于 z 轴为 α 的发射角(launching angle)出射光线，求其在 x-z 面内传播的光线路径。利用式(1.3.20)，有

$$\frac{\mathrm{d}^2x}{\mathrm{d}z^2}=-\frac{n_2}{n^2(x_0)\cos^2\alpha}x(z)\ ,\tag{1.3.22}$$

这里，利用了定义

$$\tilde{\beta}=n(x_0)\cos\theta(x_0)=n(x_0)\cos\alpha.$$

式(1.3.22)具有给定形式的通解：

$$x(z)=A\sin\left(\frac{\sqrt{n_2}}{n(x_0)\cos\alpha}z+\phi_0\right),\tag{1.3.23}$$

式中，常数 A 和 ϕ_0 可由光线的初始位置和斜率确定。可以发现，发射角 α 较小的光线具有较大的周期。然而，在傍轴近似(paraxial approximation)，即对于较小的发射角下，所有的光线路径具有近似相同的周期。这些位于包含光轴(optical axis)(z 轴)的平面内的光线被称为子午光线(meridional rays)，其他光线则被称为斜光线(skew rays)。

现在讨论这样一种情况，即光线在 y-z 平面上以相对于 z 轴为 α 的发射角在 $x=x_0$、$y=0$ 和 $z=0$ 处发射。在这个条件下，式(1.3.20)和式(1.3.21)分别化为

$$\frac{\mathrm{d}^2x}{\mathrm{d}z^2}=-\frac{n_2}{\tilde{\beta}^2}x(z)\tag{1.3.24a}$$

和

$$\frac{\mathrm{d}^2y}{\mathrm{d}z^2}=-\frac{n_2}{\tilde{\beta}^2}y(z)\ ,\tag{1.3.24b}$$

式中，$\tilde{\beta}=n(x,y)\cos\theta(x,y)=n(x_0,0)\cos\alpha$。

相应地，式(1.3.24a)和式(1.3.24b)的边界条件(boundary conditions)分别为

$$x(0)=x_0,\quad \frac{\mathrm{d}\,x(0)}{\mathrm{d}\,z}=0 \tag{1.3.25a}$$

和

$$y(0)=0,\quad \frac{\mathrm{d}\,y(0)}{\mathrm{d}\,z}=\tan\alpha\,. \tag{1.3.25b}$$

则式(1.3.24a)和式(1.3.24b)的解分别为

$$x(z)=x_0\cos\left(\frac{\sqrt{n_2}}{\tilde{\beta}}z\right) \tag{1.3.26a}$$

和

$$y(z)=\tilde{\beta}\frac{\tan\alpha}{\sqrt{n_2}}\sin\left(\frac{\sqrt{n_2}}{\tilde{\beta}}z\right), \tag{1.3.26b}$$

通常，这两个方程可用于描述斜光线。举个简单的例子，如果 $x_0=\tilde{\beta}\tan\alpha/\sqrt{n_2}$ ，再结合式(1.3.26)，有

$$x^2(z)+y^2(z)=x_0^2\,. \tag{1.3.27}$$

该光线以螺旋形式绕 z 轴旋转。图 1.7 为表 1.1 给出的 m-文件的 MATLAB 输出。对于 $n(x_0,0)=1.5$，$n_2=0.001$，发射角 α 为 0.5rad，可以得到 $x_0=22.74\mu\text{m}$ 。

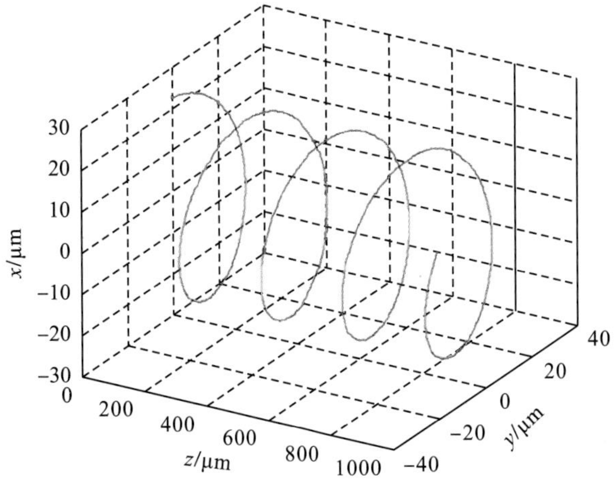

图 1.7　螺旋光线传播

表 1.1　Helix.m：绘制螺旋光线传播的 m-文件，其输出对应于所用的输入参数

```
-----------------------------------------------------------------
%Helix.m
%Plotting Eq. (1.3.27)
clear
nxo = input('n(xo) = ');  n2 = input('n2 = ');  alpha = input('alpha
[radian] = ');
zin =input('start point of z in micrometers =  ');  zfi = input('end
```

```
point of z in micrometers =  '); Beta = nxo*cos(alpha);
z=zin: (zfi-zin)/1000: zfi;  xo=Beta*tan(alpha)/(n2^0.5);
x=xo*cos((n2^0.5)*z/Beta); y=xo*sin((n2^0.5)*z/Beta);
plot3(z, y, x)
title('Helix ray propagation')
xlabel('z in micrometers')
ylabel('y in micrometers')
zlabel('x in micrometers')
grid on
sprintf('%f [micrometers]', xo)
view(-37.5+68, 30)
-----------------------------------------------------------------
n(xo) = 1.5 n2 = 0.001 alpha [radian] = 0.5 start point of z in
micrometers =0 end point of z in micrometers =1000 ans = 22.741150
[micrometers]
-----------------------------------------------------------------
========================================
```

例(2) 光线在类似电离层介质中传播举例

考虑折射率呈线性变化的介质[图例(2)]，如下所示：

$$n^2(x)=\begin{cases} n_0^2-n_1x, & x>0 \\ n_0^2, & x\leqslant 0. \end{cases}$$

如图例(2)所示，对于以相对于光轴为α角并穿过$x=0$，$z=0$处的光线，其中$n_1>0$，求当$x>0$时的$x(z)$。

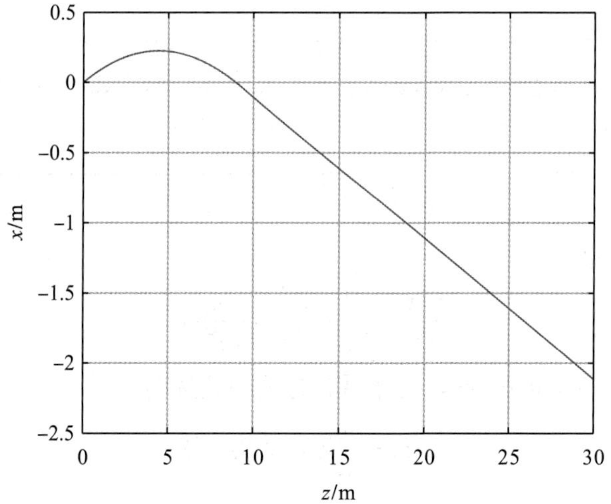

图例(2) 光在折射率呈线性变化的介质中传播

Ionosphere-like-medium.m：此 m-文件用来绘制在给定入射参数下光线通过类似电离层介质传播的相应输出

```
%Ray Propagation through Ionosphere-like Medium

clear
no = input('n(o) = ');
n1 = input('n1 = ');
alpha = input('alpha [radian] = ');
zfi = input('End of z in meters  =  ');
Beta=no*cos(alpha);
z=0: 0.1: zfi;
x=-n1/(4*Beta^2)*z.^2+z*tan(alpha);
[abs_x z1_ind]=min(abs(x(2: length(x))));
z1_ind=z1_ind+1;
z_xneg=z(z1_ind: length(z));
x_neg= -z_xneg*tan(alpha)+(4*Beta^2*tan(alpha)^2)/n1;
x(z1_ind: length(z))=x_neg;
z0=z(z1_ind)
plot(z, x)
title('Ray Propagation through Ionosphere-like Medium ')
xlabel('z in meters')
ylabel('x in meters')
grid on
```

```
no= 1.5 n1 = 0.1 alpha [radian] = 0.1 and z1 (distance along z from
origin when the ray crosses x=0 ) = 8.9 m
```

由式(1.3.20)可知：

$$\frac{\mathrm{d}^2 x}{\mathrm{d}z^2}=\frac{1}{2\tilde{\beta}^2}\frac{\partial n^2}{\partial x}=\frac{-n_1}{2\tilde{\beta}^2},$$

式中，$\tilde{\beta}=n(0)\cos\theta(0)=n_0\cos\alpha$，上述微分方程的通解为

$$x(z)=\frac{-n_1}{4\tilde{\beta}^2}z^2+Cz+D.$$

上式相应的初始条件为

$$x(0)=0,\quad \frac{\mathrm{d}\,x(0)}{\mathrm{d}\,z}=\tan\alpha\,,$$

则完整的解为

$$x(z)=\frac{-n_1}{4\tilde{\beta}^2}z^2+z\tan\alpha\,.$$

类似地，当 $x<0$ 时，可以发现光线路径为一直线，可由下式给出：

$$x(z)=-z\tan\alpha+\frac{4\tilde{\beta}^2\tan^2\alpha}{n_1}.$$

1.4 近轴光学中的矩阵方法

矩阵可以用来描述光线通过光学系统的传播情况，比如由一系列中心同轴(即光轴)的球面折射和/或反射表面所组成的光学系统。取光轴沿 z 轴方向，这也是光线传播的方向。这里不考虑斜光线，并且讨论仅限位于 x-z 平面且靠近 z 轴的光线[称为傍轴或近轴光线(paraxial ray)]。傍轴光线靠近光轴，故该角度偏离光轴很小，所以角度的正弦值和正切值可近似为其角度本身值。傍轴近似的原因是所有从给定物点开始的傍轴光线在通过光学系统后相交于另一个点，这个点称为像点。非傍轴光线(nonparaxial ray)不会产生单个像点，这种现象称为像差(aberration)，不在本书的讨论范围。卡尔·弗里德里希·高斯(Karl Friedrich Gauss，1777～1855 年)奠定了该学科的基础，因此近轴光学(paraxial optics)成像有时也称为高斯光学(Gaussian Optics)。

光线上沿 x 轴传播的光线可由其“坐标”确定，该坐标包含光线的位置和方向信息。给定这一信息，即可求出光线在光轴另一个位置的坐标。为此，只需通过将运算符依次作用在初始光线坐标上即可实现，其中每个运算符具有光线通过该光学元件的特征，并可用矩阵来表示这些运算符。矩阵形式的优点是通过依次连续的矩阵相乘，任何光线在通过光学系统传播时都可以被追迹，而这些运算能够通过计算机很容易地算出。几何光学的这种表示法在光学元件设计中得到了广泛使用。

下面首先阐述傍轴光线传播的矩阵形式，并研究光线传输矩阵(ray transfer matrix)的一些性质。然后讨论一些应用举例。

1.4.1 光线传输矩阵

考虑如图 1.8 所示的光学系统中一束傍轴光线的传播。这里讨论仅在 x-z 平面上并靠近 z 轴(光轴)的光线。在给定横截面(cross sections)或平面上的一束光线，可由其距光轴的高度 x 及其与 z 轴形成的夹角 θ 或斜率来确定。角度的规定是 θ 以弧度为单位且从 z 轴开始测量，逆时针旋转为正，(x,θ) 表示在给定的 z 为常数的平面上的光线坐标。然而，并不是通过光线与 z 轴的夹角来确定光线的角度，习惯做法是用 $v=n\theta$ 来替换相应的角度 θ，这里，n 是平面(z 为常数)上的折射率。

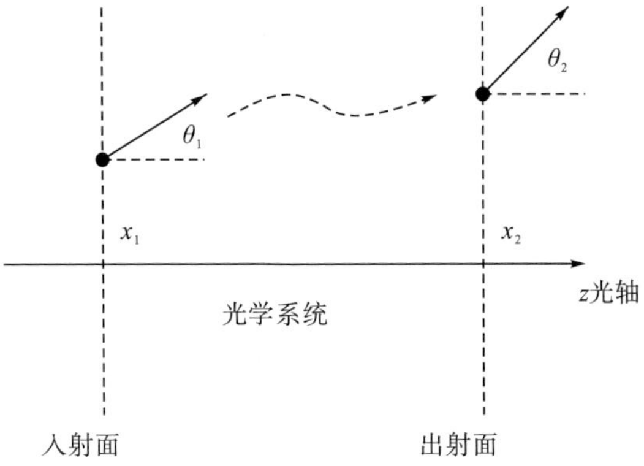

图 1.8　光学系统中的参考面

在图 1.8 中，光线通过入射光线坐标(input ray coordinates)为$(x_1, v_1 = n_1\theta_1)$的入射面，然后经过光学系统，最终通过出射光线坐标(output ray coordinates)为$(x_2, v_2 = n_2\theta_2)$的出射面。在傍轴近似中，相应的出射量与入射量呈线性相关，因此可将入射与出射的变换关系用矩阵形式表示为

$$\begin{pmatrix} x_2 \\ v_2 \end{pmatrix} = \begin{pmatrix} A & B \\ C & D \end{pmatrix} \begin{pmatrix} x_1 \\ v_1 \end{pmatrix}. \tag{1.4.1}$$

上述的 $ABCD$ 矩阵($ABCD$ matrix)即光线传输矩阵(ray transfer matrix)或系统矩阵(system matrix)$\boldsymbol{S}$。该系统矩阵可由多个矩阵组成，从而说明了光线在经过各光学元件后产生的影响。可将这些矩阵看作依次作用于入射光线坐标的运算符。这里，光线传输矩阵的行列式恒等于 1，即 $AD - BC = 1$，这一点在导出传输矩阵、折射矩阵和反射矩阵后将更加清晰。

现在，通过思考以下问题来更好地理解 A、B、C 和 D 的意义，即假设它们当中的一个在光线传输矩阵中没有的话，会发生什么情况？

(a)若 $D = 0$，由式(1.4.1)可知，$v_2 = Cx_1$。这表示所有光线在同一点 x_1 处穿过入射面，无论其在入射时是以什么角度进入系统，它们都将在出射面处以与光轴同样的角度出射，该入射面称为光学系统的前焦面(front focal plane)[图 1.9(a)]。

(b)若 $B = 0$，由式(1.4.1)可知，$x_2 = Ax_1$。这表示所有在同一点 x_1 处经过入射面的光线将经过出射面上的同一点 x_2 [图 1.9(b)]。入射面和出射面分别称为物面(object plane)和像面(image plane)。此外，$A = x_2 / x_1$ 给出了系统产生的放大率(magnification)。

同时，包含 x_1 和 x_2 的两个平面称为共轭面(conjugate planes)。如果 A=1，即两个共轭面之间的放大率为 1，那么这两个平面称为单位面(unit planes)或主平面(principal planes)。单位面与光轴的交点称为单位点或主点(principal points)。这两个主点构成一组基点(cardinal points)。

(c)若 $C = 0$，则 $v_2 = Dv_1$。这表示所有相互平行进入系统的光也将平行出射，尽管出射方向不同[图 1.9(c)]。此外，$D(n_1 / n_2) = \theta_2 / \theta_1$ 给出了系统产生的角放大率(angular magnification)。

若 $D = n_2 / n_1$，则有单位角放大率，即 $\theta_2 / \theta_1 = 1$。在此情况下，输入和输出平面称为节平面(nodal planes)。节平面与光轴的交点称为节点(nodal points)[图 1.9(d)]。这些节点构成了第二组基点。

(d)若 $A=0$，则 $x_2=Bv_1$。这表示所有以相同角度进入系统的光线将在出射面上的相同点处出射，该出射面是系统的后焦面(back focal plane)[图 1.9(e)]。从图中可以看出，前焦面和后焦面与光轴的交点分别称为前焦点(front focal point 和后焦点(back focal point)。这些焦点构成了最后一组基点。

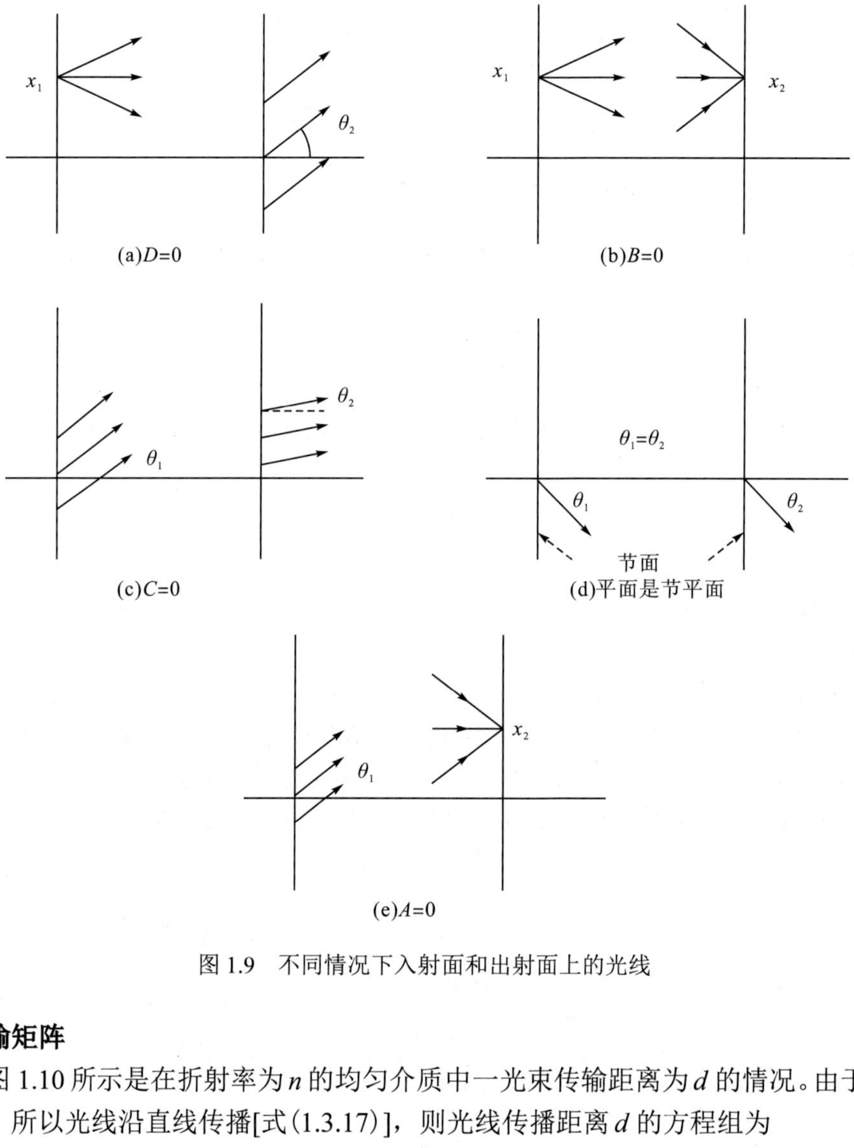

图 1.9 不同情况下入射面和出射面上的光线

传输矩阵

如图 1.10 所示是在折射率为 n 的均匀介质中一光束传输距离为 d 的情况。由于介质是均匀的，所以光线沿直线传播[式(1.3.17)]，则光线传播距离 d 的方程组为

$$x_2 = x_1 + d\tan\theta_1, \tag{1.4.2a}$$

和

$$n_2\theta_2 = n\theta_1, \quad v_2 = v_1. \tag{1.4.2b}$$

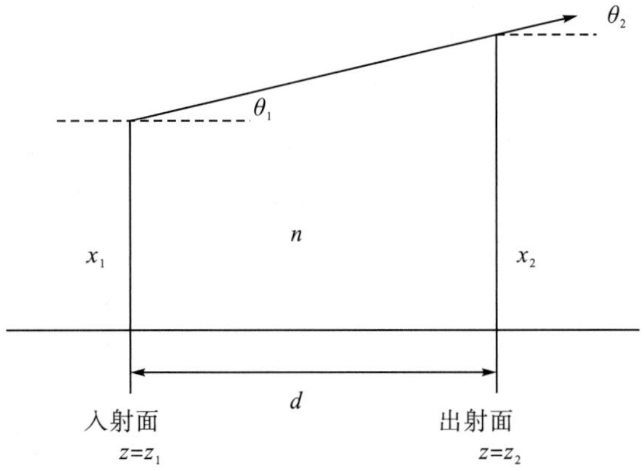

图 1.10　折射率为 n 的均匀介质中的光线

根据以上方程，可将光线的出射坐标与其入射坐标联系起来，并将这种变换用矩阵形式表示为

$$\begin{pmatrix} x_2 \\ v_2 \end{pmatrix} = \begin{pmatrix} 1 & d/n \\ 0 & 1 \end{pmatrix} \begin{pmatrix} x_1 \\ v_1 \end{pmatrix}. \tag{1.4.3}$$

对于折射率为 n 的均匀介质中传输距离为 d 的 (2×2) 光线传输矩阵，称其为传输矩阵 (translation matrix) $\boldsymbol{T}_\mathrm{d}$：

$$\boldsymbol{T}_\mathrm{d} = \begin{pmatrix} 1 & d/n \\ 0 & 1 \end{pmatrix}. \tag{1.4.4}$$

从中可以看出，其行列式为 1。

折射矩阵

现在来考虑被一个球面分为 n_1 和 n_2 两个折射率区域的情况，如图 1.11 所示。该曲面的中心点在 C 处，曲率半径为 R。光线到达曲面上的 A 点并发生折射，其中，ϕ_i 为入射角，ϕ_t 为折射角。从图中可以看出，如果曲率中心 C 位于曲面右侧(左侧)，那么曲面的曲率半径取正(负)。设 x 为从 A 点到光轴的高度，则中心 C 处对应的角度 ϕ 为

$$\sin\phi \approx x/R \approx \phi. \tag{1.4.5}$$

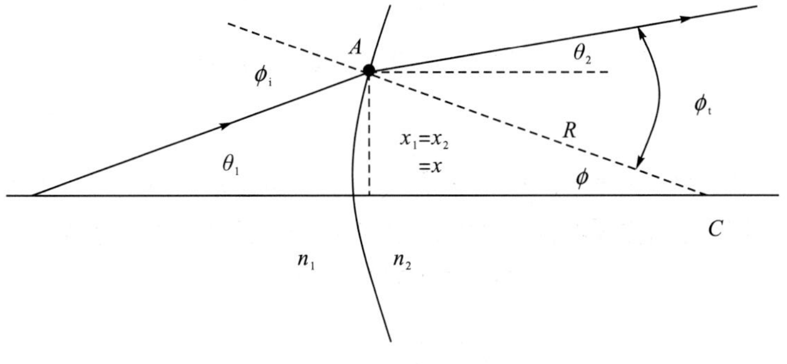

图 1.11　球面折射时的光线轨迹

可以看到，在这种情况下 A 点光线的高度在折射前后是相同的，即 $x_2 = x_1$。因此，需要得到用 x_1 和 v_1 表示的 v_2。运用斯涅尔定律[式(1.2.5)]，并根据傍轴近似，有

$$n_1\phi_i = n_2\phi_t . \tag{1.4.6}$$

由图 1.11 中的几何关系可知，$\phi_i = \theta_1 + \phi$ 和 $\phi_t = \theta_2 + \phi$。故有

$$n_1\phi_i = v_1 + n_1 x_1 / R , \tag{1.4.7a}$$

$$n_2\phi_t = v_2 + n_2 x_2 / R . \tag{1.4.7b}$$

由式(1.4.6)和式(1.4.7)及 $x_1 = x_2$，可得

$$v_2 = \frac{n_1 - n_2}{R} x_1 + v_1 . \tag{1.4.8}$$

再联系折射前后的光线坐标矩阵，其关系可以写为

$$\begin{pmatrix} x_2 \\ v_2 \end{pmatrix} = \begin{pmatrix} 1 & 0 \\ -p & 1 \end{pmatrix} \begin{pmatrix} x_1 \\ v_1 \end{pmatrix}, \tag{1.4.9a}$$

其中，p 的值可由下式给出

$$p = \frac{n_2 - n_1}{R} . \tag{1.4.9b}$$

式中，p 为球面的折光能力(refracting power)。当 R 的测量以 m 为单位时，p 的单位为屈光度(diopters)。当入射光在经过一个表面后发生会聚(发散)，则 p 值为正(负)值。该(2×2)变换矩阵称为折射矩阵(refraction matrix) $\boldsymbol{R}$，它描述球面的折射：

$$\boldsymbol{R} = \begin{pmatrix} 1 & 0 \\ \dfrac{n_1 - n_2}{R} & 1 \end{pmatrix}. \tag{1.4.10}$$

从中可以发现，$\boldsymbol{R}$ 的行列式也是 1。

薄透镜矩阵

考虑如图1.12所示的厚透镜，可以证明其入射光线坐标 (x_1, v_1) 和出射光线坐标 (x_2, v_2) 是由三个矩阵连接起来的(一个折射矩阵、一个传输矩阵和另一个折射矩阵)，即

$$\begin{pmatrix} x_2 \\ v_2 \end{pmatrix} = \boldsymbol{S} \begin{pmatrix} x_1 \\ v_1 \end{pmatrix}, \tag{1.4.11}$$

式中，$\boldsymbol{S}$ 为系统矩阵。当 $n = n_2$ 时，利用式 (1.4.4) 和式(1.4.10)，系统矩阵可由下式给出：

$$\begin{aligned} \boldsymbol{S} &= \boldsymbol{R}_2 \boldsymbol{T}_d \boldsymbol{R}_1 \\ &= \underbrace{\begin{pmatrix} 1 & 0 \\ \dfrac{n_2 - n_1}{R_2} & 1 \end{pmatrix}}_{\text{在表面 2 处的折射}} \underbrace{\begin{pmatrix} 1 & d / n_2 \\ 0 & 1 \end{pmatrix}}_{\text{传输}} \underbrace{\begin{pmatrix} 1 & 0 \\ \dfrac{n_1 - n_2}{R_1} & 1 \end{pmatrix}}_{\text{在表面 1 处的折射}} \end{aligned}$$

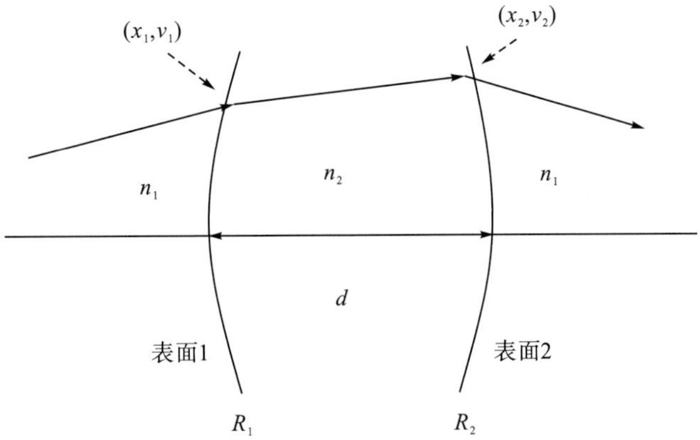

图 1.12　厚透镜：表面 1 和表面 2 的曲率半径分别为 R_1 和 R_2

考虑光线是从折射率为 n_2 的介质传播到折射率为 n_1 的介质，因此在 $\boldsymbol{R}_2$ 中交换了 n_1 和 n_2 的顺序。

可以看到，一般而言，系统矩阵为任意多个(2×2)矩阵的乘积，而系统矩阵本身就是一个(2×2)矩阵。从线性代数的相关知识可以知道乘积矩阵如 $\boldsymbol{S}$ 的行列式，比如 $\boldsymbol{S}$ 是单位行列式的乘积，则系统矩阵的行列式为 1。因此，它在检验生成一个具有单位行列式的系统矩阵的计算是否正确时很有用。然而，单位行列式的条件是系统矩阵的必要条件而非充分条件，因为任意一个具有单位行列式的 2×2 矩阵并不一定对应一个实际的物理系统。

对于空气(atmosphere)中的薄透镜(thin-lens)，$d \to 0$，即 $n_1 = 1$，为了使用符号方便，记 $n_2 = n$，式(1.4.11)化为

$$\boldsymbol{S} = \begin{pmatrix} 1 & 0 \\ -p_2 & 1 \end{pmatrix} \begin{pmatrix} 1 & 0 \\ 0 & 1 \end{pmatrix} \begin{pmatrix} 1 & 0 \\ -p_1 & 1 \end{pmatrix}, \tag{1.4.12}$$

式中，$p_1 = (n-1)/R_1$ 和 $p_2 = (1-n)/R_2$ 分别为表面 1 和表面 2 的折射能力。可以看出，传输矩阵简化为单位矩阵，式(1.4.12)可以改写为

$$\boldsymbol{S} = \begin{pmatrix} 1 & 0 \\ -p_2 & 1 \end{pmatrix} \begin{pmatrix} 1 & 0 \\ -p_1 & 1 \end{pmatrix} = \begin{pmatrix} 1 & 0 \\ -1/f & 1 \end{pmatrix} = \boldsymbol{L}_{\mathrm{f}}, \tag{1.4.13}$$

式中，$\boldsymbol{L}_{\mathrm{f}}$ 为薄透镜矩阵(thin-lens matrix)；f 为该透镜的焦距(focal length)，可由下式给出：

$$\frac{1}{f} = (n-1)\left(\frac{1}{R_1} - \frac{1}{R_2}\right). \tag{1.4.14}$$

对于 $R_1>(<)0$ 和 $R_2<(>)0$，有 $f>(<)0$。当 $f>(<)0$ 时，如果光线平行于光轴入射到透镜左侧表面，那么该光线通过透镜折射后将朝(远离)光轴弯曲。在第一种情况下，透镜称为会聚(凸)透镜[converging(convex) lens]，而对于第二种情况，透镜称为发散(凹)透镜[diverging (concave) lens]。

1.4.2　举例

例 1.4　通过单薄透镜的光线追迹

(a) 平行于光轴光线的传输

入射光线坐标是$(x_1,0)$，通过式(1.4.1)和式(1.4.13)可以得到出射光线的坐标为$(x_1,-x_1/f)$。该光线沿与光轴呈$-1/f$角的直线行进，这意味着如果x_1为正(或负)，那么当透镜为凸透镜时(即$f>0$)，通过透镜折射后的光线将在透镜后f处与光轴相交。这也证明了为什么将f称为透镜的焦距。所有在透镜前平行于光轴的光线在通过透镜后将会聚于一点，称为后焦点(back focus)[图 1.13(a)]。当透镜为凹透镜(即$f<0$)时，光线在经过透镜折射后将发散并远离光轴，就像它来自透镜前方f处一个点上的光线，这一点称为前焦点(front focus)，如图 1.13(a)所示。

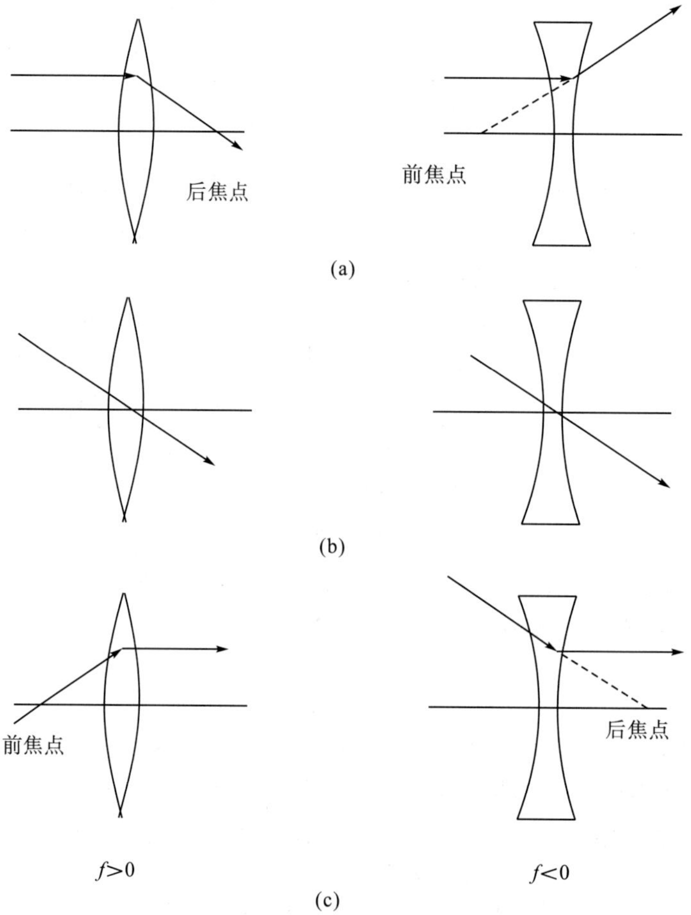

图 1.13 经过薄凸透镜和薄凹透镜的光线追迹

(b)穿过透镜中心的光线传输

入射光线坐标为$(0,v_1)$，利用式(1.4.6)和式(1.4.13)，可给出出射光线坐标为$(0,v_1)$。这表示光线穿过透镜中心时不会发生偏移，如图 1.13(b)所示。

(c)穿过凸透镜前焦点的光线传输

入射光线坐标为$(x_1,x_1/f)$时，出射光线坐标为$(x_1,0)$。这表示出射光线平行于光轴，如图 1.13(c)所示。

用类似的方法还可以证明，当入射到凹透镜上的光线看起来朝其后焦点时，其出射光线将平行于光轴。

例 1.5　单透镜成像

如图 1.14 所示，一个物体 OO' 位于焦距为 f 的薄透镜前方。

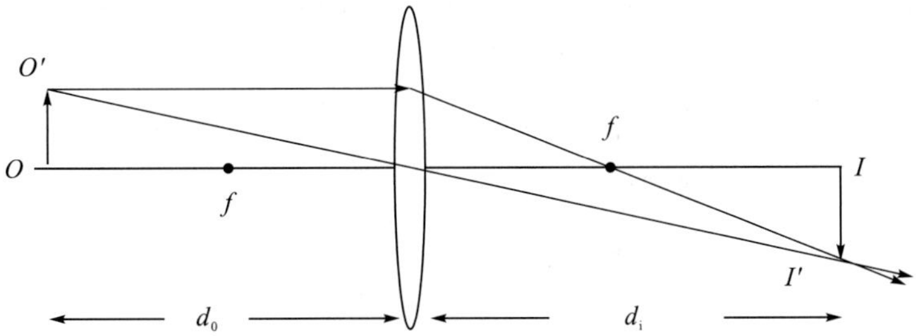

图 1.14　单透镜成像

设 (x_0, v_0) 表示最初物点 O' 处的入射光线坐标，射向距其为 d_0 处的透镜，它在透镜后 d_i 处的出射光线坐标 (x_i, v_i) 可用入射光线坐标来表示。对于空气中 $(n=1)$ 的两个传输矩阵[式(1.4.4)]和薄透镜矩阵[式(1.4.13)]，有

$$\begin{pmatrix} x_i \\ v_i \end{pmatrix} = \boldsymbol{T}_{d_i}\boldsymbol{L}_f\boldsymbol{T}_{d_0}\begin{pmatrix} x_0 \\ v_0 \end{pmatrix} = \begin{pmatrix} 1 & d_i \\ 0 & 1 \end{pmatrix}\begin{pmatrix} 1 & 0 \\ -1/f & 1 \end{pmatrix}\begin{pmatrix} 1 & d_0 \\ 0 & 1 \end{pmatrix}\begin{pmatrix} x_0 \\ v_0 \end{pmatrix}$$

$$= \begin{pmatrix} 1-d_i/f & d_0+d_i-d_0d_i/f \\ -1/f & 1-d_0/f \end{pmatrix}\begin{pmatrix} x_0 \\ v_0 \end{pmatrix} \tag{1.4.15}$$

$$= \boldsymbol{S}\begin{pmatrix} x_0 \\ v_0 \end{pmatrix}.$$

在本例中可以看到，$\boldsymbol{S}$ 为系统矩阵。当设矩阵中的 $B=0$ [式(1.4.1)]时，可以得到如下成像透镜中著名的薄透镜公式(thin-lens formula)：

$$\frac{1}{d_0} + \frac{1}{d_i} = \frac{1}{f}. \tag{1.4.16}$$

其中，d_0 和 d_i 的符号规定(sign convention)为：如果物体位于透镜左(右)侧，那么 d_0 为正(负)；如果 d_i 为正(负)，那么像位于透镜右(左)侧且为实(虚)像。

现在，回到式(1.4.15)，有式(1.4.16)，则对应于像平面(image plane)的关系为

$$\begin{pmatrix} x_i \\ v_i \end{pmatrix} = \begin{pmatrix} 1-d_i/f & 0 \\ -1/f & 1-d_0/f \end{pmatrix}\begin{pmatrix} x_0 \\ v_0 \end{pmatrix}. \tag{1.4.17}$$

对于 $x_0 \neq 0$，利用式(1.4.16)，有

$$\frac{x_i}{x_0} = M = 1 - \frac{d_i}{f} = \frac{f-d_i}{f} = \frac{f}{f-d_0} = -\frac{d_i}{d_0} \tag{1.4.18}$$

式中，M 为系统的横向放大率(lateral magnification)。若 $M>0(<0)$，则像正(倒)立。

==

例(3)　单透镜的体成像举例

参考例子中的图来研究单透镜的体成像，如图例(3)所示。

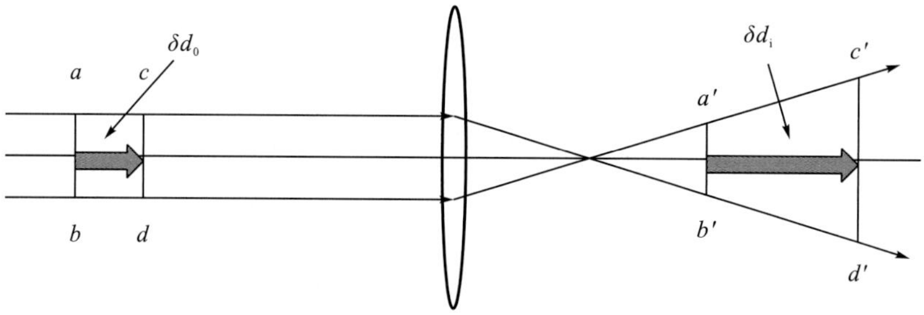

图例(3)　单透镜的体成像

除横向放大率外，还需要考虑纵向放大率(longitudinal magnification)。纵向放大率 M_Z 是沿轴向的像的位移 δd_i 与相应的物的位移 δd_0 的比值，即 $M_z = \delta d_i / \delta d_0$。由式(1.4.16)可知，将 d_i 和 d_0 作为变量，取 d_i 对 d_0 的导数，可得

$$M_z = \delta d_i / \delta d_0 = -M^2.$$

由上式可知，纵向放大率等于横向放大率的平方，该方程前的负号表明物体到透镜距离 $|d_0|$ 的减小会导致像距(image distance) $|d_i|$ 的增加。放大体积的情况如图例(3)所示，其中立方体(*abcd* 加上进入纸内的尺寸)成像为一个棱台，其中 *a*-*b* 成像为 *a*′-*b*′，*c*-*d* 成像为 *c*′-*d*′。

==

1.4.3　光学系统的基点

1.4.1 节已经简要提到了基点(cardinal points)，并指出由光轴上的六个基点就可以确定一个光学系统的特征，它们是第一和第二主(单位)点 (H_1, H_2)、第一和第二节点 (N_1, N_2) 及前、后焦点 (F_1, F_2)。经过这些点垂直于光轴的横截面分别称为基面(cardinal planes)、主面(principal planes)、节平面(nodal planes)及前后焦面(focal planes)。我们将学习如何在给定光学系统中求这些面的位置。事实上，*A*、*B*、*C* 和 *D* 的系统矩阵元素与这些基面的位置之间是有关系的。

确定主面位置

对于一个如图 1.15 所示的给定光学系统，首先选择其入射面和出射面，假设知道连接这两个选定平面的系统矩阵，为了不失一般性，取这两个面左侧和右侧的折射率分别为 n_1 和 n_2。

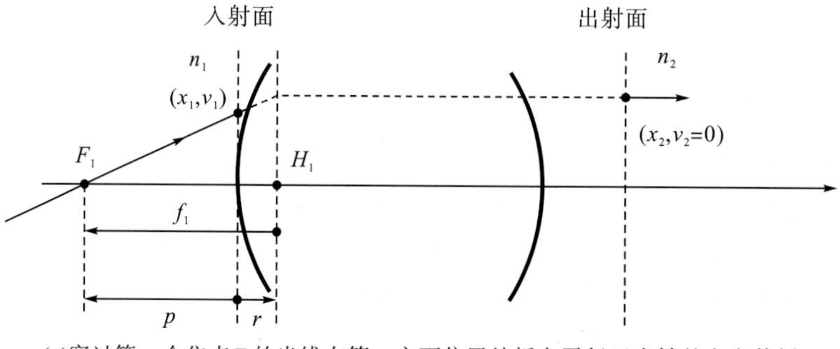

(a)穿过第一个焦点 F_1 的光线在第一主面位置处折向平行于光轴的方向传播

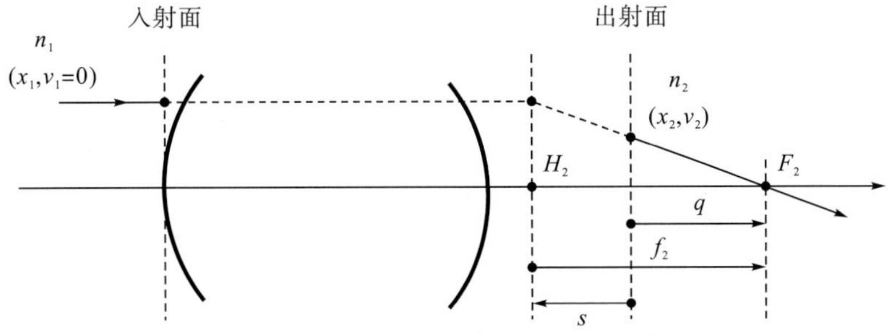

(b)进入系统后平行于光轴传播的光线在第二主面位置处折向第二焦点F_2方向传播

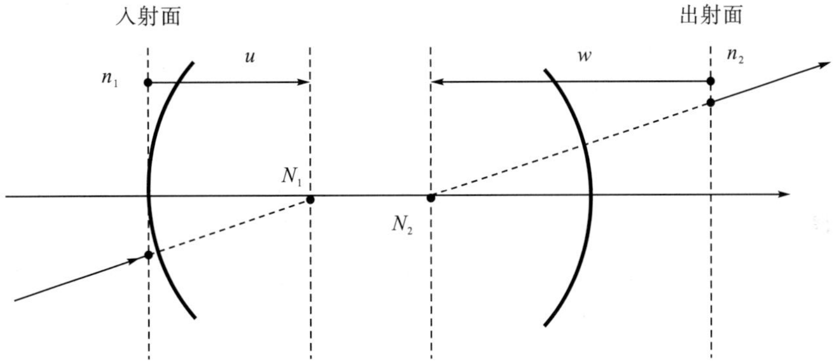

(c)直接朝向N_1入射的光线会方向不变从N_2出射

图 1.15　不同光学系统对应情况

首先考虑如图 1.15(a)所示的情况，由定义可知，穿过 F_1 的光线在第一主面位置处折向平行于光轴的方向传播，其焦点距主面位置为 f_1，距入射面位置为 p，主点距入射面位置为 r。距离的符号规定为朝向其平面的右侧距离为正，向左为负。由于入射光线坐标和出射光线坐标可由式(1.4.1)所给的 $ABCD$ 矩阵相联系，所以可以写出

$$v_2 = Cx_1 + Dn_1\theta_1 = 0,\ \ v_1 = n_1\theta_1 . \tag{1.4.19}$$

由于 $p = -x_1/\theta_1$ 且 p 在入射面左侧，根据符号规定，负号是要包含在里的，并结合式(1.4.19)，有

$$p = Dn_1/C. \tag{1.4.20}$$

可以知道，$f_1 = -x_2/\theta_1$，由式(1.4.1)可知，$x_2 = Ax_1 + Bn_1\theta_1$。利用式 $AD - BC = 1$, 可以导出

$$f_1 = n_1/C. \tag{1.4.21}$$

最后求第一主点的位置，注意到 $r = -(f_1 - p)$，合并式(1.4.20)和式(1.4.21)，有

$$r = n_1(D-1)/C. \tag{1.4.22}$$

同样，通过参考图 1.15(b)可求得第二主面的位置。由定义可知，进入系统平行于光轴且高度为 x_1 的光线会以同样的高度到达第二主面，该光线将在第二主面处偏折并穿过第二焦点 F_2 进行传播。再次，对于距离 q、s 和 f_2 的符号规定为：当测量的距离朝向其平面(出射面和第二主面)右侧时为正，向左为负。因此，可以写出

$$q = -x_2/\theta_2, v_2 = n_2\theta_2 , \tag{1.4.23}$$

式中，由于 $\theta_2<0$，负号是包含在其中的。现在，由式(1.4.1)可知，有 $v_2 = Cx_1$ 及 $x_2 = Ax_1$，因此可以将式(1.4.23)改写为 $ABCD$ 矩阵元素的形式：

$$q = -An_2 / C . \tag{1.4.24}$$

已知 $f_2 = -x_1 / \theta_2$，利用 $v_2 = Cx_1$，可得第二焦距为

$$f_2 = -n_2 / C. \tag{1.4.25}$$

最后求 s，参考图 1.15(b)可以写出 $s = q - f_2$，再利用式(1.4.24)和式(1.4.25)，有

$$s = n_2(1 - A) / C. \tag{1.4.26}$$

确定节平面的位置

类似地，参考图 1.15(c)可以求出节平面的位置。同样，距离 u 和 w 的符号规定为：当所测量的距离朝向其平面(出射面和入射面)右侧时为正，向左为负。结果表述如下：

$$u = (Dn_1 - n_2) / C , \tag{1.4.27}$$

和

$$w = (n_1 - An_2) / C. \tag{1.4.28}$$

例 1.6 利用主面和节平面的光线追迹

如图 1.16 所示，将一个物体(用 O 表示朝上箭头)置于焦距为 $f_{\mathrm{p}} = 10\mathrm{cm}$ 的理想正透镜(positive lens)前方 20cm 处，该正透镜和焦距为 $f_{\mathrm{n}} = -10\mathrm{cm}$ 的理想负透镜(negative lens)之间的距离为 5cm。为了求出像(I)，画出这两个透镜组成的光学系统的光路图。

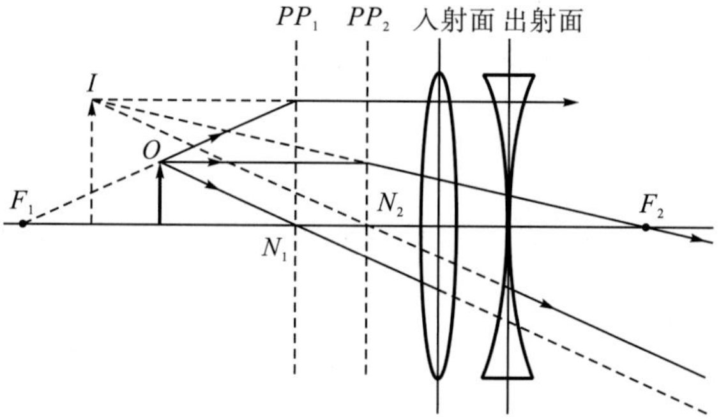

图 1.16 利用主面和节平面进行光线追迹

选择入射面和出射面分别为该正透镜和负透镜所在的位置，则联系这两个平面的系统矩阵 $\boldsymbol{S}$ 为

$$\boldsymbol{S} = \begin{pmatrix} 1 & 0 \\ 10 & 1 \end{pmatrix} \begin{pmatrix} 1 & 0.05 \\ 0 & 1 \end{pmatrix} \begin{pmatrix} 1 & 0 \\ -10 & 1 \end{pmatrix} = \begin{pmatrix} 0.5 & 0.05 \\ -5 & 1.5 \end{pmatrix}, \tag{1.4.29}$$

这里，将距离换算为以 m 作单位，焦距换算为以屈光度作单位。

由于已经求得系统的 $ABCD$ 矩阵，现在来求所有的基点和基面，这将有利于画出该光学系统的光路图。设 $n_1 = n_2 = 1$，即将该光学系统置于空气中，并列出相应结果如下。

前焦点 F_1：

$p = D / C = 1.5 / (-5) = -0.3\mathrm{m} = -30\mathrm{cm} < 0$ (入射面左侧 30cm 处)。

后焦点 F_2：

$q=-A/C=-0.5/(-5)=0.1\text{m}\ =10\text{cm}>0$（出射面右侧 10cm 处）.

第一主点 H_1：

$r=(D-1)/C=(1.5-1)/(-5)=-0.1\text{m}=-10\text{cm}<0$（入射面左侧 10cm 处，$PP_1$ 表示第一主面）.

第二主点 H_2:

$s=(1-A)/C=(1-0.5)/(-5)=-0.1\text{m}=-10\text{cm}<0$（出射面左侧 10cm 处，$PP_2$ 表示第二主面）.

第一节点 N_1：

$u=(D-1)/C\ =-10\text{cm}<0$（入射面左侧 10cm 处）.

第二节点 N_2：

$w=(1-A)/C\ =-10\text{cm}<0$（出射面左侧 10cm 处）.

注意：该光学系统的等效焦距(equivalent focal length)为

$$f_2=-1/C=20\text{cm}.$$

1.5　反射矩阵和光学谐振腔

对于传输矩阵 $\boldsymbol{T}_\text{d}$ 和折射矩阵 $\boldsymbol{R}$，这里甚至可将其规律用于类似反射镜的反射面：即当光线沿 $-z$ 方向传播时，可将该光线传播的介质折射率取为负。根据该规定，由折射矩阵[式(1.4.10)]可将其修改为反射矩阵(reflection matrix) $\tilde{\boldsymbol{R}}$，即

$$\tilde{\boldsymbol{R}}=\begin{pmatrix}1 & 0\\ -p & 1\end{pmatrix},$$

式中，$p=\dfrac{n_2-n_1}{R}=\dfrac{(-n_1)-n_1}{R}=\dfrac{-2n}{R}$；$n$ 为球面镜所在介质的折射率，如图 1.17 所示。因此，可以写出如下反射矩阵：

$$\tilde{\boldsymbol{R}}=\begin{pmatrix}1 & 0\\ \dfrac{2n}{R} & 1\end{pmatrix}. \tag{1.5.1}$$

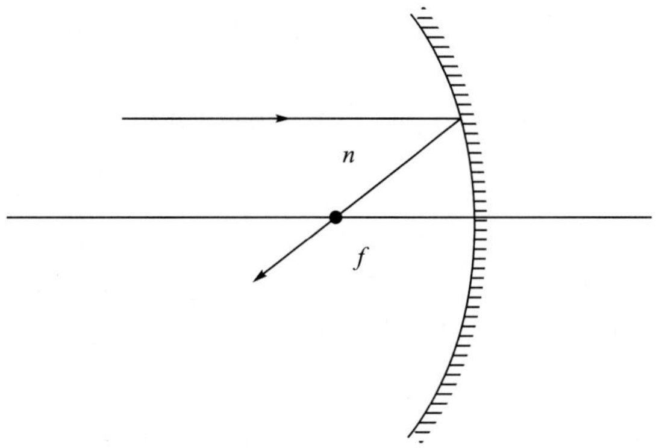

图 1.17　球面镜

从图中可以看出，如果将该规定用于公式中的表面折光力，则凹面镜(R 为负值)将产生一个正的 p，这与凹面镜能会聚光线(focus rays)的常识是一致的，如图 1.17 所示，该球面镜的焦距为 $f=-R/2n$。

在处理反射光线的传输矩阵时，采用的符号规定为：当光线在平面 $z=z_1$ 和 $z=z_2>z_1$ 之间传播时，对于沿 $+z(-z)$ 方向传播的光线，z_1-z_2 取为正(负)值。同样，当光线沿 $-z$ 方向传播时，介质的折射率取为负值。当光学系统中包含反射面型时，可在整个分析过程中利用相同的传输矩阵。参考图 1.18，各平面之间的传输矩阵表示如下：

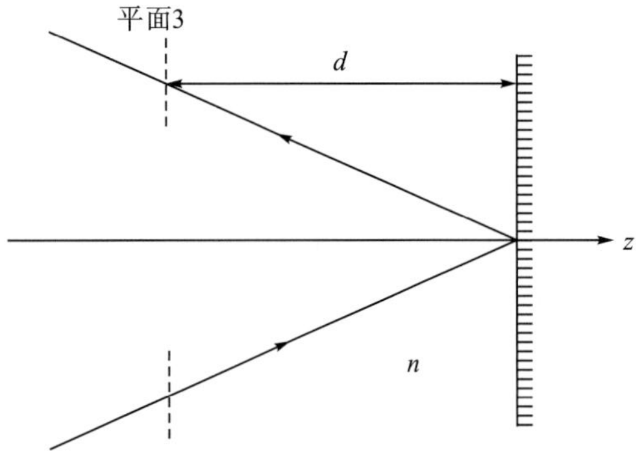

图 1.18　从平面镜反射的光线

$$\boldsymbol{T}_{21}=\begin{pmatrix}1 & d/n\\ 0 & 1\end{pmatrix}\qquad \text{平面 1 和 2 之间,}$$

$$\boldsymbol{T}_{32}=\begin{pmatrix}1 & -d/-n\\ 0 & 1\end{pmatrix}\qquad \text{平面 2 和 3 之间}$$

和

$$\boldsymbol{T}_{31}=\boldsymbol{T}_{32}\boldsymbol{T}_{21}=\begin{pmatrix}1 & 2d/n\\ 0 & 1\end{pmatrix}\qquad \text{平面 1 和 3 之间.}$$

光学谐振腔

光学谐振腔(optical resonator)是由曲率半径分别为 R_1 和 R_2 且距离为 d 的两个反射镜组成的一个光学系统，如图 1.19 所示。该谐振腔是激光(laser light)系统的重要组成部分。事实上，对于持续振荡意味着一个恒定的激光输出，所以谐振腔必须是稳定的。一个稳定谐振腔的条件是在稳定谐振腔中，为了保持振荡，光线必须在腔内往返无限多次且不会横向逸出腔外。

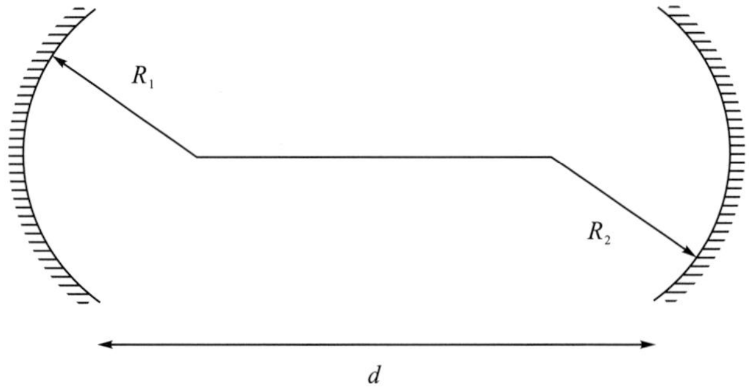

图 1.19　两个球面镜所组成的谐振腔

为了追踪一束光线在谐振腔中的轨迹，让光线从左侧反射镜发出，向右侧反射镜行进，当到达右侧反射镜时，再反射回左侧反射镜，那么描述光线在该腔内完成一次往返的系统矩阵为

$$\boldsymbol{S}=\tilde{\boldsymbol{R}}_1\boldsymbol{T}_{\mathrm{d}}\tilde{\boldsymbol{R}}_2\boldsymbol{T}_{\mathrm{d}}=\begin{pmatrix}1 & 0\\ \dfrac{2}{R_1} & 1\end{pmatrix}\begin{pmatrix}1 & d\\ 0 & 1\end{pmatrix}\begin{pmatrix}1 & 0\\ \dfrac{2}{R_2} & 1\end{pmatrix}\begin{pmatrix}1 & d\\ 0 & 1\end{pmatrix}=\begin{pmatrix}A & B\\ C & D\end{pmatrix},\tag{1.5.2a}$$

其中

$$A = 1 + 2d / R_2,\quad B = 2d(1 + d / R_2),$$
$$C = 2\left[\frac{1}{R_1} + \frac{1}{R_2}\left(1 + \frac{2d}{R_1}\right)\right], \tag{1.5.2b}$$
$$D = \frac{2d}{R_1} + \left(1 + \frac{2d}{R_1}\right)\left(1 + \frac{2d}{R_2}\right).$$

因此，可以写出

$$\begin{pmatrix} x_1 \\ v_1 \end{pmatrix} = \begin{pmatrix} A & B \\ C & D \end{pmatrix}\begin{pmatrix} x_0 \\ v_0 \end{pmatrix},$$

式中，(x_1,v_1)为一次往返的光线坐标；(x_0,v_0)为该光线从左侧反射镜发出时的光线坐标。

现在，在腔内经过 m 次往返(振荡)后的光线坐标(x_m,v_m)为

$$\begin{pmatrix} x_m \\ v_m \end{pmatrix} = \begin{pmatrix} A & B \\ C & D \end{pmatrix}^m \begin{pmatrix} x_0 \\ v_0 \end{pmatrix}. \tag{1.5.3}$$

可以证明

$$\begin{pmatrix} A & B \\ C & D \end{pmatrix}^m = \frac{1}{\sin\theta}\begin{pmatrix} A\sin m\theta - \sin(m-1)\theta & B\sin m\theta \\ C\sin m\theta & D\sin m\theta - \sin(m-1)\theta \end{pmatrix}, \tag{1.5.4}$$ †

其中，角度θ定义为

$$\cos\theta = \frac{1}{2}(A + D). \tag{1.5.5}$$

为了达到稳定，当 $m \to \infty$ 时，光线经过 m 次往返的光线坐标不应是发散的，这种情况发生在 $\cos\theta < 1$ 的情况。换句话说，如果 θ 是一个复数，那么式(1.5.4)中的 $\sin m\theta$ 和 $\sin(m-1)\theta$ 是发散的。因此，稳定性判据(stability criterion)为

$$-1 \leqslant \cos\theta \leqslant 1 \tag{1.5.6}$$

或者，当利用式(1.5.5)和式(1.5.2b)时，

$$0 \leqslant \left(1 + \frac{d}{R_1}\right)\left(1 + \frac{d}{R_2}\right) \leqslant 1. \tag{1.5.7}$$

该稳定性判据通常利用谐振腔的 g 参数(g parameters)表示为

$$0 \leqslant g_1 g_2 \leqslant 1, \tag{1.5.8}$$

式中，$g_1 = \left(1 + \frac{d}{R_1}\right)$ 且 $g_2 = \left(1 + \frac{d}{R_2}\right)$。

图 1.20 为光学谐振腔的稳定性图(stability diagram)。只有这些位于阴影区域的谐振腔结构才对应于一个稳定谐振腔结构。O 点对应于共焦结构(confocal configuration)，其中，$R_1 = d$，$R_2 = -d$ 或 $g_1 g_2 = 0$，图 1.21 为这类谐振腔内部的光线传播。

† 这里，根据原文修正了该方程.

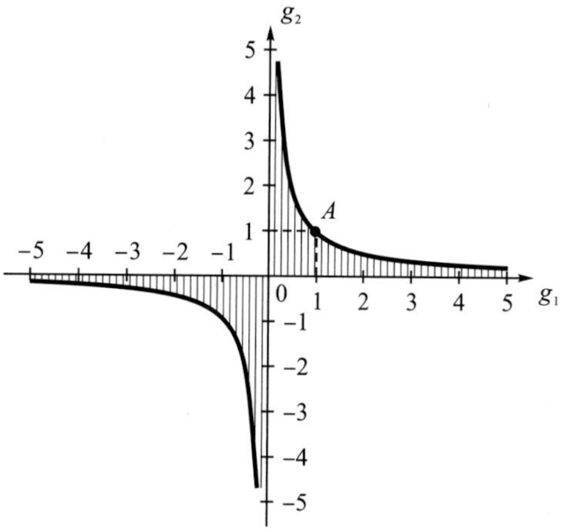

图 1.20 光学谐振腔的稳定性图示

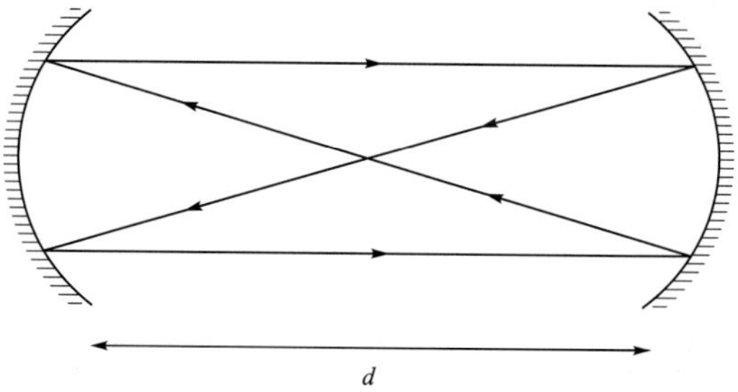

图 1.21 稳定谐振腔内的光线传播

1.6 利用 MATLAB 的几何光学

例 1 求单透镜系统(single lens system)的出射光线坐标

当确定透镜前方 d_0 处的一个物体发出入射光线坐标为 $r_0=(x_0,v_0)$ 的光线时，可以求出焦距为 f 的透镜后方任意距离 z 处的光线坐标 $r_i=(x_i,v_i)$。$\boldsymbol{T}_{d_0}$ 和 $\boldsymbol{T}_z$ 分别为光线在空气中经过透镜前后的传输矩阵[分别对应于物距(object distance)和像距]，$\boldsymbol{L}_f$ 为透镜矩阵，这三者的乘积 $\boldsymbol{S}=\boldsymbol{T}_z\boldsymbol{L}_f\boldsymbol{T}_{d_0}$ 就可以给出光学系统总的系统矩阵。程序给出了出射光线坐标 r_i，所有的距离尺寸都用 cm 表示。

作为一个例子，书中给出了 MATLAB 函数 Ray_s(表 1.2)。在 MATLAB 运行时，在提示符>>后键入[detS, ri]=Ray_s([0; 1], 15, 10, 30)以表示输入条件：$r_0=(0,1)$，$d_0=15\text{cm}$，$f=10\text{cm}$ 和 $z=30\text{cm}$，可以得到输出 $r_i=(0,-0.5)$。

表 1.2 光线通过一个单透镜的 MATLAB 代码及其相应的 MATLAB 输出

```
------------------------------------------------------------
function [detS, ri]=Ray_s(ro, do, f, z); %This function is for output
%ray vector of a single lens system
To=[1, do; 0, 1];
Lf=[1, 0; -(1/f), 1];
Ti=[1, z; 0, 1];
S=Ti*Lf*To;
%Checking determinant for overall matrix detS=det(S);
%"image" ray coordinate is ri
ri=S*ro;
------------------------------------------------------------
```

```
Type in Matlab prompt
>>[detS, ri]=Ray_s([0; 1], 15, 10, 30)
-----------------------------------------------------------------
Output from Matlab
detS =1
ri = 0
     -0.5000
-----------------------------------------------------------------
```

这里，对该程序的解释如下：如果入射光线从距离透镜 15cm 处的光轴开始以 $v=1$ rad 进行传播，那么出射光线在单透镜后方 30cm 处以 $v=-0.5$ rad 与光轴相交。换句话说，当物距 d_0 为 15cm 时，其像距 d_i 为 30cm。总的系统矩阵 $\boldsymbol{S}$ 的行列式是否为 1 是对计算正确与否的一个检验。可以看出，通过给程序中的 z 赋值，即可求得透镜后方任意平面 z 处的光线坐标。

为了求出成像系统(imaging system)的横向放大率，可以输入入射光线坐标，如(1,1)。再利用上面相同的程序，则在 $z=30$cm (像面)位置处出射光线坐标为(−2.0,−0.6)。这表示系统的放大率为-2，如预想的一样，这也对应于一个 2 倍于物体大小的倒立的实像(real image)。

例 2　求双透镜系统的出射光线坐标

这里将求出焦距为 $f_{1,2}$ 的两间距为 d 的双透镜系统(two-lens combination)后方任意距离 z 处的光线坐标 $r_i=(x_i,v_i)$。当指定透镜前方 d_0 距离处的物体所发出光线的入射光线坐标为 r_0 时，$\boldsymbol{T}_{d_0}$ 和 $\boldsymbol{T}_{d_i}$ 分别为光线在空气中经过透镜前后的传输矩阵(分别对应于物距和像距)。$\boldsymbol{T}_d$ 表示光线经过两个透镜的传输矩阵，而 $\boldsymbol{L}_{f_{1,2}}$ 为透镜矩阵。乘积 $\boldsymbol{S}=\boldsymbol{T}_{d_i}\boldsymbol{L}_{f_2}\boldsymbol{T}_d\boldsymbol{L}_{f_1}\boldsymbol{T}_{d_0}$ 给出了光学系统总的系统矩阵。程序给出了出射光线坐标 r_i。所有尺寸都用 cm 表示。

这里编制了 MATLAB 函数 Ray_d(表 1.3)，在 MATLAB 运行时，在提示符>>后键入 [detS, ri]=Ray_d([0; 1], 10, 10, 10, 10, 20)来表示函数的入射条件：$r_0=(0,\ 1)$，$d_0=10$cm，$z=10$cm，$f_1=10$cm，$f_2=10$cm 及 $d=20$cm。作为输出，可以得到出射坐标 $r_i=(0,-1)$。可以看到，当输入 $r_0=(1,\ 0)$，而其他输入变量不变时，可以得到 $r_i=(-1,\ 0)$，这对应于当光线平行于光轴入射时，其出射光线也是平行于光轴的，只是会有一个放大率为 1 的倒像。

表 1.3　光线通过一个双透镜系统的 MATLAB 代码及其相应的 MATLAB 输出

```
-----------------------------------------------------------------
function [detS, ri]=Ray_d(ro, do, z, f1, f2, d);
%This function is for output ray vector of a double lens system
To=[1, do; 0, 1];
Lf1=[1, 0; -(1/f1), 1];
Ld=[1, d; 0, 1];
Lf2=[1, 0; -(1/f2), 1];
```

```
Ti=[1, z; 0, 1];
S=Ti*Lf2*Td*Lf1*To;
%Checking determinant for overall matrix
detS=det(S);
%"image" ray coordinate is ri
ri=S*ro;
-----------------------------------------------------------------
detS =
     1
ri =
0
    -1
-----------------------------------------------------------------
```

例 3 求单透镜系统的成像位置

以下程序是本节第一个 MATLAB 例子的扩展。在单透镜成像系统中，对于一个给定的物面位置，该 MATLAB 函数 Ray_z 可以给出其像面位置(表 1.4)。为此，物体被看作轴上的一个点，其透镜后方的光线坐标可以被追迹到。如果出射光线的位置在透镜后方距离光轴足够近，那么相应的 z 值即像的位置。举个例子，输入 $d_0=15\text{cm}$，$f=10\text{cm}$，$Z_s=0$，$Z_f=50\text{cm}$ 和 $\Delta z=0.1\text{cm}$，其中，Z_s、Z_f 和 Δz 分别为搜索范围的起点、终点和搜索精度。程序输出表明，对于焦距为 10cm 的透镜前方 15cm 处的物体，其像的位置的确在该透镜后 30cm 处。

表 1.4 求单透镜成像系统的像面位置的 MATLAB 代码及其相应的 MATLAB 输出

```
-----------------------------------------------------------------
function [z_est, M]=Ray_z(do, f, Zs, Zf, dz);
%This function is for searching image distance of the single lens
system
To=[1, do; 0, 1]; Lf=[1, 0; -(1/f), 1];
ro=[0; 1];  n=0;  for z=Zs: dz: Zf
n=n+1; Z1(n)=z;
   Ti=[1, z; 0, 1];
      S=Ti*Lf*To;
   %"image" ray coordinate is ri
      ri=S*ro;
   Ri(n)=ri(1, 1);
end
[M, N]=min(abs(Ri));
z_est=Z1(N);
```

```
----------------------------------------------------------------
>>[z_est，M]=Ray_z(15，10，0，50，0.1)
z_est =
   30
M =
   0
----------------------------------------------------------------
```

习　　题

1.1 一个激光火箭在自由空间中通过发射 10kW 的蓝光 ($\lambda = 450\,\text{nm}$) 光子发动机进行加速，

(a) 火箭所受的力为多少？

(b) 如果火箭重 100kg，其加速度为多少？

(c) 如果从零速度开始，一年以后它飞行了多远？

[本题由爱荷华大学退休教授阿德里安・科佩尔(Adrian Korpel)提供。]

1.2 考虑通过入射光、反射光和折射光是形如动量为 $\boldsymbol{p} = \hbar\boldsymbol{k}$ 的光子流这一特征来推导反射定律和折射定律，其中，$\boldsymbol{k}$ 为光线传播方向的波矢量(wave vector)。[运用动量守恒定律，假定界面 $y =$ 常数，只影响动量的 y 分量，这也提供了另一种推导反射定律和折射定律的方法。]

1.3 证明：光线方程的 z 分量

$$\frac{\mathrm{d}}{\mathrm{d}s}\left(n\frac{\mathrm{d}z}{\mathrm{d}s}\right) = \frac{\partial n}{\partial z},$$

可以通过 x 和 y 的方程[式(1.3.13)]直接导出。

提示：利用 $\mathrm{d}s^2 = \mathrm{d}x^2 + \mathrm{d}y^2 + \mathrm{d}z^2$.

1.4 (a) 证明：对于平方律介质

$$n^2(x, y) = n_0^2 - n_2(x^2 + y^2),$$

有

$$x(z) = \frac{n_0 \sin\alpha}{\sqrt{n_2}} \sin\left(\frac{\sqrt{n_2}}{n_0\cos\alpha} z\right)$$

其初始光线位置在 $x = 0$ 处，且 α 为其发射角。

(b) 当 $\alpha = 10°$、$20°$、$30°$，且 $n_0 = 1.5, n_2 = 0.1\,\text{mm}^{-2}$ 时，画出 $x(z)$ 并给出结论。

(c) 对于傍轴光线，即当 α 很小时，能否从(b)中得到不同的结论？

1.5 证明：平方律介质 $n^2(x，y) = n_0^2 - n_2(x^2 + y^2)$ 的光线传输矩阵为

$$\begin{pmatrix} \cos\beta z & \dfrac{1}{n_0\beta}\sin\beta z \\ -n_0\beta\sin\beta z & \cos\beta z \end{pmatrix},$$

其中，$\beta = \sqrt{n_2} / n_0$。

1.6 物体被置于距半径为 80cm 的凹面镜 2m 远处，求其像的位置，并画出其像形成的光路图，再求出成像系统的放大率。

1.7 参考单透镜体成像的例子，证明：

$$M_z = -M^2,$$

这里，M_z 为纵向放大率；M 为横向放大率。

1.8 对于介质

$$n^2(x) = \begin{cases} n_0^2 - n_1 x, & x>0 \\ n_0^2, & x \leqslant 0 \end{cases}$$

有如图题 1.8 所示的一个抛物线轨迹的光线路径。其中，α 为 z=0 处的发射角，该光线路径是无线电波在电离层传播的一个很好的例子。

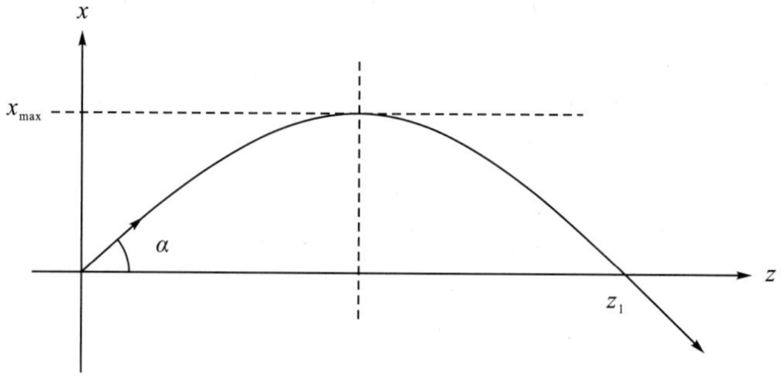

图题 1.8 光在折射率呈线性变化的介质中的传播

证明：

$$x_{max} = \frac{\tilde{\beta}^2 \tan^2 \alpha}{n_1} \text{ 和 } z_1 = \frac{4\tilde{\beta}^2 \tan \alpha}{n_1},$$

其中，z_1 是从 $z=0$ 处开始到光线穿过 $x=0$ 位置处的距离；$\tilde{\beta} = n_0 \cos\alpha$ 。

1.9 如图题 1.9 所示，一个物体位于透镜—反射镜组合系统前方 12cm 处，利用光线传输矩阵的概念，求像的位置及其放大率。同时，画出该系统的光路图。

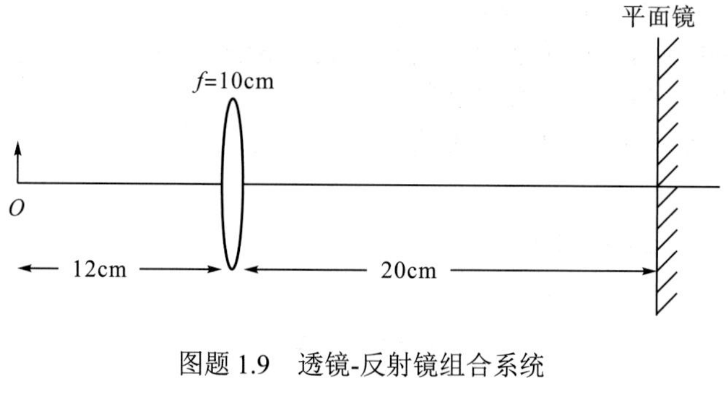

图题 1.9 透镜-反射镜组合系统

1.10 如图题 1.10 所示，将一个半径为 r 且折射率为 n 的玻璃半球用作傍轴光线的透镜。求该光学系统第一主面、第二主面的位置及其等效焦距。

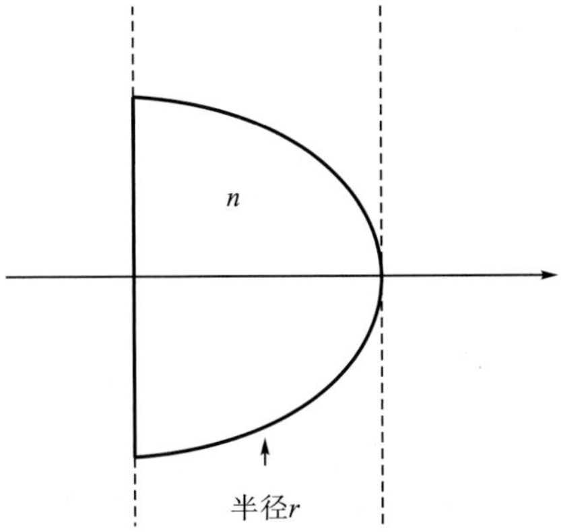

图题 1.10　玻璃半球原透镜

1.11　参考图题 1.11，证明双透镜组合系统的等效焦距 f 可以表示为

$$\frac{1}{f}=\frac{1}{f_a}+\frac{1}{f_b}-\frac{d}{f_a f_b},$$

假设 $d<f_a+f_b$，找到从 f 开始测量的第二主面的位置。

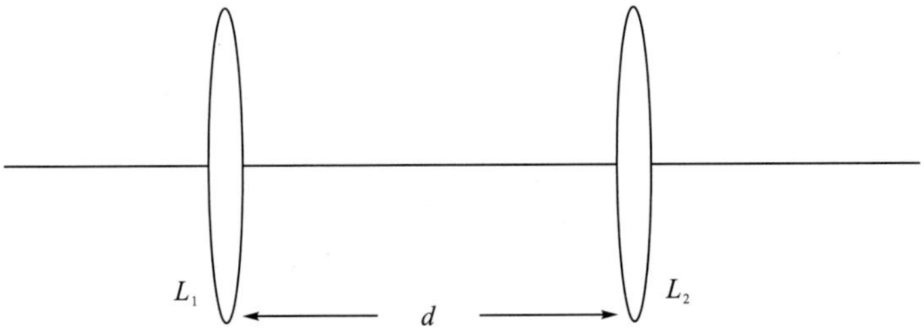

图题 1.11　双透镜组合系统

1.12　证明式(1.4.26)和式(1.4.27)。

1.13　通过数学归纳法证明式(1.4.22)。

1.14　图 1.19 的谐振腔对于以下参数，当 $d>0$ 时，画出类似于图 1.21 的光路图：

(a) $R_1=\infty$ 且 $R_2=-2d$（半球形谐振腔）；

(b) $R_1=d/2$，$R_2=-d/2$（共心谐振腔）；

(c) $R_1=d$ 且 $R_2=\infty$；

(d) $R_1=R_2=\infty$（平面谐振腔）.

参 考 文 献

Banerjee, P. P. and T. -C. Poon（1991）. *Principles of Applied Optics*. Irwin, Illinois.

Feynman, R. , R. B. Leighton and M. Sands（1963）. *The Feynman Lectures on Physics.* Addison-Wesley, Reading, Massachusetts.

Fowles, G. R. and G. L. Cassiday (2005). *Analytical Mechanics* (7th ed.). Thomson Brooks/Cole, Belmont, CA.

Gerard, A. and J. M. Burch (1975). *Introduction to Matrix Methods in Optics*. Wiley, New York.

Ghatak, A. K. (1980). *Optics*. Tata McGraw-Hill, New Delhi.

Goldstein, H. (1950). *Classical Mechanics*. Addison-Wesley, Reading, Massachusetts.

Hecht, E. and A. Zajac (1975): *Optics*. Addison-Wesley, Reading, Massachusetts.

Klein, M. V. (1970). *Optics*. Wiley, New York.

Nussbaum, A and R. A. Phillips (1976). *Contemporary Optics for Scientists and Engineers*, Prentice-Hall, New York.

Pedrotti F. L. and L. S. Pedrotti (1987). *Introduction to Optics*. Prentice-Hall, Inc., Englewood Cliffs, New Jersey.

Poon T. -C. and P. P. Banerjee (2001). *Contemporary Optical Image Processing with MATLAB* ® Elsevier, Oxford, UK.

第 2 章　波的传播与波动光学

第 1 章介绍了几何光学的一些概念。然而，几何光学并不能解释如衍射这样的波动效应。本章将从麦克斯韦方程组 (Maxwell's equations) 出发推导波动方程 (wave equation)，然后讨论波动方程的解，并回顾功率流 (power flow) 和极化，再讨论电磁场 (electromagnetic field) 的边界条件，推导菲涅耳方程，讨论傅里叶变换 (Fourier transform) 和卷积 (convolution)，并利用傅里叶变换，以一种独特的方式导出菲涅耳衍射公式，发展衍射理论 (diffraction theory)。在此过程中，定义傅里叶光学 (Fourier optics) 中的空间频率传递函数 (spatial frequency transfer function) 和空间脉冲响应 (spatial impulse response)。此外，本章还描述菲涅耳衍射 (Fresnel diffraction) 和夫琅禾费衍射 (Fraunhofer diffraction) 的特点，并进行举例。在衍射的基础上，介绍透镜的波前变换，证明透镜的傅里叶变换特性，分析谐振腔和高斯光束 (Gaussian beam) 的衍射。最后，讨论高斯光束光学 (Gaussian beam optic)，并介绍高斯光束的 q 变换。在所有情况下，都限定波在恒定折射率的介质 (均匀介质) 中传播。光束在非均匀介质中的传播将在第 3 章介绍。

2.1　麦克斯韦方程：回顾

在电磁学的研究中，关注四个电磁场的矢量：电场强度 $\boldsymbol{E}$ (V/m)、电通密度 (又称为电感强度或电位移矢量，electric flux density) $\boldsymbol{D}$ (C/m^2)、磁场强度 (magnetic field strength) $\boldsymbol{H}$ (A/m) 和磁通密度 (又称为磁感强度) $\boldsymbol{B}$ (Wb/m^2)。电磁场的基本理论基于麦克斯韦方程组，其微分形式表示为

$$\nabla \cdot \boldsymbol{D} = \rho_v \,, \tag{2.1.1}$$

$$\nabla \cdot \boldsymbol{B} = 0 \,, \tag{2.1.2}$$

$$\nabla \times \boldsymbol{E} = -\frac{\partial \boldsymbol{B}}{\partial t} \,, \tag{2.1.3}$$

$$\nabla \times \boldsymbol{H} = \boldsymbol{J} + \frac{\partial \boldsymbol{D}}{\partial t} \,, \tag{2.1.4}$$

式中，$\boldsymbol{J}$ 为电流密度 (current density) (A/m^2)；ρ_v 为电荷密度 (charge density) (C/m^3)。$\boldsymbol{J}$ 和 ρ_v 是产生电磁场的场源。麦克斯韦方程组阐释了电场 (electric fields) $\boldsymbol{E}$ 和 $\boldsymbol{D}$、磁场 (magnetic fields) $\boldsymbol{H}$ 和 $\boldsymbol{B}$ 及场源 $\boldsymbol{J}$ 和 ρ_v 之间遵循的物理规律。从式 (2.1.3) 和式 (2.1.4) 中可以发现，一个时变的磁场可以产生一个时变的电场；反之，一个时变的电场可以产生一个时变的磁场。正是电场和磁场之间的这种耦合产生了电磁波 (electromagnetic wave)，即使其在自由空间也能通过介质进行传播。然而，需要注意的是，在静态 (static) 情况下，麦克斯韦方程组中的任何一个量都不是时间的函数，当所有电荷在空间上都是固定的或以等

速运动时，即 ρ_v 和 $\boldsymbol{J}$ 在时间上保持恒定，才会发生这种情况。因此，在静态情况下，式(2.1.3)和式(2.1.4)分别为 $\nabla\times\boldsymbol{E}=0$ 和 $\nabla\times\boldsymbol{H}=\boldsymbol{J}$ 。此时，电场和磁场是相互独立、互不耦合的，这就催生了对静电学(electrostatic)和静磁学(magnetostatics)的研究。方程式(2.1.1)是电场高斯定律(Gauss's law for electric fields)的微分表示。为了将其转换成物理上更清晰的积分形式，对式(2.1.1)在被 S 包围的体积为 v 的表面进行积分，并利用散度定理(divergence theorem)[或高斯定理(Gauss's theorem)]，

$$\int_v \nabla\cdot\boldsymbol{D}\,\mathrm{d}v=\oint_S \boldsymbol{D}\cdot\mathbf{ds}, \tag{2.1.5}$$

可得

$$\oint_S \boldsymbol{D}\cdot\mathbf{ds}=\int_v \rho_v\,\mathrm{d}v. \tag{2.1.6}$$

这表明被 S 面所包围体积 v 流出的电通量(electric flux) $\oint_S \boldsymbol{D}\cdot\mathbf{ds}$ 等于该体积内包围的总电荷。式(2.1.2)为磁场的高斯定律(Gauss's law for magnetic fields)，它是类似式(2.1.1)的磁场表示，并再次利用散度定理将其转换为类似于式(2.1.6)的积分形式，即

$$\oint_S \boldsymbol{B}\cdot\mathbf{ds}=0. \tag{2.1.7}$$

式(2.1.2)和式(2.1.7)的右侧为零，因为磁单极子(magnetic monopole)不存在，所以磁通量(magnetic flux)总是守恒的。

式(2.1.3)阐明了法拉第电磁感应定律(Faraday's law of induction)。为了将该式转换为积分形式，在一个以 C 为边界的开放曲面 S 上进行积分，并利用斯托克斯定理(Stokes′s theorem)，有

$$\int_S (\nabla\times\boldsymbol{E})\cdot\mathbf{ds}=\oint_C \boldsymbol{E}\cdot\mathbf{d}\boldsymbol{l}, \tag{2.1.8}$$

进而得到

$$\oint_C \boldsymbol{E}\cdot\mathbf{d}\boldsymbol{l}=-\int_S \frac{\partial\boldsymbol{B}}{\partial t}\cdot\mathbf{ds}. \tag{2.1.9}$$

这说明回路中的感应电动势(electromotive force，EMF) $\oint_C \boldsymbol{E}\cdot\mathbf{d}\boldsymbol{l}$ 等于通过该回路所包围面积中磁通量随时间的变化率。式(2.1.9)中的负号表示感应电动势总是阻碍磁场的变化，这就是有名的楞次定律(Lenz's law)。类似地，式(2.1.4)的积分形式为

$$\oint_C \boldsymbol{H}\cdot\mathbf{d}\boldsymbol{l}=I=\int_S \frac{\partial\boldsymbol{D}}{\partial t}\cdot\mathbf{ds}+\int_S \boldsymbol{J}\cdot\mathbf{ds}\,, \tag{2.1.10}$$

该公式表明 $\boldsymbol{H}$ 绕闭环 C 的线积分等于通过回路表面的总电流 I 。当安培(Ampere)第一次提出该公式时，式(2.1.4)和式(2.1.10)的右侧只有电流密度项 $\boldsymbol{J}$ ，麦克斯韦提出加入位移电流项 $\partial\boldsymbol{D}/\partial t$ 来包括流经如电容器等器件电流的影响。在给定电流和电荷密度分布来求解麦克斯韦方程组时，发现式(2.1.1)并不独立于式(2.1.4)，同样式(2.1.2)是式(2.1.3)的一个结果，取式(2.1.4)两边的散度，并使用连续性方程(continuity equation)，有

$$\nabla\cdot\boldsymbol{J}+\frac{\partial\rho_v}{\partial t}=0\,, \tag{2.1.11}$$

这就是电荷守恒原理(principle of conservation of charge)，可以证明 $\nabla\cdot\boldsymbol{D}=\rho_v$ 。同样地，式(2.1.2)是式(2.1.3)的结果，从式(2.1.1)～式(2.1.4)中可知，实际上有 6 个独立的标量方

程(每个旋度方程有 3 个标量方程)和 12 个未知数。这些未知数是 $\boldsymbol{E}$、$\boldsymbol{D}$、$\boldsymbol{H}$ 和 $\boldsymbol{B}$ 的 x、y 和 z 分量，所需的另外 6 个标量方程由本构关系(constitutive relations)给出：

$$\boldsymbol{D}=\varepsilon\boldsymbol{E} \tag{2.1.12a}$$

和

$$\boldsymbol{B}=\mu\boldsymbol{H}, \tag{2.1.12b}$$

式中，ε 为介质的介电常数，单位为 F/m；μ 为介质的磁导率(permeability)，单位为 H/m。本书不考虑任何磁性介质，因此 μ 是一个常数。当考虑如光纤(第 3 章)中的非均匀介质时，ε 是位置的函数，即 $\varepsilon(x,y)$。当考虑声光学(第 4 章)时，ε 是时间的函数，即 $\varepsilon(x,y,t)$。当考虑如电光学(第 5 章)中的各向异性介质(anisotropic media)时，ε 也是一个张量(tensor)。然而，在许多情况下，可以取 ε 和 μ 为标量常数。事实上，对于线性(linear)、均匀(homogeneous)和各向同性介质(isotropic medium)也的确如此。如果介质的性质不依赖于介质中场的振幅，那么该介质是线性的。如果其性质不是空间的函数，那么该介质是均匀的。如果其性质在任意给定点的每个方向上都相同，那么该介质是各向同性的。

将重点重新回到线性、均匀和各向同性介质上，在自由空间和真空中，ε 和 μ 的值是常数：$\varepsilon_0=(1/36\pi)\times10^{-9}$ F/m，$\mu_0=4\pi\times10^{-7}$ H/m。对于电介质(dielectrics)，由于 $\boldsymbol{D}$ 是由自由空间部分 $\varepsilon_0\boldsymbol{E}$ 和(电)偶极矩密度(dipole moment density) $\boldsymbol{P}$ (C/m^2)表征的导电介质部分所组成，ε 比 ε_0 的值大。其中，$\boldsymbol{P}$ 与电场 $\boldsymbol{E}$ 的关系是

$$\boldsymbol{P}=\chi\varepsilon_0\boldsymbol{E}, \tag{2.1.13}$$

式中，χ 为电极化率(electric susceptibility)，表示在该电介质中电偶极子(electric dipole)与电场一致的能力。$\boldsymbol{D}$ 是 $\varepsilon_0\boldsymbol{E}$ 与 $\boldsymbol{P}$ 的和，即

$$\boldsymbol{D}=\varepsilon_0\boldsymbol{E}+\boldsymbol{P}=\varepsilon_0(1+\chi)\boldsymbol{E}=\varepsilon_0\varepsilon_{\mathrm{r}}\boldsymbol{E}, \tag{2.1.14}$$

式中，ε_{r} 为相对介电常数(relative permittivity)，故

$$\varepsilon=\varepsilon_0(1+\chi)=\varepsilon_0\varepsilon_{\mathrm{r}}. \tag{2.1.15}$$

同样，对于磁性材料，$\mu=\mu_0\mu_{\mathrm{r}}$ 比 μ_0 的值大。其中，μ_{r} 为相对磁导率(relative permeability)。在自由空间中，$\varepsilon_{\mathrm{r}}=\mu_{\mathrm{r}}=1$。

2.2　线性波传播

本节首先推导波动方程，并回顾该方程在不同坐标系的行波解(traveling wave solutions)，给出本征阻抗(intrinsic impedance)、坡印亭矢量(Poynting vector)和强度的定义，并对极化进行介绍。

2.2.1　行波解

2.1 节阐述了麦克斯韦方程组及其本构关系。事实上，对于给定的 $\boldsymbol{J}$ 和 ρ_v，可以求出其电场 $\boldsymbol{E}$ 的分量。本节将给出求解过程，推导描述电场和磁场传播特性的波动方程，并求得它在不同坐标系下的通解。通过对式(2.1.3)两端取旋度，有

$$\nabla\times\nabla\times\boldsymbol{E}=-\nabla\times\frac{\partial\boldsymbol{B}}{\partial t}=-\frac{\partial}{\partial t}(\nabla\times\boldsymbol{B})=-\mu\frac{\partial}{\partial t}(\nabla\times\boldsymbol{H}),\tag{2.2.1}$$

这里，使用了第二个本构关系[式(2.1.12b)]，并假定μ是与空间和时间无关的。现在，利用式(2.1.4)，则式(2.2.1)变为

$$\nabla\times\nabla\times\boldsymbol{E}=-\mu\varepsilon\frac{\partial^2\boldsymbol{E}}{\partial t^2}-\mu\frac{\partial\boldsymbol{J}}{\partial t},\tag{2.2.2}$$

式中，使用了第一个本构关系[式(2.1.11a)]，并假定ε是与时间无关的，接着利用以下的向量恒等式($\boldsymbol{A}$为某任意向量)，有

$$\nabla\times\nabla\times\boldsymbol{A}=\nabla(\nabla\cdot\boldsymbol{A})-\nabla^2\boldsymbol{A},\ \ \nabla^2=\nabla\cdot\nabla,\tag{2.2.3}$$

式(2.2.2)中，有

$$\nabla^2\boldsymbol{E}-\mu\varepsilon\frac{\partial^2\boldsymbol{E}}{\partial t^2}=\mu\frac{\partial\boldsymbol{J}}{\partial t}+\nabla(\nabla\cdot\boldsymbol{E}).\tag{2.2.4}$$

如果再假定该介电常数ε也与空间无关，那么利用第一个本构关系[式(2.1.12a)]，则可将麦克斯韦方程组中的第一个方程[式(2.1.1)]重写为以下形式：

$$\nabla\cdot\boldsymbol{E}=\frac{\rho_v}{\varepsilon},\tag{2.2.5}$$

将式(2.2.5)代入式(2.2.4)，最终可以得到

$$\nabla^2\boldsymbol{E}-\mu\varepsilon\frac{\partial^2\boldsymbol{E}}{\partial t^2}=\mu\frac{\partial\boldsymbol{J}}{\partial t}+\frac{1}{\varepsilon}\nabla\rho_v,\tag{2.2.6}$$

这是一个右边为有源项的波动方程，是一个由μ和ε表征的线性、均匀且各向同性介质中$\boldsymbol{E}$的波动方程。

方程式(2.2.6)等价于三个标量方程，每一个对应一个$\boldsymbol{E}$的分量，在笛卡儿坐标系(x,y,z)、柱坐标系(r,ϕ,z)和球坐标系(R,θ,ϕ)下拉普拉斯算子(∇^2)的表达式分别如下：

$$\nabla^2=\frac{\partial^2}{\partial x^2}+\frac{\partial^2}{\partial y^2}+\frac{\partial^2}{\partial z^2},\tag{2.2.7}$$

$$\nabla^2=\frac{\partial^2}{\partial r^2}+\frac{1}{r}\frac{\partial}{\partial r}+\frac{1}{r^2}\frac{\partial^2}{\partial\phi^2}+\frac{\partial^2}{\partial z^2},\tag{2.2.8}$$

$$\nabla^2=\frac{\partial^2}{\partial R^2}+\frac{2}{R}\frac{\partial}{\partial R}+\frac{1}{R^2\sin^2\theta}\frac{\partial^2}{\partial\phi^2}+\frac{1}{R^2}\frac{\partial^2}{\partial\theta^2}+\frac{\cot\theta}{R^2}\frac{\partial}{\partial\theta}.\tag{2.2.9}$$

在没有任何源($\boldsymbol{J}=0$，$\rho_v=0$)的空间中，式(2.2.6)可简化为齐次波动方程(homogeneous wave equation)：

$$\nabla^2\boldsymbol{E}=\mu\varepsilon\frac{\partial^2\boldsymbol{E}}{\partial t^2}.\tag{2.2.10}$$

对于磁场$\boldsymbol{H}$，也可以导出类似的公式，即

$$\nabla^2\boldsymbol{H}=\mu\varepsilon\frac{\partial^2\boldsymbol{H}}{\partial t^2}.\tag{2.2.11}$$

值得注意的是，正如式(2.2.7)～式(2.2.9)中所写的∇^2算子，必须将式(2.2.10)和式(2.2.11)分解为三个正交分量的标量方程后才能应用。然而，仅在直角坐标系下，这些标量方程可以进行重新组合，并解释为拉普拉斯算子∇^2作用在总的矢量场上。

可以看出，量 $\mu\varepsilon$ 的单位为 $(1/\text{velocity})^2$，该速度(velocity)称为 u 并定义为

$$u^2 = \frac{1}{\mu\varepsilon}. \tag{2.2.12}$$

对于自由空间，$\mu=\mu_0$、$\varepsilon=\varepsilon_0$ 且 $u=c$，可根据 2.1 节中 ε_0 和 μ_0 的值计算 c 的值，约为 3×10^8m/s，该理论值最初由麦克斯韦(Maxwell)算出，并与菲佐(Fizeau)之前测量的光速极为吻合(315,300km/s)。因此，麦克斯韦得出结论：根据电磁定律，光是一种以波的形式通过介质传播的电磁干扰，现在研究式(2.2.10)或式(2.2.11)在不同坐标系下的解。简单起见，分析齐次波动方程

$$\frac{\partial^2\psi}{\partial t^2} - u^2\nabla^2\psi = 0, \tag{2.2.13}$$

式中，ψ 为电场 $\boldsymbol{E}$ 或磁场 $\boldsymbol{H}$ 的一个分量；u 为波在介质中的速度。在笛卡儿坐标系中，其通解为

$$\psi(x,y,z,t) = c_1 f\left(\omega_0 t - k_{0x}x - k_{0y}y - k_{0z}z\right) + c_2 g\left(\omega_0 t + k_{0x}x + k_{0y}y + k_{0z}z\right). \tag{2.2.14}$$

基于此条件有下式成立，即

$$\frac{\omega_0^2}{k_{0x}^2 + k_{0y}^2 + k_{0z}^2} = \frac{\omega_0^2}{k_0^2} = u^2, \tag{2.2.15}$$

式中，c_1 和 c_2 为常数；ω_0 为波在该介质中的角频率(angular frequency)，单位为 rad/s；k_0 为介质中的传播常数(propagation constant)，单位为 rad/m。由于比值 ω_0/k_0 是一个常数，传播介质是非色散的(nondispersive)。可将式(2.2.14)重新表示为

$$\psi(x,y,z,t) = c_1 f\left(\omega_0 t - \boldsymbol{k}_0\cdot\boldsymbol{R}\right) + c_2 g\left(\omega_0 t + \boldsymbol{k}_0\cdot\boldsymbol{R}\right), \tag{2.2.16}$$

其中

$$\boldsymbol{R} = x\boldsymbol{a}_x + y\boldsymbol{a}_y + z\boldsymbol{a}_z, \tag{2.2.17a}$$

$$\boldsymbol{k}_0 = k_{0x}\boldsymbol{a}_x + k_{0y}\boldsymbol{a}_y + k_{0z}\boldsymbol{a}_z, \tag{2.2.17b}$$

式中，$\boldsymbol{k}_0$ 为传播矢量(propagation vector)，$|\boldsymbol{k}_0| = k_0$；$\boldsymbol{a}_x$、$\boldsymbol{a}_y$ 和 $\boldsymbol{a}_z$ 分别为 x、y 和 z 方向的单位矢量。

在一维空间中，波动方程 $\psi(z,t)$ [式(2.2.13)]为

$$\frac{\partial^2\psi}{\partial t^2} - u^2\frac{\partial^2\psi}{\partial z^2} = 0, \tag{2.2.18}$$

其通解为

$$\psi(z,t) = c_1 f(\omega_0 t - k_0 z) + c_2 g(\omega_0 t + k_0 z), \quad u = \frac{\omega_0}{k_0}. \tag{2.2.19}$$

可以看出，式(2.2.14)或式(2.2.16)是两列沿相反方向传播的波的叠加(superposition)。因此，可以将波(wave)定义为某种形式的扰动，其特征是具有可识别的振幅、速度或传播形式。现在考虑一个特殊情况：当 $c_1=1$、$c_2=0$ 且 $\psi(\cdot)$ 为 $\exp(\mathrm{j}(\cdot))$ 的函数形式时，有如下解：

$$\psi(x,y,z,t) = \exp\left(\mathrm{j}\left(\omega_0 t - \boldsymbol{k}_0\cdot\boldsymbol{R}\right)\right), \tag{2.2.20}$$

这是一个平面波解，$c_1=1$，故称为单位振幅的平面波(plane wave)。

现在考虑柱坐标系，最简单的情况是柱面对称，此时有$\psi(r,\phi,z,t)=\psi(r,z,t)$。其与$\phi$无关意味着与$z$轴垂直的平面将与其波前相交成一个圆。即使在最简单的情况下，也不会像之前讨论的平面波那样，可对任意函数求出其解的形式。然而，可以证明，如果假定ψ是一个时间谐波(time-harmonic)函数，即具有$\psi(r,t)=\mathrm{Re}(\psi_\mathrm{p}(r)\mathrm{e}^{\mathrm{j}\omega_0 t})$的函数形式，则其精确解具有依赖于$r$的贝塞尔函数(Bessel function)的形式。其中，$\mathrm{Re}(\cdot)$表示“取括号中量的实部”，而$\psi_\mathrm{p}(r)$是一个对应于时间变化的场$\psi(r,t)$的相量[†]。对于$r\gg 0$，其解为

$$\psi(r,t)\approx\frac{1}{\sqrt{r}}\exp\left(\mathrm{j}(\omega_0 t\pm k_0 r)\right). \tag{2.2.21}$$

式(2.2.21)近似满足波动方程[式(2.2.13)]，这种波通常称为柱面波(cylindrical wave)。

最后，给出球坐标系下波动方程的解。对于球对称情况($\partial/\partial\phi=0=\partial/\partial\theta$)，其波动方程式(2.2.13)在式(2.2.9)的形式下，有

$$R\left(\frac{\partial^2\psi}{\partial R^2}+\frac{2}{R}\frac{\partial\psi}{\partial R}\right)=\frac{\partial^2(R\psi)}{\partial R^2}=\frac{1}{u^2}\frac{\partial^2(R\psi)}{\partial t^2}. \tag{2.2.22}$$

现在，上式与式(2.2.18)的形式相同，因此利用式(2.2.19)，可将式(2.2.22)的解写为

$$\psi=\frac{c_1}{R}f(\omega_0 t-k_0 R)+\frac{c_2}{R}g(\omega_0 t+k_0 R) \tag{2.2.23}$$

式中，$\omega_0/k_0=u$。同样，对于特殊情况：$c_1=1$、$c_2=0$且$\psi(\cdot)$是$\exp(\mathrm{j}(\cdot))$的函数形式，则式(2.2.23)的形式为

$$\psi(R,t)=\frac{1}{R}\exp(\mathrm{j}(\omega_0 t-k_0 R)), \tag{2.2.24}$$

该式称为球面波(spherical wave)。

2.2.2 相量域的麦克斯韦方程组：本征阻抗、坡印亭矢量和极化

到目前为止考虑的电磁场、电流和电荷密度都是空间和时间的实函数。正如前几节所假定的，当考虑在单频率ω_0下的时间谐波场时，可以将电场定义为

$$\boldsymbol{E}(x,y,z,t)=\mathrm{Re}\left(\boldsymbol{E}(x,y,z)\exp(\mathrm{j}\omega_0 t)\right), \tag{2.2.25}$$

式中，$\boldsymbol{E}(x,y,z)$为对应于时变电场$\boldsymbol{E}(x,y,z,t)$的矢量场相量(vector field phasor)。其中，相量通常是复数，因为它包含振幅和相位信息(phase information)，类似的定义也适用于其他场及$\boldsymbol{J}$和ρ_v，即有以下相量：$\boldsymbol{B}(x,y,z)$、$\boldsymbol{D}(x,y,z)$、$\boldsymbol{H}(x,y,z)$、$\boldsymbol{J}(x,y,z)$和$\rho_v(x,y,z)$。

基于这些相量，对于时谐波量，并且在由ε和μ表征的线性、均匀且各向同性介质中，可将麦克斯韦方程组表示为

$$\nabla\cdot\boldsymbol{D}=\rho_v(x,y,z), \tag{2.2.26a}$$

$$\nabla\cdot\boldsymbol{B}=0, \tag{2.2.26b}$$

$$\nabla\times\boldsymbol{E}=-\mathrm{j}\omega_0\boldsymbol{B}, \tag{2.2.26c}$$

$$\nabla\times\boldsymbol{H}=\boldsymbol{J}+\mathrm{j}\omega_0\boldsymbol{D}, \tag{2.2.26d}$$

[†] 相量是电气工程中用来解释交流电行为的数学量，在数学上是一个复数矢量，即复平面上的矢量，具有大小和相位，此处的主要目的是将复杂的三角函数计算变为简单的矢量运算。

其中，$\boldsymbol{D}=\varepsilon\boldsymbol{E}$ 且 $\boldsymbol{B}=\mu\boldsymbol{H}$。在求式(2.2.26)时，利用

$$\begin{aligned}\nabla\cdot\boldsymbol{g}(x,y,z,t)&=\nabla\cdot\mathrm{Re}(\boldsymbol{G}(x,y,z)\exp(\mathrm{j}\omega_0 t))\\&=\mathrm{Re}(\nabla\cdot\boldsymbol{G}(x,y,z)\exp(\mathrm{j}\omega_0 t))\end{aligned}\tag{2.2.27a}$$

进行散度运算，并利用

$$\begin{aligned}\nabla\times\boldsymbol{g}(x,y,z,t)&=\nabla\times\mathrm{Re}(\boldsymbol{G}(x,y,z)\exp(\mathrm{j}\omega_0 t))\\&=\mathrm{Re}(\nabla\times\boldsymbol{G}(x,y,z)\exp(\mathrm{j}\omega_0 t))\end{aligned}\tag{2.2.27b}$$

进行旋度运算，最终利用

$$\begin{aligned}\frac{\partial\boldsymbol{g}(x,y,z,t)}{\partial t}&=\frac{\partial}{\partial t}\{\mathrm{Re}(\boldsymbol{G}(x,y,z)\exp(\mathrm{j}\omega_0 t))\}\\&=\mathrm{Re}(\mathrm{j}\omega_0\boldsymbol{G}(x,y,z)\exp(\mathrm{j}\omega_0 t))\end{aligned}\tag{2.2.27c}$$

对时间进行求导运算。式中，$\boldsymbol{G}(x,y,z)$ 为时间谐波场 $\boldsymbol{g}(x,y,z,t)$ 对应的相量。

在没有边界的、线性、均匀和各向同性的无源介质中，电磁波的传播在本质上是横向的，表示 $\boldsymbol{E}$ 和 $\boldsymbol{H}$ 仅有的分量是与传播方向垂直的横向分量。为了验证这一点，考虑一个简单的情况，即电场和磁场沿正 z 方向传播：

$$\begin{aligned}\boldsymbol{E}&=\boldsymbol{E}_x+\boldsymbol{E}_y+\boldsymbol{E}_z\\&=E_{0x}\exp(-\mathrm{j}k_0 z)\boldsymbol{a}_x+E_{0y}\exp(-\mathrm{j}k_0 z)\boldsymbol{a}_y+E_{0z}\exp(-\mathrm{j}k_0 z)\boldsymbol{a}_z,\end{aligned}\tag{2.2.28a}$$

$$\begin{aligned}\boldsymbol{H}&=\boldsymbol{H}_x+\boldsymbol{H}_y+\boldsymbol{H}_z\\&=H_{0x}\exp(-\mathrm{j}k_0 z)\boldsymbol{a}_x+H_{0y}\exp(-\mathrm{j}k_0 z)\boldsymbol{a}_y+H_{0z}\exp(-\mathrm{j}k_0 z)\boldsymbol{a}_z,\end{aligned}\tag{2.2.28b}$$

式中，E_{0x}、E_{0y}、E_{0z} 和 H_{0x}、H_{0y}、H_{0z} 一般为复常数。同样，如果想将相量转换回时域，只需使用式(2.2.25)即可。

这里，将式(2.2.28a)用于麦克斯韦方程组的第一个等式[式(2.2.26a)]，同时令 $\rho_v=0$，并调用本构关系，得到

$$\frac{\partial}{\partial z}\{E_{0z}\exp(-\mathrm{j}k_0 z)]\}=-\mathrm{j}k_0E_{0z}\exp(-\mathrm{j}k_0 z)=0$$

即

$$E_{0z}=0.\tag{2.2.29a}$$

这意味着在传播方向上没有电场分量。那么，$\boldsymbol{E}$ 仅有可能的分量一定在与传播方向垂直的横截面上。类似地，利用式(2.2.26b)，可以证明

$$H_{0z}=0.\tag{2.2.29b}$$

此外，将 $E_{0z}=0=H_{0z}$ 时的式(2.2.28)代入麦克斯韦方程组的第三个等式(2.2.26c)，可得

$$k_0E_{0y}\boldsymbol{a}_x-k_0E_{0x}\boldsymbol{a}_y=-\mu\omega_0(H_{0x}\boldsymbol{a}_x+H_{0y}\boldsymbol{a}_y).$$

那么，可以写出[利用式(2.2.12)和式(2.2.15)]

$$H_{0x}=-\frac{1}{\eta}E_{0y},\quad H_{0y}=\frac{1}{\eta}E_{0x},\tag{2.2.30}$$

其中

$$\eta=\frac{\omega_0}{k_0}\mu=u\mu=\left(\frac{\mu}{\varepsilon}\right)^{1/2}$$

为介质的固有/本征阻抗(intrinsic impedance)或特征阻抗(characteristic impedance)，单位为 V/A 或欧姆(Ω)。在自由空间中，其值为$\eta_0 = 377\Omega$。现在利用式(2.2.28)～式(2.2.30)，有

$$\boldsymbol{E}\cdot\boldsymbol{H}=0, \tag{2.2.31}$$

这意味着电场和磁场是相互正交的，并且 $\boldsymbol{E}\times\boldsymbol{H}$ 沿电磁场的传播方向。在其他坐标系中也可以建立类似的关系。

请注意，$\boldsymbol{E}\times\boldsymbol{H}$ 的单位为 $\mathrm{W/m^2}$，这可以联想到单位面积上的功率。所有的电磁波都携带能量，而对于各向同性介质，能量流(energy flow)发生在波的传播方向上。但是，对于各向异性介质则不是这样(见第 5 章)。坡印亭矢量 $\boldsymbol{S}$ 的定义为

$$\boldsymbol{S}=\boldsymbol{E}\times\boldsymbol{H}, \tag{2.2.32}$$

这是一个与电磁场相关的功率流密度矢量。在线性、均匀且各向同性的无界介质中，可以考虑一个简单的情况，即选择电磁场的形式为

$$\boldsymbol{E}(z,t)=\mathrm{Re}\{E_0\exp(\mathrm{j}(\omega_0 t-k_0 z))\}\boldsymbol{a}_x, \tag{2.2.33a}$$

和

$$\boldsymbol{H}(z,t)=\mathrm{Re}\left\{\frac{E_0}{\eta}\exp(\mathrm{j}(\omega_0 t-k_0 z))\right\}\boldsymbol{a}_y, \tag{2.2.33b}$$

式中，E_0 通常为复数。其选择与式(2.2.30)和式(2.2.31)是一致的。可以发现，$\boldsymbol{S}$ 是时间的函数，所以更方便用它来定义时间平均功率密度(time-averaged power density)$<\boldsymbol{S}>$，即

$$<\boldsymbol{S}>=\frac{\omega_0}{2\pi}\int_0^{2\pi/\omega_0}\boldsymbol{S}\,\mathrm{d}t=\frac{|E_0|^2}{2\eta}\boldsymbol{a}_z=\varepsilon u\frac{|E_0|^2}{2}\boldsymbol{a}_z. \tag{2.2.34}$$

也可以利用相量代替时间积分来求时间平均功率密度，即

$$<\boldsymbol{S}>=\frac{1}{2}\mathrm{Re}(\boldsymbol{E}\times\boldsymbol{H}^*). \tag{2.2.35}$$

现在，将辐照度(irradiance)I 定义为$<\boldsymbol{S}>$的绝对值，即

$$I=|<\boldsymbol{S}>|, \tag{2.2.36}$$

称为强度。然而，通常认为强度与复数场幅值的平方成正比，即$|E_0|^2$。

现在介绍电场极化的概念。极化是描述在空间给定点上 $\boldsymbol{E}$ 矢量末端随时间变化的轨迹，由于 $\boldsymbol{H}$ 的方向一定与 $\boldsymbol{E}$ 的方向相关，所以没有必要再对磁场的极化进行描述。

这里，考虑一个沿$+z$ 方向传播的平面波，其电场在 x-y 平面上分布，即 $E_{0z}=0$，它有两个分量。根据式(2.2.28a)，可写出

$$\boldsymbol{E}(z)=E_{0x}\exp(-\mathrm{j}k_0 z)\boldsymbol{a}_x+E_{0y}\exp(-\mathrm{j}k_0 z)\boldsymbol{a}_y, \tag{2.2.37a}$$

其中

$$E_{0x}=|E_{0x}|,\quad E_{0y}=|E_{0y}|\mathrm{e}^{-\mathrm{j}\phi_0}, \tag{2.2.37b}$$

式中，ϕ_0 为一个常数。

首先，考虑$\phi_0=0$ 或$\pm\pi$ 的情况，$\boldsymbol{E}(z)$ 的两个分量是同相的，且

$$\begin{aligned}\boldsymbol{E}(z,t)&=\mathrm{Re}(\boldsymbol{E}(z)\exp(\mathrm{j}\omega_0 t))\\&=\left(|E_{0x}|\boldsymbol{a}_x\pm|E_{0y}|\boldsymbol{a}_y\right)\cos(\omega_0 t-k_0 z).\end{aligned} \tag{2.2.38}$$

$\boldsymbol{E}$ 的方向被固定在一个垂直于传播方向的平面上，该平面称为极化平面(plane of polarization)，极化平面不随时间变化，该电场被称为线性极化[光学中通常被称为线偏振(linearly polarized)]。式(2.2.38)中的加号是指$\phi_0=0$时的情况，减号是指$\phi_0=\pm\pi$时的情况。

作为第二种情况，假设$\phi_0=\pm\pi/2$且$|E_{0x}|=|E_{0y}|=E_0$，在此情况下，有

$$\boldsymbol{E}(z,t)=E_0\cos(\omega_0 t-k_0 z)\boldsymbol{a}_x\pm E_0\sin(\omega_0 t-k_0 z)\boldsymbol{a}_y\ . \tag{2.2.39}$$

当在传播过程中检测到某一点$z=z_0$时，$\boldsymbol{E}$ 的方向将不再沿一固定直线，而是根据$\theta(t)=\omega_0 t-k_0 z_0$随时间变化。这里，$\theta$ 为 $\boldsymbol{E}$ 与 x 轴(横向)之间的夹角。然而，$\boldsymbol{E}$ 的振幅(等于E_0)仍然是一个常数，这是电场圆极化[光学中通常称为圆偏振(circular polarization)]的一个例子。当$\phi_0=-\pi/2$时，$\boldsymbol{E}(z,t)$的 y 分量领先$\boldsymbol{E}(z,t)$的 x 分量$\pi/2$。因此，作为时间的函数，$\boldsymbol{E}(z,t)$描述了从$z=z_0$处朝 x-y 平面看去时，在此平面上的一个顺时针的圆，即顺时针圆偏振光(clockwise circularly polarized light)或左旋圆偏振光。类似地，对于$\phi_0=+\pi/2$，$\boldsymbol{E}(z,t)$描述了一个逆时针的圆，此时即逆时针圆偏振光(counter-clockwise circularly polarized light)或右旋圆偏振光(right-circularly polarized light)。

在一般情况下，当ϕ_0为任意值时，有

$$\boldsymbol{E}(z,t)=|E_{0x}|\cos(\omega_0 t-k_0 z)\boldsymbol{a}_x+|E_{0y}|\cos(\omega_0 t-k_0 z-\phi_0)\boldsymbol{a}_y. \tag{2.2.40}$$

在圆偏振光的情况下(这里$|E_{0x}|^2+|E_{0y}|^2=E_0^2=$常数)，$\boldsymbol{E}(z,t)$的方向不固定，其末端轨迹在 x-y 平面上是一个椭圆，称为椭圆偏振(elliptically polarized)。可以看出，对于ϕ_0值为0、$\pm\pi$和$\pm\pi/2$(其中，$|E_{0x}|=|E_{0y}|=E_0$)时的情况，其偏振形态分别被缩减为线偏振或圆偏振的情况。

图 2.1 为不同ϕ_0值对应的不同偏振形态，清晰地说明了线偏振、圆偏振及椭圆偏振的情况。该图给出了在不同ϕ_0值时 $\boldsymbol{E}$ 随时间旋转的方向及强度。当$\phi_0=0$或$\pm\pi$时，$\boldsymbol{E}$ 为线偏振且 $\boldsymbol{E}$ 矢量不旋转，而是沿一固定直线。

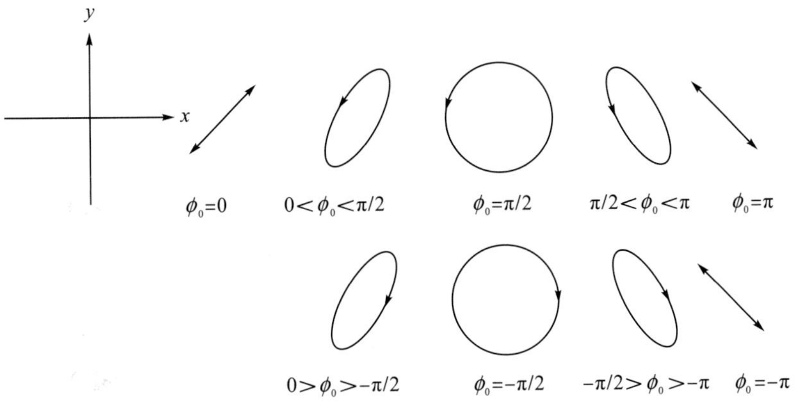

图 2.1　不同ϕ_0 ($|E_{0x}|\neq|E_{0y}|$) 值对应的不同偏振态

[除非另有说明，否则对应于圆偏振的情况 ($|E_{0x}|=|E_{0y}|$)]

2.2.3 边界处的电磁波与菲涅耳方程

到目前为止，研究涉及的波的传播(wave propagation)都是在无界介质中。本节讨论两个半无限大介质相交于同一分界面处时波的传播情况。具体来说，首先研究波的极化/偏振对两个线性、均匀且各向同性的介质在分界面处的反射和透射的影响，接着导出菲涅耳方程(Fresnel's equations)，然后讨论全内反射，并确立倏逝波(evanescent wave)的特性。

如图 2.2 所示，考虑一个平面偏振波，以与界面法线为θ_i的角度入射到界面，包含入射传播矢量$\boldsymbol{k}_i$和界面法线的平面称为入射平面(plane of incidence)。由于平面上任意方向的矢量场总是被分解为两个正交方向的分量，所以这里选择将$\boldsymbol{E}$分解为垂直和平行于入射平面的两个方向，先分别考虑这两种情况，再将这两种情况叠加，即可获得总的情况。

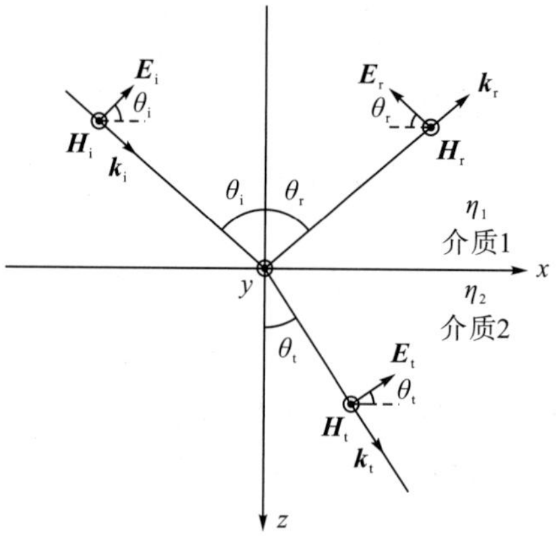

图 2.2 平行偏振

平行偏振

参考图 2.2，这里将入射波、反射波和透射波的场分别写为如下形式：

$$\begin{cases}\boldsymbol{E}_i=\boldsymbol{E}_{i0}\exp(-\mathrm{j}(\boldsymbol{k}_i\cdot\boldsymbol{R}))=\boldsymbol{E}_{i0}\exp(-\mathrm{j}(k_i\sin\theta_i x+k_i\cos\theta_i z)),\\ \boldsymbol{E}_r=\boldsymbol{E}_{r0}\exp(-\mathrm{j}(\boldsymbol{k}_r\cdot\boldsymbol{R}))=\boldsymbol{E}_{r0}\exp(-\mathrm{j}(k_r\sin\theta_r x-k_r\cos\theta_r z)),\\ \boldsymbol{E}_t=\boldsymbol{E}_{t0}\exp(-\mathrm{j}(\boldsymbol{k}_t\cdot\boldsymbol{R}))=\boldsymbol{E}_{t0}\exp(-j(k_t\sin\theta_t x+k_t\cos\theta_t z)).\end{cases}\tag{2.2.41a}$$

类似地，对于磁场，有

$$\begin{cases}\boldsymbol{H}_i=\boldsymbol{H}_{i0}\exp(-\mathrm{j}(\boldsymbol{k}_i\cdot\boldsymbol{R}))=\boldsymbol{H}_{i0}\exp(-\mathrm{j}(k_i\sin\theta_i x+k_i\cos\theta_i z)),\\ \boldsymbol{H}_r=\boldsymbol{H}_{r0}\exp(-\mathrm{j}(\boldsymbol{k}_r\cdot\boldsymbol{R}))=\boldsymbol{H}_{r0}\exp(-\mathrm{j}(k_r\sin\theta_r x-k_r\cos\theta_r z)),\\ \boldsymbol{H}_t=\boldsymbol{H}_{t0}\exp(-\mathrm{j}(\boldsymbol{k}_t\cdot\boldsymbol{R}))=\boldsymbol{H}_{t0}\exp(-\mathrm{j}(k_t\sin\theta_t x+k_t\cos\theta_t z)).\end{cases}\tag{2.2.41b}$$

可以看出，电场在入射平面上，因此其偏振平行于入射平面。在两个线性、均匀且各向同性介质的边界，并且在边界处无表面电荷和表面电流的情况，根据这种情况的电磁边界条件(electromagnetic boundary conditions)，$\boldsymbol{E}$和$\boldsymbol{H}$的切向分量及$\boldsymbol{D}$和$\boldsymbol{B}$的法向分量在其分界面处是连续的。在界面$(z=0)$处，电场切向分量的连续性可以表示为

$$(\boldsymbol{E}_{\mathrm{i}}+\boldsymbol{E}_{\mathrm{r}})\big|_{\text{along interface}}=\boldsymbol{E}_{\mathrm{t}}\big|_{\text{along interface}}, \tag{2.2.42a}$$

这意味着[参考图(2.2)]

$$E_{\mathrm{i}0}\cos\theta_{\mathrm{i}}\exp(-\mathrm{j}(k_{\mathrm{i}}\sin\theta_{\mathrm{i}}x))-E_{\mathrm{r}0}\cos\theta_{\mathrm{r}}\exp(-\mathrm{j}(k_{\mathrm{r}}\sin\theta_{\mathrm{r}}x))=E_{\mathrm{t}0}\cos\theta_{\mathrm{t}}\exp(-\mathrm{j}(k_{\mathrm{t}}\sin\theta_{\mathrm{t}}x)), \tag{2.2.42b}$$

其中，根据图 2.2，有

$$\boldsymbol{E}_{\mathrm{i}0}=E_{\mathrm{i}0}(\cos\theta_{\mathrm{i}}\boldsymbol{a}_x-\sin\theta_{\mathrm{i}}\boldsymbol{a}_z),$$
$$\boldsymbol{E}_{\mathrm{r}0}=E_{\mathrm{r}0}(-\cos\theta_{\mathrm{r}}\boldsymbol{a}_x-\sin\theta_{\mathrm{r}}\boldsymbol{a}_z),$$

和

$$\boldsymbol{E}_{\mathrm{t}0}=E_{\mathrm{t}0}(\cos\theta_{\mathrm{t}}\boldsymbol{a}_x-\sin\theta_{\mathrm{t}}\boldsymbol{a}_z).$$

再给出磁场切向分量的边界条件：

$$(\boldsymbol{H}_{\mathrm{i}}+\boldsymbol{H}_{\mathrm{r}})\big|_{\text{along interface}}=\boldsymbol{H}_{\mathrm{t}}\big|_{\text{along interface}}, \tag{2.2.43a}$$

上式相当于

$$H_{\mathrm{i}0}\exp(-\mathrm{j}(k_{\mathrm{i}}\sin\theta_{\mathrm{i}}x))+H_{\mathrm{r}0}\exp(-\mathrm{j}(k_{\mathrm{r}}\sin\theta_{\mathrm{r}}x))=H_{\mathrm{i}0}\exp(-\mathrm{j}(k_{\mathrm{t}}\sin\theta_{\mathrm{t}}x)), \tag{2.2.43b}$$

这里，$\boldsymbol{H}_{\mathrm{i}0}=H_{\mathrm{i}0}\boldsymbol{a}_y$、$\boldsymbol{H}_{\mathrm{r}0}=H_{\mathrm{r}0}\boldsymbol{a}_y$ 且 $\boldsymbol{H}_{\mathrm{t}0}=H_{\mathrm{t}0}\boldsymbol{a}_y$。现在，对于所有可能的沿边界的 x 值，为了满足式(2.2.42b)和式(2.2.43b)，三个指数的自变量必须相等，从而给出了相位匹配条件(phase matching condition)：

$$k_{\mathrm{i}}\sin\theta_{\mathrm{i}}=k_{\mathrm{r}}\sin\theta_{\mathrm{r}}=k_{\mathrm{t}}\sin\theta_{\mathrm{t}}. \tag{2.2.44}$$

可以看出，上式的第一个等式引出了反射定律，而第二个等式引出了斯涅耳定律。根据式(2.2.44)，由式(2.2.42b)和式(2.2.43b)给出的边界条件，可以分别简化为

$$E_{\mathrm{i}0}\cos\theta_{\mathrm{i}}-E_{\mathrm{r}0}\cos\theta_{\mathrm{r}}=E_{\mathrm{t}0}\cos\theta_{\mathrm{t}}, \tag{2.2.45a}$$

和

$$H_{\mathrm{i}0}+H_{\mathrm{r}0}=H_{\mathrm{t}0}, \tag{2.2.45b}$$

利用 $H_{\mathrm{i}0}=E_{\mathrm{i}0}/\eta_1$、$H_{\mathrm{r}0}=E_{\mathrm{r}0}/\eta_1$ 和 $H_{\mathrm{t}0}=E_{\mathrm{t}0}/\eta_2$，其中，$\eta_1$ 和 η_2 分别为介质 1 和介质 2 的本征阻抗，式(2.2.45a)和式(2.2.45b)可以同时求解，从而分别获得 $r_{\parallel}$ 和 $r_{\perp}$ 的振幅反射系数和透射系数(amplitude reflection and transmission coefficients)的表达式：

$$r_{\parallel}=\frac{E_{\mathrm{r}0}}{E_{\mathrm{i}0}}=\frac{\eta_1\cos\theta_{\mathrm{i}}-\eta_2\cos\theta_{\mathrm{t}}}{\eta_1\cos\theta_{\mathrm{i}}+\eta_2\cos\theta_{\mathrm{t}}}, \tag{2.2.46a}$$

$$t_{\parallel}=\frac{E_{\mathrm{t}0}}{E_{\mathrm{i}0}}=\frac{2\eta_2\cos\theta_{\mathrm{i}}}{\eta_1\cos\theta_{\mathrm{i}}+\eta_2\cos\theta_{\mathrm{t}}}. \tag{2.2.46b}$$

垂直偏振

在这种情况下，电场矢量垂直于入射平面，如图 2.3 所示。与平行偏振情况类似，可以得到以下振幅反射系数和透射系数的表达式：

$$r_{\perp}=\frac{E_{\mathrm{r}0}}{E_{\mathrm{i}0}}=\frac{\eta_2\cos\theta_{\mathrm{i}}-\eta_1\cos\theta_{\mathrm{t}}}{\eta_2\cos\theta_{\mathrm{i}}+\eta_1\cos\theta_{\mathrm{t}}}, \tag{2.2.47a}$$

$$t_{\perp}=\frac{E_{\mathrm{t}0}}{E_{\mathrm{i}0}}=\frac{2\eta_2\cos\theta_{\mathrm{i}}}{\eta_2\cos\theta_{\mathrm{i}}+\eta_1\cos\theta_{\mathrm{t}}}. \tag{2.2.47b}$$

式(2.2.46)和式(2.2.47)称为菲涅耳公式，它描述了两个以η_1和η_2为特征的半无限大介质分界面处平面波的反射和透射情况。

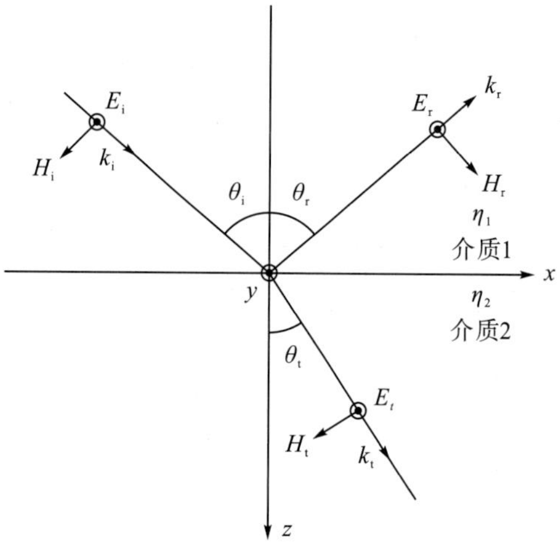

图 2.3 垂直偏振

布儒斯特角

反射系数(reflection coefficient)为零的入射角称为布儒斯特角(Brewster angle) θ_p，也称为起偏振角(polarizing angle)。对于垂直偏振，设$r_\perp=0$，可得

$$\eta_2\cos\theta_i=\eta_1\cos\theta_t. \tag{2.2.48}$$

利用式(2.2.30)和式(2.2.44)，求解式(2.2.48)中的θ_i，可得

$$\sin\theta_i=\sqrt{\frac{1-(\mu_1\varepsilon_2/\mu_2\varepsilon_1)}{1-(\mu_1/\mu_2)^2}}=\sin\theta_{p\perp}. \tag{2.2.49}$$

当$\mu_1=\mu_2$时，式(2.2.49)的分母趋于 0，这意味着非磁性材料不存在θ_p。同样，通过设$r_\parallel=0$，则平行偏振下的布儒斯特角为

$$\sin\theta_{p\parallel}=\sqrt{\frac{1-(\mu_2\varepsilon_1/\mu_1\varepsilon_2)}{1-(\varepsilon_1/\varepsilon_2)^2}}. \tag{2.2.50}$$

对于非磁性介质，即$\mu_1=\mu_2$，有

$$\theta_{p\parallel}=\sin^{-1}\sqrt{\frac{1}{1+(\varepsilon_1/\varepsilon_2)}}=\tan^{-1}\sqrt{\frac{\varepsilon_2}{\varepsilon_1}}=\tan^{-1}\left(\frac{n_2}{n_1}\right). \tag{2.2.51}$$

图 2.4 为空气-玻璃($n_1=1,\ n_2=1.5,\ \mu_1=\mu_2=1$)分界面处分别在平行偏振和垂直偏振下，入射场的反射系数和透射系数随入射角θ_i变化的函数，其中，根据折射率n_1和n_2，利用$\eta=\sqrt{\mu/\varepsilon}$和$n=\sqrt{\mu_r\varepsilon_r}$重新写出表达式(2.2.46)和式(2.2.47)。在此情况下，该系数如图 2.4(a)所示皆为实数。图 2.4(a)可以用图 2.4(b)和图 2.4(c)来表示，其中在图 2.4(c)中可以看到，$r_{pa}(r_\parallel)$曲线在布儒斯特角处有从 0°～−180°的相位突变。

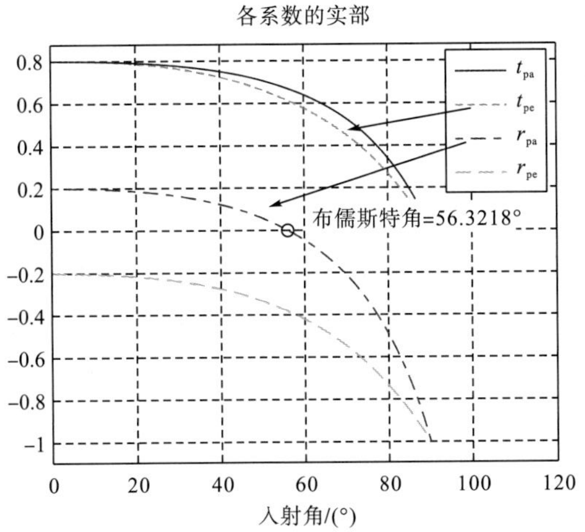

(a)$r_{\parallel}, t_{\parallel}, r_{\perp}, t_{\perp}$与入射角的关系

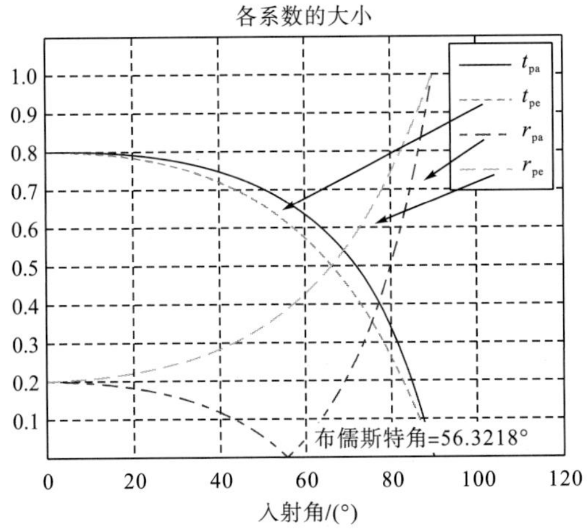

(b)各系数与入射角的关系

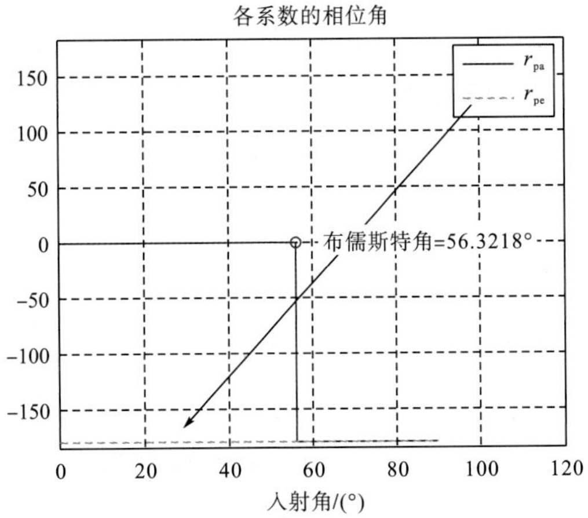

(c)各系数的相位角与入射角的关系

图 2.4　空气-玻璃($n_1 = 1.0, n_2 = 1.5$)分界面处的反射和透射系数

t_{pa} 和 t_{pe} 分别对应于平行偏振和垂直偏振情况下的透射系数，r_{pa} 和 r_{pe} 分别对应于平行偏振和垂直偏振情况下的反射系数。

这些图是利用表 2.1 中的 m-文件生成的

反射率和透射率

将反射系数和透射系数与通过界面的能量流相联系，这是非常有用的。可利用式(2.2.34)将入射光、反射光和透射光的时间平均功率密度分别写为

$$<\boldsymbol{S}_{\mathrm{i}}>=\frac{|E_{\mathrm{i}0}|^2}{2\eta_1}\boldsymbol{a}_{\mathrm{i}},\ <\boldsymbol{S}_{\mathrm{r}}>=\frac{|E_{\mathrm{r}0}|^2}{2\eta_1}\boldsymbol{a}_{\mathrm{r}},\quad <\boldsymbol{S}_{\mathrm{t}}>=\frac{|E_{\mathrm{t}0}|^2}{2\eta_2}\boldsymbol{a}_{\mathrm{t}},$$

式中，$\boldsymbol{a}_{\mathrm{i}}$、$\boldsymbol{a}_{\mathrm{r}}$ 和 $\boldsymbol{a}_{\mathrm{t}}$ 分别为 $\boldsymbol{k}_{\mathrm{i}}$、$\boldsymbol{k}_{\mathrm{r}}$ 和 $\boldsymbol{k}_{\mathrm{t}}$ 的单位矢量，如图 2.2 和图 2.3 所示。其反射系数 R 和透射系数 T 可分别通过所穿过界面的平均功率(average power)的比值来定义。对于 R，可由下式给出：

$$R=\frac{|<\boldsymbol{S}_{\mathrm{r}}>\cdot\boldsymbol{a}_z|}{|<\boldsymbol{S}_{\mathrm{i}}>\cdot\boldsymbol{a}_z|}=\frac{|E_{\mathrm{r}0}|^2\cos\theta_{\mathrm{r}}}{|E_{\mathrm{i}0}|^2\cos\theta_{\mathrm{i}}}. \tag{2.2.52}$$

因此，对于平行偏振和垂直偏振，由于 $\theta_{\mathrm{i}}=\theta_{\mathrm{r}}$，分别有

$$R_{\parallel}=|r_{\parallel}|^2 \quad 和 \quad R_{\perp}=|r_{\perp}|^2, \tag{2.2.53}$$

$R_{\parallel}$ 和 $R_{\perp}$ 在光学中也称为反射率(reflectivity)或反射比(reflectance)。透射系数在光学中也称为透射率(transmissivity)或透射比(transmittance)，即

$$T=\frac{|<\boldsymbol{S}_{\mathrm{t}}>\cdot\boldsymbol{a}_z|}{|<\boldsymbol{S}_{\mathrm{i}}>\cdot\boldsymbol{a}_z|}=\frac{|E_{\mathrm{t}0}|^2\eta_1\cos\theta_{\mathrm{t}}}{|E_{\mathrm{i}0}|^2\eta_2\cos\theta_{\mathrm{i}}}. \tag{2.2.54}$$

因此，对于平行偏振或垂直偏振，有

$$T_{\parallel}=\frac{\eta_1\cos\theta_{\mathrm{t}}}{\eta_2\cos\theta_{\mathrm{i}}}|t_{\parallel}|^2,\quad T_{\perp}=\frac{\eta_1\cos\theta_{\mathrm{t}}}{\eta_2\cos\theta_{\mathrm{i}}}|t_{\perp}|^2. \tag{2.2.55}$$

注意，能量守恒要求

$$R_{\perp}+T_{\perp}=1,\quad R_{\parallel}+T_{\parallel}=1. \tag{2.2.56}$$

举一个实际的例子，对于从空气 $(n_1=1)$ 垂直入射 $(\theta_{\mathrm{i}}=\theta_{\mathrm{t}}=0)$ 到玻璃 $(n_2=1.5)$ 的情况，有

$$R_{\parallel}=R_{\perp}=|r_{\parallel}|^2=|r_{\perp}|^2=[(n_1-n_2)/(n_1+n_2)]^2=0.04,$$

且 $T_{\perp}=T_{\parallel}=0.96$，因此约有 4%的光被反射，96%的光透射进入玻璃。

全内反射

回顾 1.2 节，对于 $n_1>n_2$，所有入射角大于临界角 $\theta_{\mathrm{c}}=\sin^{-1}(n_2/n_1)$ 入射的光线都会发生全内反射，从波动理论的角度来看，这到底是什么原因？可以证明，如果忽略 $\sin\theta_{\mathrm{t}}>1$，对于 $\theta_{\mathrm{i}}>\theta_{\mathrm{c}}$ 的情况，菲涅耳方程都适用于全内反射，设

$$\begin{aligned}\cos\theta_t&=-(1-\sin^2\theta_{\mathrm{t}})^{1/2}\\&=-\left[1-\left(\frac{n_1}{n_2}\right)^2\sin^2\theta_{\mathrm{i}}\right]^{1/2}\\&=\pm\mathrm{j}\left[\left(\frac{n_1}{n_2}\right)^2\sin^2\theta_{\mathrm{i}}-1\right]^{1/2}.\end{aligned} \tag{2.2.57}$$

因此，根据式(2.2.41)，对于反射场，有

$$\begin{aligned}\boldsymbol{E}_{\mathrm{r}} &= \boldsymbol{E}_{\mathrm{r}0}\exp(-\mathrm{j}(\boldsymbol{k}_{\mathrm{r}}\cdot\boldsymbol{R}))\\ &= \boldsymbol{E}_{\mathrm{r}0}\exp(-\mathrm{j}(k_{\mathrm{r}}\sin\theta_{\mathrm{r}}x - k_{\mathrm{r}}\cos\theta_{\mathrm{r}}z)).\end{aligned}$$

对于透射场，有

$$\begin{aligned}\boldsymbol{E}_{\mathrm{t}} &= \boldsymbol{E}_{\mathrm{t}0}\exp(-\mathrm{j}(\boldsymbol{k}_{\mathrm{t}}\cdot\boldsymbol{R}))\\ &= \boldsymbol{E}_{\mathrm{t}0}\exp(-\mathrm{j}(k_{\mathrm{t}}\sin\theta_{\mathrm{t}}x + k_{\mathrm{t}}\cos\theta_{\mathrm{t}}z))\\ &= \boldsymbol{E}_{\mathrm{t}0}\exp\left(-\mathrm{j}k_{\mathrm{t}}\left(\frac{n_1}{n_2}\right)\sin\theta_{\mathrm{i}}x\right)\exp\left(-k_{\mathrm{t}}\left[\left(\frac{n_1}{n_2}\right)^2\sin^2\theta_{\mathrm{i}}-1\right]^{1/2}z\right),\end{aligned}$$

这里只保留 z 方向上带有负变量的实指数，以防出现非物理解。可以看出，透射场沿 x 方向传播，并在 z 方向呈指数衰减，这种波称为倏逝波。

考虑偏振的入射波，并且其电场垂直于入射面的情况(图 2.3)，由菲涅耳公式(2.2.47)可知，同时又因 $\cos\theta_{\mathrm{t}}$ 是一个虚数，故 $r_\perp$ 和 $t_\perp$ 为复数，可以发现

$$r_\perp = |r_\perp|\exp(\mathrm{j}\alpha) = \exp(\mathrm{j}\alpha) \tag{2.2.58}$$

和

$$t_\perp = |t_\perp|\exp(\mathrm{j}\alpha/2) = \frac{2\cos\theta_{\mathrm{i}}}{\sqrt{1-(n_2/n_1)^2}}\exp(\mathrm{j}\alpha/2), \tag{2.2.59}$$

其中

$$\alpha = 2\tan^{-1}\left(\frac{\sqrt{\sin^2\theta_{\mathrm{i}}-(n_2/n_1)^2}}{\cos\theta_{\mathrm{i}}}\right)$$

为反射系数的相位角(phase angle)。现在设 $\boldsymbol{E}_{\mathrm{i}0} = E_{\mathrm{i}0}\boldsymbol{a}_y$，

$$\boldsymbol{E}_{\mathrm{r}} = \boldsymbol{E}_{\mathrm{r}0}\exp(-\mathrm{j}(\boldsymbol{k}_{\mathrm{r}}\cdot\boldsymbol{R})) = E_{\mathrm{i}0}\boldsymbol{a}_y\exp(\mathrm{j}\alpha)\exp(-\mathrm{j}(\boldsymbol{k}_{\mathrm{r}}\cdot\boldsymbol{R})) \tag{2.2.60}$$

且

$$\begin{aligned}\boldsymbol{E}_{\mathrm{t}} &= \boldsymbol{E}_{\mathrm{t}0}\exp(-\mathrm{j}(\boldsymbol{k}_{\mathrm{t}}\cdot\boldsymbol{R}))\\ &= E_{\mathrm{i}0}\boldsymbol{a}_y|t_\perp|\exp(\mathrm{j}\alpha)\exp\left(-\mathrm{j}k_{\mathrm{t}}\left(\frac{n_1}{n_2}\right)\sin\theta_{\mathrm{i}}x\right)\\ &\quad\times\exp\left(-k_{\mathrm{t}}\left[\left(\frac{n_1}{n_2}\right)^2\sin^2\theta_{\mathrm{i}}-1\right]^{1/2}z\right).\end{aligned} \tag{2.2.61}$$

可以发现，反射波的振幅与入射波的振幅相等，因此能量被完全反射[图 2.5(a)]，但在反射过程中出现了相位改变，即从临界角处的 0°变化到切入射时的 180°，如图 2.5(b)所示。图 2.5 的结果是用表 2.1 中的 m-文件绘制的。相应地，对于磁场，其透射场可以参考图 2.3，并利用式(2.2.57)，有

$$\begin{aligned}\boldsymbol{H}_{\mathrm{t}} &= \boldsymbol{H}_{\mathrm{t0}}\exp(-\mathrm{j}(\boldsymbol{k}_{\mathrm{t}}\cdot\boldsymbol{R}))\\ &= (-\cos\theta_{\mathrm{t}}\boldsymbol{a}_x+\sin\theta_{\mathrm{t}}\boldsymbol{a}_z)\frac{E_{\mathrm{i0}}|t_\perp|}{\eta_2}\exp(\mathrm{j}\alpha)\exp\left(-\mathrm{j}k_{\mathrm{t}}\left(\frac{n_1}{n_2}\right)\sin\theta_{\mathrm{i}}x\right)\\ &\quad\times\exp\left(-k_{\mathrm{t}}\left[\left(\frac{n_1}{n_2}\right)^2\sin^2\theta_{\mathrm{i}}-1\right]^{1/2}z\right),\end{aligned}$$

当利用式(2.2.57)时，可化简为如下公式：

$$\begin{aligned}\boldsymbol{H}_{\mathrm{t}} &= \left\{\mathrm{j}\left[\left(\frac{n_1}{n_2}\right)^2\sin^2\theta_{\mathrm{i}}-1\right]^{1/2}\boldsymbol{a}_x+\left(\frac{n_1}{n_2}\right)\sin\theta_{\mathrm{i}}\boldsymbol{a}_z\right\}\frac{E_{\mathrm{i0}}|t_\perp|}{\eta_2}\exp(\mathrm{j}\alpha)\\ &\quad\times\exp\left(-\mathrm{j}k_{\mathrm{t}}\left(\frac{n_1}{n_2}\right)\sin\theta_{\mathrm{i}}x\right)\exp\left(-k_{\mathrm{t}}\left[\left(\frac{n_1}{n_2}\right)^2\sin^2\theta_{\mathrm{i}}-1\right]^{1/2}z\right).\end{aligned}\tag{2.2.62}$$

则透射场的时间平均功率流密度 $<\boldsymbol{S}_{\mathrm{t}}>$ 为

$$\begin{aligned}<\boldsymbol{S}_{\mathrm{t}}> &\propto \mathrm{Re}(\boldsymbol{E}_{\mathrm{t}}\times\boldsymbol{H}_{\mathrm{t}}^*)\\ &= \mathrm{Re}\left(\left[-\mathrm{j}\left[\left(\frac{n_1}{n_2}\right)^2\sin^2\theta_{\mathrm{i}}-1\right]^{1/2}\boldsymbol{a}_z+\left(\frac{n_1}{n_2}\right)\sin\theta_{\mathrm{i}}\boldsymbol{a}_x\right]\right.\\ &\quad\left.\times\frac{E_{\mathrm{i0}}^2|t_\perp|^2}{\eta_2}\exp\left(-2k_{\mathrm{t}}\left[\left(\frac{n_1}{n_2}\right)^2\sin^2\theta_{\mathrm{i}}-1\right]^{1/2}z\right)\right).\end{aligned}\tag{2.2.63}$$

可以看出，透射场显然不为零($|t_\perp|\neq 0$)，尽管在 z 方向没有功率流(因为 z 方向的坡印亭矢量为虚数)。但是，在密度较小的介质中，沿界面仍有功率流。

若考虑一组在不同方向上传播的平面波(如一束光)以大于临界角的角度入射到分界面上，则每个平面波都会产生全内反射，并且每一个波的反射系数都不同。在反射时，可以通过每个反射平面波复振幅的叠加来重建反射光束，最终结果是反射光束在反射过程中沿界面产生横向位移，该横向位移可以解释为光束进入密度较低的介质并在低密度介质中沿界面传播，然后再从密度较小的介质中重新反射到密度较大的介质，这种光束沿界面的横向位移称为古斯-亨兴位移(Goos-Hänchen shift)。

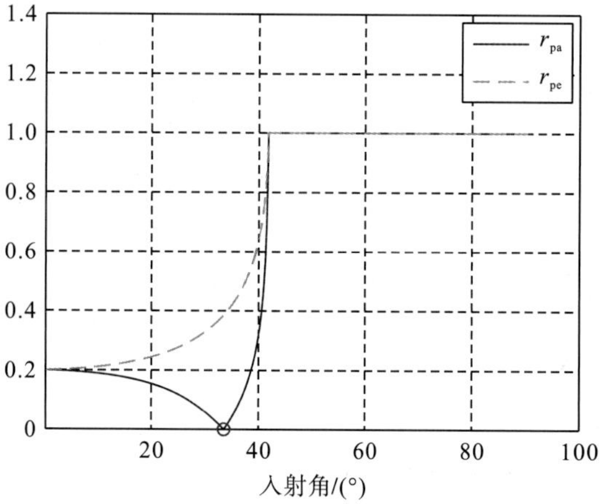

(a)反射系数的大小与入射角的关系

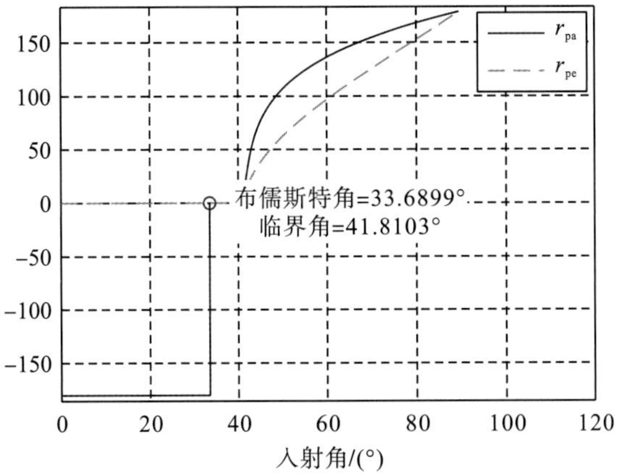

(b)反射系数的相位角和入射角之间的关系

图 2.5　玻璃-空气 ($n_1=1.5, n_2=1$) 分界面处的反射系数

r_{pa} 和 r_{pe} 分别对应平行偏振和垂直偏振情况下的反射系数

表 2.1　Fresnel_Eq.m [**绘制菲涅耳方程式**(2.2.46) **和式**(2.2.47) **的** m-**文件**]

```
------------------------------------------------------------
%Fresnel_Eq.m
%This m-file plots Fresnel equations (2.2.46) and (2.2.47)
n1=input('n1 =');
n2=input('n2 =');

theta_i=0: 0.001: pi/2; %Incidence angle

z=(n1/n2)*sin(theta_i);
theta_t=-j*log(j*z+(ones(size(z))-z.^2).^0.5);

r_pa=(n2*cos(theta_i)-n1*cos(theta_t))./(n2*cos(theta_i)+n1*cos
(theta_t));
t_pa=(2*n1*cos(theta_i))./(n2*cos(theta_i)+n1*cos(theta_t));

r_pe=(n1*cos(theta_i)-n2*cos(theta_t))./(n1*cos(theta_i)+n2*cos
(theta_t));
t_pe=(2*n1*cos(theta_i))./(n1*cos(theta_i)+n2*cos(theta_t));

[N M]=min(abs(r_pa));
theta_i=theta_i/pi*180;
theta_cri=asin(n2/n1)*180/pi;
```

```
figure(1)
plot(theta_i, real(t_pa), '-', theta_i, real(t_pe), ': ', theta_i,
real(r_pa), '-.', theta_i, real(r_pe), '--', theta_i(M), 0, 'o')
m1=min([real(t_pa) real(t_pe) real(r_pa) real(r_pe)]);
M1=max([real(t_pa) real(t_pe) real(r_pa) real(r_pe)]);
legend('t_p_a', 't_p_e',  'r_p_a', 'r_p_e')
text(theta_i(M), 0.01*(M1-m1), ['\leftarrow']);
text(theta_i(M), 0.018*(M1-m1), [' Brewster angle = ', num2str
(theta_i(M))]);
if n1 >= n2
text(theta_cri,-0.1*(M1-m1),[' Critial angle = ',num2str(theta_cri)]);
end
xlabel('incident angle')
axis([0 120 m1*1.1 M1*1.1])
title('Real part of coefficients')
grid on

figure(2)
plot(theta_i, imag(t_pa), '-', theta_i, imag(t_pe), ': ', theta_i,
imag(r_pa), '-.', theta_i, imag(r_pe), '--',  theta_i(M), 0, 'o')
m1=min([imag(t_pa) imag(t_pe) imag(r_pa) imag(r_pe)]);
M1=max([imag(t_pa) imag(t_pe) imag(r_pa) imag(r_pe)]);
m11=min([abs(imag(t_pa)) abs(imag(t_pe)) abs(imag(r_pa))abs(imag
(r_pe))]);
M11=max([abs(imag(t_pa)) abs(imag(t_pe)) abs(imag(r_pa)) abs(imag
(r_pe))]);
legend('t_p_a', 't_p_e',  'r_p_a', 'r_p_e')
text(theta_i(M), 0.01*(M11-m11+0.2), ['\leftarrow'])
text(theta_i(M), 0.03*(M11-m11+0.2), ['Brewster angle = ', num2str
(theta_i(M))]);
if n1 >= n2
text(theta_cri, -0.1*(M1-m1), [' Critial angle = ', num2str(theta_
cri)]);
end
xlabel('incident angle')
axis([0 120 m1*1.1-0.1 M1*1.1+0.1])
title('Imaginary part of coefficients')
grid on
```

```
figure(3)
plot(theta_i,abs(t_pa),'-',theta_i,abs(t_pe),':',theta_i,abs(r_pa),
'-.', theta_i, abs(r_pe),  '--', theta_i(M), 0, 'o')
m1=min([abs(t_pa) abs(t_pe) abs(r_pa) abs(r_pe)]);
M1=max([abs(t_pa) abs(t_pe) abs(r_pa) abs(r_pe)]);
legend('t_p_a', 't_p_e',  'r_p_a', 'r_p_e')
text(theta_i(M), 0.01*(M1-m1), ['\leftarrow'])
text(theta_i(M), 0.03*(M1-m1), [' Brewster angle = ', num2str
(theta_i(M))]);
if n1 >= n2
text(theta_cri, 0.1*(M1-m1), [' Critial angle = ', num2str(theta_
cri)]);
end
xlabel('incident angle')
axis([0 120 m1*1.1 M1*1.1])
title('Magnitude of coefficients')
grid on

figure(4)
plot(theta_i, real(j*180/pi*log(t_pa)), '-', theta_i, real(j*180/pi*
log(t_pe)), ': ', theta_i, real(j*180/pi*log(r_pa)), '-.', theta_i,
real(j*180/pi*log(r_pe)),  '--', theta_i(M),  0,  'o')
m1=real(min([ -j*180/pi*log(r_pa) -j*180/pi*log(r_pe)]));
M1=real(max([ -j*180/pi*log(r_pa) -j*180/pi*log(r_pe)]));
legend('t_p_a', 't_p_e',  'r_p_a', 'r_p_e')
text(theta_i(M), 0.015*(M1-m1), ['\leftarrow'])
text(theta_i(M), 0.03*(M1-m1), [' Brewster angle = ', num2str(theta_i
(M))]);
if n1 >= n2
text(theta_cri, -0.1*(M1-m1), [' Critial angle = ', num2str(theta_
cri)]);
end
xlabel('incident angle')
axis([0 120 -185 185])
title('Phase angle of coefficients')
grid on
---------------------------------------------------------------
```

2.3 波动光学

本节推导波传播的空间频率传递函数、傅里叶光学中常用的重要的菲涅耳衍射公式(Fresnel diffraction formula)和夫琅禾费衍射公式(Fraunhofer diffraction formula)。从波动方程式(2.2.13)出发，并用笛卡儿坐标表示：

$$\frac{1}{u^2}\frac{\partial^2\psi}{\partial t^2}=\frac{\partial^2\psi}{\partial x^2}+\frac{\partial^2\psi}{\partial y^2}+\frac{\partial^2\psi}{\partial z^2}. \tag{2.3.1}$$

假定波函数(wave function) $\psi(x,y,z,t)$ 包含一个复振幅(complex amplitude) $\psi_{\mathrm{p}}(x,y,z)$ 并携带载频(carrier frequency) ω_0 (ψ_{p} 为电气工程中的相量)：

$$\psi(x,y,z,t)=\psi_{\mathrm{p}}(x,y,z)\exp(\mathrm{j}\omega_0 t). \tag{2.3.2}$$

将式(2.3.2)代入式(2.3.1)，可以得到 ψ_{p} 的亥姆霍兹方程(Helmholtz equation)，即

$$\frac{\partial^2\psi_{\mathrm{p}}}{\partial x^2}+\frac{\partial^2\psi_{\mathrm{p}}}{\partial y^2}+\frac{\partial^2\psi_{\mathrm{p}}}{\partial z^2}+k_0^2\psi_{\mathrm{p}}=0,\ k_0=\frac{\omega_0}{u}. \tag{2.3.3}$$

下节介绍二维傅里叶变换，并在给定的初始条件下利用傅里叶变换求解式(2.3.3)。

2.3.1 傅里叶变换和卷积

平方可积函数 $f(x,y)$ 的二维空间傅里叶变换已在书(Banerjee and Poon，1991)中给出，如下式：

$$\begin{aligned}F(k_x,k_y)&=\int_{-\infty}^{\infty}\int_{-\infty}^{\infty}f(x,y)\exp(\mathrm{j}k_x x+\mathrm{j}k_y y)\,\mathrm{d}x\,\mathrm{d}y\\&=F_{xy}\{f(x,y)\},\end{aligned} \tag{2.3.4a}$$

式中，$f(x,y)$ 是平方可积(square-integrable)的。若

$$\int_{-\infty}^{\infty}\int_{-\infty}^{\infty}|f(x,y)|^2\,\mathrm{d}x\,\mathrm{d}y\leqslant\infty,$$

则其逆傅里叶变换(inverse Fourier transform)为

$$\begin{aligned}f(x,y)&=\frac{1}{4\pi^2}\int_{-\infty}^{\infty}\int_{-\infty}^{\infty}F(k_x,k_y)\exp(-\mathrm{j}k_x x-\mathrm{j}k_y y)\,\mathrm{d}k_x\,\mathrm{d}k_y\\&=F_{xy}^{-1}\{F(k_x,k_y)\}.\end{aligned} \tag{2.3.4b}$$

$F(k_x,k_y)$ 通常称为 $f(x,y)$ 的频谱(frequency spectrum)，正如 Banerjee 和 Poon(1991)书中所给出的解释，上述对于正逆变换的定义与工程惯例中对行波的定义是一致的。在许多光学应用中，函数 $f(x,y)$ 表示电磁场或光场在平面 z 上的横截面。因此，在式(2.3.4a)和式(2.3.4b)中，$f(x,y)$ 和 $F(k_x,k_y)$ 将 z 视为一个参数，则式(2.3.4b)化为

$$f(x,y;z)=\frac{1}{4\pi^2}\int_{-\infty}^{\infty}\int_{-\infty}^{\infty}F(k_x,k_y;z)\exp(-\mathrm{j}k_x x-\mathrm{j}k_y y)\,\mathrm{d}k_x\,\mathrm{d}k_y.$$

这种变换的好处是对于振幅谱(spectral amplitude) $F(k_x,k_y;z)$，当将其代入波动方程时，可将一个三维的偏微分方程简化为一个一维的常微分方程。二维傅里叶变换(two-dimensional Fourier transform)的典型性质和例子如表 2.2 所示。

表 2.2　二维傅里叶变换的性质和例子

函数(x,y)	傅里叶变换频谱函数(k_x,k_y)
1. $f(x,y)$	$F(k_x,k_y)$
2. $f(x-x_0,y-y_0)$	$F(k_x,k_y)\exp(\mathrm{j}k_x x_0+\mathrm{j}k_y y_0)$
3. $f(ax,by);a,b$ 为复常数	$\frac{1}{\lvert ab\rvert}F\left(\frac{k_x}{a},\frac{k_y}{b}\right)$
4. $f^*(x,y)$	$F^*(-k_x,-k_y)$
5. $F(x,y)$	$4\pi^2 f(-k_x,-k_y)$
6. $\partial f(x,y)/\partial x$	$-\mathrm{j}k_x F(k_x,k_y)$
7. δ 函数	
$\delta(x,y)=\frac{1}{4\pi^2}\int_{-\infty}^{\infty}\int_{-\infty}^{\infty}\mathrm{e}^{\pm\mathrm{j}k_x x\pm\mathrm{j}k_y y}\mathrm{d}k_x\mathrm{d}k_y$	1
8.1	$4\pi^2\delta(k_x,k_y)$
9.矩形函数	sinc 函数
$\mathrm{rect}(x,y)=\mathrm{rect}(x)\mathrm{rect}(y)$	$\mathrm{sinc}\left(\frac{k_x}{2\pi},\frac{k_y}{2\pi}\right)=\mathrm{sinc}\left(\frac{k_x}{2\pi}\right)\mathrm{sinc}\left(\frac{k_y}{2\pi}\right)$,
其中，$\mathrm{rect}(x)=\begin{pmatrix}1,\lvert x\rvert<1/2\\0,\text{其他}\end{pmatrix}$,	其中，$\mathrm{sinc}(x)=\frac{\sin(\pi x)}{\pi x}$
10.高斯函数	高斯函数
$\exp(-\alpha(x^2+y^2))$	$\frac{\pi}{\alpha}\exp\left(-\frac{k_x{}^2+k_y{}^2}{4a}\right)$

==

例(1)　傅里叶变换的平移和缩放特性举例

根据定义，有

$$F_{xy}\{f(x-x_0,y-y_0)\}=\int_{-\infty}^{\infty}\int_{-\infty}^{\infty}f(x-x_0,y-y_0)\exp\left(\mathrm{j}k_x x+\mathrm{j}k_y y\right)\mathrm{d}x\mathrm{d}y.$$

进行变量替换，令 $x'=x-x_0$ 和 $y'=y-y_0$，有

$$
\begin{aligned}
&F_{xy}\left\{f\left(x-x_0,y-y_0\right)\right\}\\
&=\int_{-\infty}^{\infty}\int_{-\infty}^{\infty}f\left(x',y'\right)\exp\left(\mathrm{j}k_x\left(x'+x_0\right)+\mathrm{j}k_y\left(y'+y_0\right)\right)\mathrm{d}x'\mathrm{d}y'\\
&=\exp\left(\mathrm{j}k_xx_0+\mathrm{j}k_yy_0\right)\int_{-\infty}^{\infty}\int_{-\infty}^{\infty}f\left(x',y'\right)\exp\left(\mathrm{j}k_xx'+\mathrm{j}k_yy'\right)\mathrm{d}x'\mathrm{d}y'\\
&=\exp\left(\mathrm{j}k_xx_0+\mathrm{j}k_yy_0\right)F\left(k_x,k_y\right).
\end{aligned}
$$

上述结果验证了表 2.2 中的第 2 项，即在 x-y 平面上将函数 $f(x,y)$ 移动 x_0 和 y_0，其原始频谱增加一个相位项 $\exp(\mathrm{j}k_xx_0+\mathrm{j}k_yy_0)$。

对于正常数 a 和 b，根据定义，有

$$F_{xy}\left\{f\left(ax,by\right)\right\}=\int_{-\infty}^{\infty}\int_{-\infty}^{\infty}f\left(ax,by\right)\exp\left(\mathrm{j}k_xx+\mathrm{j}k_yy\right)\mathrm{d}x\mathrm{d}y.$$

进行变量替换，令 $x'=ax$ 和 $y'=by$，则上述积分变为

$$
\begin{aligned}
F_{xy}\left\{f\left(ax,by\right)\right\}&=\int_{-\infty}^{\infty}\int_{-\infty}^{\infty}f\left(ax,by\right)\exp\left(\mathrm{j}k_xx+\mathrm{j}k_yy\right)\mathrm{d}x\mathrm{d}y\\
&=\int_{-\infty}^{\infty}\int_{-\infty}^{\infty}f\left(x',y'\right)\exp(\mathrm{j}(k_x/a)x'+\mathrm{j}(k_y/b)y')\frac{1}{ab}\mathrm{d}x'\mathrm{d}y'\\
&=(1/ab)F(k_x/a,k_y/b).
\end{aligned}
$$

这一结果也适用于 a 和 b 皆为负常数的情况。类似地，可以证明，对于 $a<0$ 和 $b>0$ 或 $a>0$ 和 $b<0$，有

$$
\begin{aligned}
F_{xy}\left\{f\left(ax,by\right)\right\}&=-\int_{-\infty}^{\infty}\int_{-\infty}^{\infty}f\left(x',y'\right)\exp(\mathrm{j}(k_x/a)x'+\mathrm{j}(k_y/b)y')(\mathrm{d}x'\mathrm{d}y'/ab)\\
&=(-1/ab)F(k_x/a,k_y/b).
\end{aligned}
$$

故一般来说，有

$$F_{xy}\left\{f\left(ax,by\right)\right\}=(1/|ab|)F(k_x/a,k_y/b).$$

上式验证了表 2.2 中的第 3 项。一般来说，a 和 b 可以是复常数。对于正常数 a 和 b，函数 $f(ax,by)$ 表示一个原函数 $f(x,y)$ 在 x 方向被缩放了 $1/a$，在 y 方向被缩放了 $1/b$。类似地，$F(k_x/a,k_y/b)$ 表示原频谱 $F(k_x,k_y)$ 在空间频域（spatial frequency domain）被缩放了 a 和 b。

==

例（2） $\mathrm{rect}(x/x_0,y/y_0)$ 的傅里叶变换举例

图例（2）(a) 为一维矩形函数 $\mathrm{rect}(x/x_0)$，其中，x_0 为函数的宽度，其三维图及灰度图分别如图（b）和图（c）所示。在灰度图中，假设图中振幅为 1 表示“白色”，振幅为 0 表示“黑色”，则白色区域为 $x_0\times y_0$。

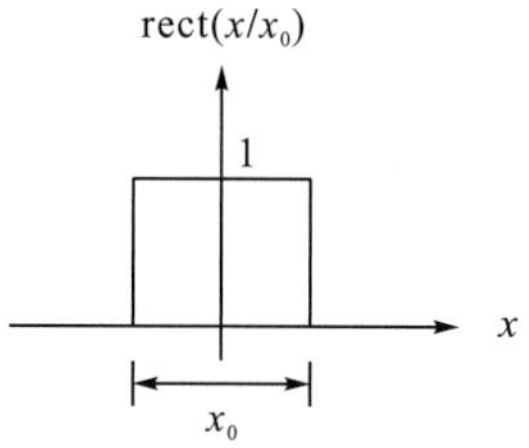

(a)一维矩形函数

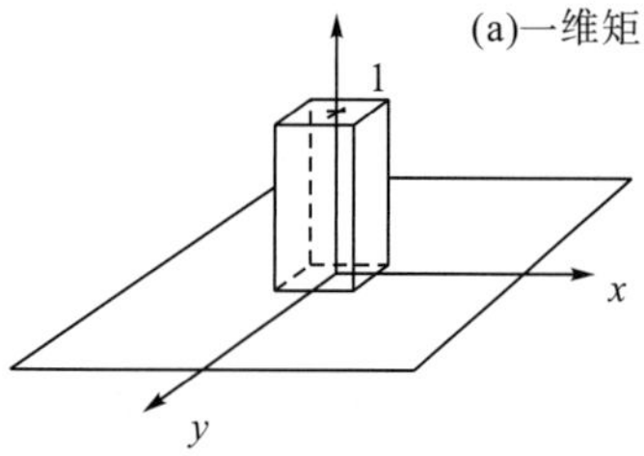

(b)三维图

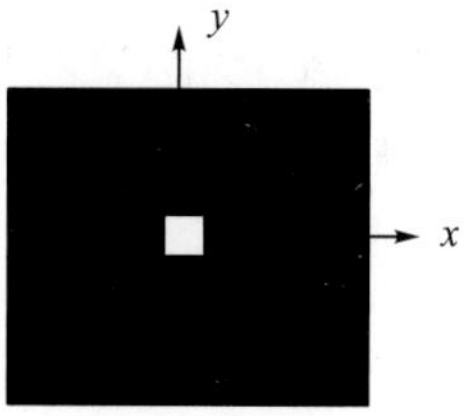

(c)灰度图

图例(2)　矩形函数

根据定义，有

$$
\begin{aligned}
& F_{xy}\left\{\operatorname{rect}\left(x/x_0, y/y_0\right)\right\} \\
&= \int_{-\infty}^{\infty}\int_{-\infty}^{\infty} \operatorname{rect}\left(x/x_0, y/y_0\right)\exp\left(\mathrm{j}k_x x + \mathrm{j}k_y y\right)\mathrm{d}x\,\mathrm{d}y \\
&= \int_{-x_0/2}^{x_0/2} 1\exp\left(\mathrm{j}k_x x\right)\mathrm{d}x \times \int_{-y_0/2}^{y_0/2} 1\exp\left(\mathrm{j}k_y y\right)\mathrm{d}y \\
&= x_0 \operatorname{sinc}\left(\frac{x_0 k_x}{2\pi}\right) y_0 \operatorname{sinc}\left(\frac{y_0 k_y}{2\pi}\right) = x_0 y_0 \operatorname{sinc}\left(\frac{x_0 k_x}{2\pi}, \frac{y_0 k_y}{2\pi}\right),
\end{aligned}
$$

这里，$\operatorname{sinc}(x) = \sin(\pi x)/\pi x$ 定义为 sinc 函数(sinc function)。从图中可以看出，对于宽度为 x_0 的矩形函数，其频谱的第一个零点在 $2\pi/x_0$ 处，情况如图例(3)所示。图中顶部为二维灰度图，底部为沿 x 轴水平方向穿过顶部图形中心时的交线轨迹。

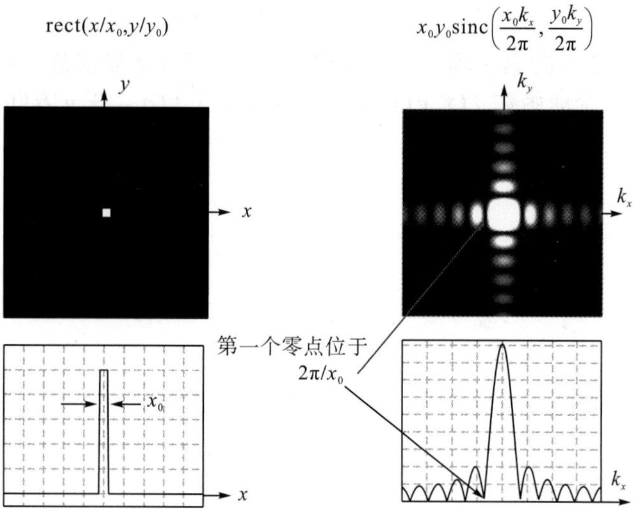

图例(3)　矩形函数的频谱情况

以下是生成这些图的m-文件。

```
-----------------------------------------------------------------
%ff2Drect.m  % Simulation of Fourier transformation of a 2D Rect
function

clear

A=zeros(512, 512);
B=ones(20, 20);

A(256-9: 256+10, 256-9: 256+10)=B;

Fa=fft2(A);
Fa=fftshift(Fa);

figure(1)
image(256*A)
colormap(gray(256))
axis square
axis off

figure(2)
image(2*256*abs(Fa)/max(max(abs(Fa))))
colormap(gray(256))
-----------------------------------------------------------------
==========================================
```

函数 $g_1(x,y)$ 和 $g_2(x,y)$ 的卷积定义为

$$\begin{aligned} g(x,y) &= \int_{-\infty}^{\infty}\int_{-\infty}^{\infty} g_1(x',y')g_2(x-x',y-y')\,\mathrm{d}x'\mathrm{d}y' \\ &= g_1(x,y)*g_2(x,y). \end{aligned} \tag{2.3.5}$$

很容易证明 $g(x,y)$ 的傅里叶变换 $G(k_x,k_y)$ 与 $g_{1,2}(x,y)$ 的傅里叶变换 $G_{1,2}(k_x,k_y)$ 有关，即

$$G(k_x,k_y) = G_1(k_x,k_y)G_2(k_x,k_y)\,. \tag{2.3.6}$$

2.3.2 传输的空间频率传递函数与空间脉冲响应

通过对式(2.3.3)进行二维傅里叶变换，即 F_{xy}，再经过一些运算后，可得

$$\frac{\mathrm{d}^2\Psi_{\mathrm{p}}}{\mathrm{d}z^2}+k_0^2\left(1-\frac{k_x^2}{k_0^2}-\frac{k_y^2}{k_0^2}\right)\Psi_{\mathrm{p}}=0,$$

式中，$\Psi_{\mathrm{p}}(k_x,k_y;z)$ 是 $\psi_{\mathrm{p}}(x,y,z)$ 的傅里叶变换。现在可以很容易求解上述方程：

$$\Psi_{\mathrm{p}}(k_x,k_y;z)=\Psi_{\mathrm{p}0}(k_x,k_y)\exp(-\mathrm{j}k_0\sqrt{1-k_x^2/k_0^2-k_y^2/k_0^2}z), \tag{2.3.7}$$

其中

$$\begin{aligned}\Psi_{\mathrm{p}0}(k_x,k_y)&=\Psi_{\mathrm{p}}(k_x,k_y;z=0)\\&=F_{xy}\{\psi_{\mathrm{p}}(x,y,z=0)\}=F_{xy}\{\psi_{\mathrm{p}0}(x,y)\}.\end{aligned}$$

这里，可以这样来理解式(2.3.7)：考虑一个线性系统(linear system)，以 $\Psi_{\mathrm{p}0}(k_x,k_y)$ 作为其输入谱(即在 $z=0$ 处)，输出谱为 $\Psi_{\mathrm{p}}(k_x,k_y;z)$，那么该系统的空间频率响应(spatial freqnency response)可由下式给出：

$$\frac{\Psi_{\mathrm{p}}(k_x,k_y;z)}{\Psi_{\mathrm{p}0}(k_x,k_y)}=\tilde{H}(k_x,k_y;z)=\exp\left(-\mathrm{j}k_0\sqrt{1-k_x^2/k_0^2-k_y^2/k_0^2}z\right). \tag{2.3.8}$$

式中，$\tilde{H}(k_x,k_y;z)$ 为光在介质中经过距离 z 时传输的空间频率传递函数。

为了求空域中 z 处的场分布，取式(2.3.7)的逆傅里叶变换：

$$\begin{aligned}\psi_{\mathrm{p}}(x,y,z)&=F_{xy}^{-1}\{\Psi_{\mathrm{p}}(k_x,k_y;z)\}\\&=\frac{1}{4\pi^2}\iint\Psi_{\mathrm{p}0}(k_x,k_y)\exp\left(-\mathrm{j}k_0\sqrt{1-k_x^2/k_0^2-k_y^2/k_0^2}z\right)\\&\quad\times\exp(-\mathrm{j}k_xx-\mathrm{j}k_yy)\mathrm{d}k_x\,\mathrm{d}k_y.\end{aligned} \tag{2.3.9}$$

现在，将 $\Psi_{\mathrm{p}0}(k_x,k_y)=F_{xy}\{\psi_{\mathrm{p}0}(x,y)\}$ 代入式(2.3.9)，则 $\psi_{\mathrm{p}}(x,y,z)$ 表示为

$$\begin{aligned}\psi_{\mathrm{p}}(x,y,z)&=\iint\psi_{\mathrm{p}0}(x',y')G(x-x',y-y';z)\mathrm{d}x'\mathrm{d}y'\\&=\psi_{\mathrm{p}0}(x,y)*G(x,y;z),\end{aligned} \tag{2.3.10}$$

其中

$$G(x,y;z)=\frac{1}{4\pi^2}\iint\exp\left(-\mathrm{j}k_0\sqrt{1-k_x^2/k_0^2-k_y^2/k_0^2}z\right)\times\exp(-\mathrm{j}k_xx-\mathrm{j}k_yy)\mathrm{d}k_x\,\mathrm{d}k_y.$$

式(2.3.10)的结果表明，$G(x,y;z)$ 为系统传输的空间脉冲响应。通过变量替换：$x=r\cos\theta$、$y=r\sin\theta$、$k_x=\rho\cos\phi$ 和 $k_y=\rho\sin\phi$，可以求得(Stark，1982)：

$$\begin{aligned}G(x,y;z)&=G(r\cos\theta,r\sin\theta;z)=\tilde{G}(r;z)\\&=\frac{\mathrm{j}k_0\exp\left(-\mathrm{j}k_0\sqrt{r^2+z^2}\right)}{2\pi\sqrt{r^2+z^2}}\frac{z}{\sqrt{r^2+z^2}}\left(1+\frac{1}{\mathrm{j}k_0\sqrt{r^2+z^2}}\right).\end{aligned} \tag{2.3.11}$$

现在进行以下分析。

(1) 对于 $z\gg\lambda_0=2\pi/k_0$，即在距离场源 $\psi_{\mathrm{p}0}(x,y)$ 多个波长远处观察场分布时，可以得到 $\left(1+\dfrac{1}{\mathrm{j}k_0\sqrt{r^2+z^2}}\right)\approx1$。

(2) $\dfrac{z}{\sqrt{r^2+z^2}}=\cos\Phi$，其中，$\cos\Phi$ 为倾斜因子，并且 Φ 为正 z 轴与穿过坐标原点的直线之间的夹角。现在，利用二项式展开(binomial expansion)，其因子

$\sqrt{r^2+z^2}=\sqrt{x^2+y^2+z^2}\approx z+\dfrac{x^2+y^2}{2z}$，如果 $x^2+y^2\ll z^2$，那么该条件称为傍轴近似，故 $\cos\Phi\approx 1$。如果将此条件用于更加敏感的相位项，并且只用于式(2.3.11)的第一项和第二项中较不敏感的分母中的第一个展开项，那么 $\tilde{G}(r;z)$ 被称为傅里叶光学(Fourier optics)中的空间脉冲响应 $h(x,y;z)$ (Banerjee and Poon，1991；Goodman，1996；Poon，2007)，即

$$h(x,y;z)=\exp(-\mathrm{j}k_0 z)\frac{\mathrm{j}k_0}{2\pi z}\exp\left(\frac{-\mathrm{j}k_0\left(x^2+y^2\right)}{2z}\right). \tag{2.3.12}$$

通过对 $h(x,y;z)$ 进行二维傅里叶变换，有

$$\begin{aligned}H(k_x,k_y;z)&=F_{xy}\{h(x,y;z)\}\\&=\exp(-\mathrm{j}k_0 z)\exp\left(\frac{\mathrm{j}(k_x^2+k_y^2)z}{2k_0}\right).\end{aligned} \tag{2.3.13}$$

式中，$H(k_x,k_y;z)$ 为傅里叶光学中的空间频率传递函数(Poon，2007)。的确，如果假设 $k_x^2+k_y^2\ll k_0^2$，那么可以直接推导出式(2.3.13)，这意味着波传播矢量的 x 和 y 分量相对较小。根据式(2.3.8)，有

$$\begin{aligned}\frac{\Psi_{\mathrm{p}}(k_x,k_y;z)}{\Psi_{\mathrm{p0}}(k_x,k_y)}&=\tilde{H}(k_x,k_y;z)\\&=\exp\left(-\mathrm{j}k_0\sqrt{1-(k_x^2+k_y^2)/k_0^2}\,z\right)\\&\cong\exp(-\mathrm{j}k_0 z)\exp\left(\frac{\mathrm{j}(k_x^2+k_y^2)z}{2k_0}\right)\\&=H(k_x,k_y;z).\end{aligned} \tag{2.3.14}$$

如果将式(2.3.12)应用于式(2.3.10)，则可得

$$\begin{aligned}\psi_{\mathrm{p}}(x,y,z)&=\psi_{\mathrm{p0}}(x,y)*h(x,y;z)\\&=\exp(-\mathrm{j}k_0 z)\frac{\mathrm{j}k_0}{2\pi z}\iint\psi_{\mathrm{p0}}(x',y')\\&\quad\times\exp\left(\frac{-\mathrm{j}k_0}{2z}(x-x')^2+(y-y')^2\right)\mathrm{d}x'\mathrm{d}y'.\end{aligned} \tag{2.3.15}$$

式(2.3.15)称为菲涅耳衍射公式，它描述了有任意初始复数轮廓 $\psi_{\mathrm{p0}}(x,y)$ 的光束在传播过程中的菲涅耳衍射。其输入和输出平面分别在带撇号和不带撇号的坐标系统中。图 2.6 为联系输入和输出平面的框图。为了获得距离输入场 z 处的输出场分布 $\psi_{\mathrm{p}}(x,y,z)$，需将输入场分布 $\psi_{\mathrm{p0}}(x,y)$ 与空间脉冲响应 $h(x,y;z)$ 进行卷积。

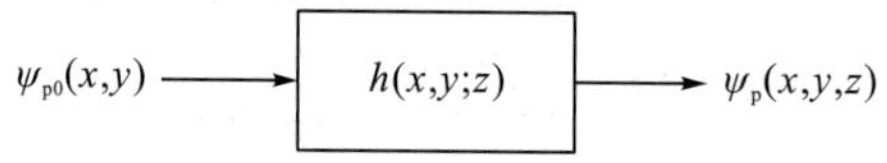

图 2.6 傅里叶光学中的波传播框图

2.3.3　菲涅耳衍射举例

例 1：点源

一个点源由 $\psi_{p0}(x,y)=\delta(x)\delta(y)$ 表示。由式(2.3.15)可知，距离 z 处的复光场可表示为

$$\begin{aligned}\psi_p(x,y,z)&=[\delta(x)\delta(y)]*h(x,y;z)\\&=\frac{jk_0}{2\pi z}\exp\left(-jk_0z-\frac{jk_0(x^2+y^2)}{2z}\right).\end{aligned}\tag{2.3.16}$$

该表达式是发散球面波(diverging spherical wave)的傍轴近似。现在，通过考虑式(2.3.16)中的指数项发现，利用二项式展开，可以写出

$$\begin{aligned}\psi_p(x,y,z)&\cong\frac{jk_0}{2\pi z}\exp\left(-jk_0(z^2+x^2+y^2)^{1/2}\right)\\&\cong\frac{jk_0}{2\pi R}\exp(-jk_0R),\end{aligned}\tag{2.3.17}$$

对一个发散球面波来说，该式对应于式(2.2.24)。

例 2：平面波

对于一个平面波，可以写为 $\psi_{p0}(x,y)=1$，那么有

$$\Psi_{p0}(k_x,k_y)=4\pi^2\delta(k_x)\delta(k_y).$$

利用式(2.3.13)，有

$$\begin{aligned}\Psi_p(k_x,k_y;z)&=4\pi^2\delta(k_x)\delta(k_y)\exp(-jk_0z)\exp\left(\frac{j(k_x^2+k_y^2)z}{2k_0}\right)\\&=4\pi^2\delta(k_x)\delta(k_y)\exp(-jk_0z).\end{aligned}$$

因此，有

$$\psi_p(x,y,z)=\exp(-jk_0z).$$

当平面波传播(plane wave propagation)时，如预期那样，它只是产生相移(phase shift)而没有发生衍射。

2.3.4　夫琅禾费衍射

通过考察菲涅耳衍射图样(Fresnel diffraction pattern)可知，它是由菲涅耳衍射公式(2.3.15)计算得来的，该公式的适用范围是距离光源不要太近，在实际中通常是大于波长 10 倍左右的距离。本节讨论一种对距光源或孔径(aperture)很远的衍射图样(diffraction pattern)的计算方法，更准确地说，在远场(far field)观测，即

$$\frac{k_0(x'^2+y'^2)_{\max}}{2}=z_R\ll z,\tag{2.3.18}$$

式中，z_R 为瑞利范围(Rayleigh range)，则指数 $\exp(-jk_0(x'^2+y'^2))_{\max}/2z$ 在入射平面 (x',y') 上近似为 1。这种假设称为夫琅禾费近似(Fraunhofer approximation)。此时，式(2.3.15)化为

$$\begin{aligned}\psi_{\mathrm{p}}(x,y,z) &= \exp(-\mathrm{j}k_0 z)\frac{\mathrm{j}k_0}{2\pi z}\exp\left(\frac{-\mathrm{j}k_0}{2z}(x^2+y^2)\right)\\ &\times\iint\psi_{\mathrm{p}0}(x',y')\exp\left(\frac{\mathrm{j}k_0}{z}(xx'+yy')\right)\mathrm{d}x'\mathrm{d}y'\\ &= \exp(-\mathrm{j}k_0 z)\frac{\mathrm{j}k_0}{2\pi z}\exp\left(\frac{-\mathrm{j}k_0}{2z}(x^2+y^2)\right)\\ &\times F_{xy}\{\psi_{\mathrm{p}0}(x,y)\}\Big|_{k_x=k_0x/z,k_y=k_0y/z}.\end{aligned} \tag{2.3.19}$$

式(2.3.19)即夫琅禾费衍射公式(Fraunhofer diffraction formula)，也是前面研究的菲涅耳衍射的极限情况。式(2.3.19)中的第一个指数是由传播引起的相位改变的结果，而第二个指数则表明其本质上是一个二次相位曲率(phase curvature)。从中可以看出，如果处理的是红光($\lambda_0 = 0.6328\mu\mathrm{m}$)的衍射，并且在入射平面上的最大尺寸为 1mm，那么根据式(2.3.18)，远场的距离为$z \gg 5\mathrm{m}$。

例：有限宽度狭缝的夫琅禾费衍射

一个被单位振幅平面波照射的狭缝，在沿 x 方向且宽度为 l_x 的狭缝出口处的复振幅为 $\psi_{\mathrm{p}0}(x,y)=\mathrm{rect}(x/l_x)$。可以看出，由于我们对衍射强度(即$|\psi_{\mathrm{p}}|^2$)感兴趣，所以将式(2.3.19)中的指数去掉，而且除傅里叶变换外的其他项如$(k_0/2\pi z)$仅充当一个权重因子，其强度分布取决于傅里叶变换。利用

$$F_{xy}\left\{\mathrm{rect}\left(\frac{x}{l_x}\right)\right\}=l_x\,\mathrm{sinc}\left(\frac{l_x k_x}{2\pi}\right)2\pi\delta(k_y),$$

由式(2.3.19)可得

$$\psi_{\mathrm{p}}(x,y;z)\propto l_x\,\mathrm{sinc}\left(\frac{l_x k_0 x}{2\pi z}\right)\delta\left(\frac{k_0 y}{z}\right). \tag{2.3.20}$$

由于沿 y 方向没有变换，仅需画出沿 x 的归一化强度 $I(x)/I(0)=\mathrm{sinc}^2\left(\dfrac{l_x k_0 x}{2\pi z}\right)$，如图 2.7 所示。表 2.3 为绘制该归一化强度的 m-文件。

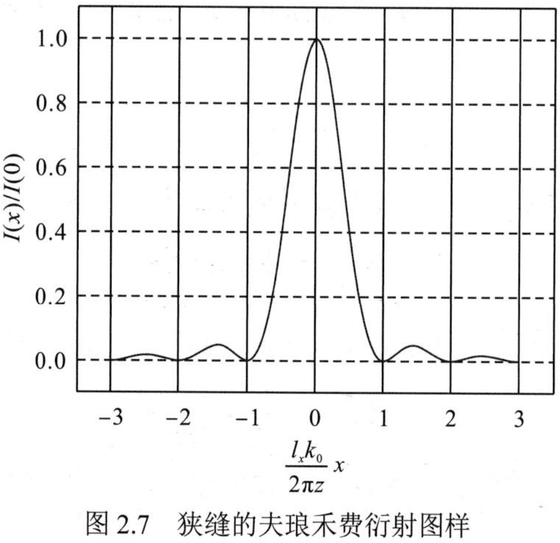

图 2.7 狭缝的夫琅禾费衍射图样

表 2.3 P_sinc.m：对于 $l_x k_0 / 2\pi z = 1$ 绘制 $I(x)/I(0)$ 的 m 文件

```
-------------------------------------------------------------
%P_sinc.m Plotting of sinc^2(x) function
x= -3.5: 0.01: 3.5;
Sinc=sin(pi*x)./(pi*x);
plot(x, Sinc.*conj(Sinc))
axis([-3.5 3.5 -0.1 1.1])
grid on
-------------------------------------------------------------
```

可以观察到 sinc 函数的第一个零点出现在 $x = \pm 2\pi z / l_x k_0 = \pm \lambda_0 z / l_x$ 处，并且在衍射过程中的扩散角为 $\theta_{\text{spread}} \cong 2\lambda_0 / l_x$。

事实上，可以简单地通过量子力学的角度计算扩散的角度(Poon and Motamedi，1987)。考虑光从一个宽度为 l_x 的孔径发出，如图 2.8 所示。

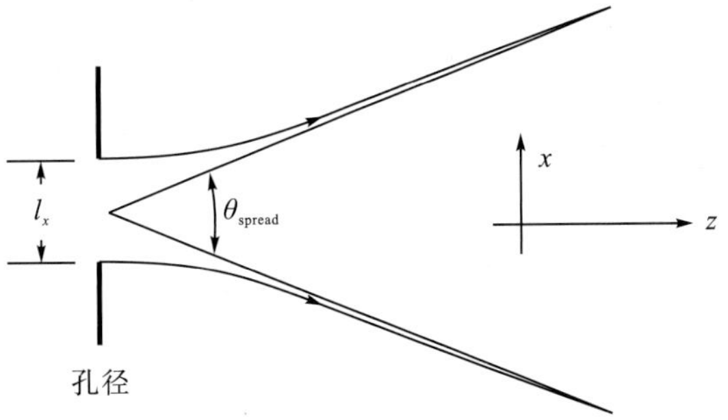

图 2.8 衍射过程中确定扩散角 θ_{spread} 的几何图示

量子力学将量子位置的最小不确定性 Δx 与其动量 Δp_x 的不确定性相联系，即

$$\Delta x \Delta p_x \sim \hbar. \tag{2.3.21}$$

现在，对于问题 $\Delta x = l_x$，由于光子(quantum of light)可以从孔径上的任意一点发出，由式(2.3.21)可知

$$\Delta p_x \sim \frac{\hbar}{l_x}.$$

这里，定义扩散角为 θ_{spread}，并假设其值很小，为

$$\theta_{\text{spread}} \sim \frac{\Delta p_x}{p_z} \sim \frac{\Delta p_x}{p_0},$$

式中，p_z 为动量 p_0 的 z 分量。但是，$p_0 = \hbar k_0$，其中，k_0 为传播常数，因此有

$$\theta_{\text{spread}} \sim \frac{1}{k_0 l_x} = \frac{1}{2\pi} \frac{\lambda_0}{l_x}, \tag{2.3.22}$$

式中，λ_0 为光穿过介质时的波长。因此，扩散角与孔径宽度 l_x 成反比。

2.3.5 理想透镜傅里叶变换的性质

由于透镜是一个相位物体(phase object)，对焦距为 f 的理想聚焦透镜，其相位变换函数 $t_{\mathrm{f}}(x,y)$ 可由下式给出：

$$t_{\mathrm{f}}(x,y)=\exp\left(\mathrm{j}\frac{k_0}{2f}(x^2+y^2)\right). \tag{2.3.23}$$

这是因为对于入射到透镜上的均匀平面波到达透镜后方的波前是一个会聚球面波($f>0$)。理想情况下，其在透镜后方 $z=f$ 处会聚为一个点。通过与式(2.3.16)给出的发散球面波的傍轴近似公式进行比较，可知式(2.3.23)适用于理想薄透镜(透镜的厚度为零，并且其 x 和 y 的尺寸为无穷大)。

现在，考察紧靠理想透镜放置一透明片(transparency) $t(x,y)$ 的情况，如图 2.9 所示。一般情况下，$t(x,y)$ 为复函数。那么，当一个复光场 $\psi_{\mathrm{p}}(x,y)$ 入射到该透明片上时，紧靠该透明片-透镜组合的光场可由下式给出：

$$\psi_{\mathrm{p}}(x,y)t(x,y)t_{\mathrm{f}}(x,y)=\psi_{\mathrm{p}}(x,y)t(x,y)\exp\left(\mathrm{j}\frac{k_0}{2f}(x^2+y^2)\right),$$

式中，假设透明片是无限薄的，正如理想透镜的情况。简便起见，当用单位振幅平面波 $\psi_{\mathrm{p}}(x,y)=1$ 照射时，在紧靠其组合后方产生的光场为 $t(x,y)\exp\left(\mathrm{j}\frac{k_0}{2f}(x^2+y^2)\right)$。利用菲涅耳衍射公式(2.3.15)，可知在 $z=f$ 处的光场分布为

$$\begin{aligned}\psi_{\mathrm{p}}(x,y,z=f)&=\exp(-\mathrm{j}k_0f)\frac{\mathrm{j}k_0}{2\pi f}\exp\left(\frac{-\mathrm{j}k_0}{2f}(x^2+y^2)\right)\\&\quad\times\iint t(x',y')\exp\left(\mathrm{j}\frac{k_0}{f}(xx'+yy')\right)\mathrm{d}x'\mathrm{d}y'\\&=\exp(-\mathrm{j}k_0f)\frac{\mathrm{j}k_0}{2\pi f}\exp\left(\frac{-\mathrm{j}k_0}{2f}(x^2+y^2)\right)\\&\quad\times F_{xy}\{t(x,y)\}\big|_{k_x=k_0x/f,k_y=k_0y/f},\end{aligned} \tag{2.3.24}$$

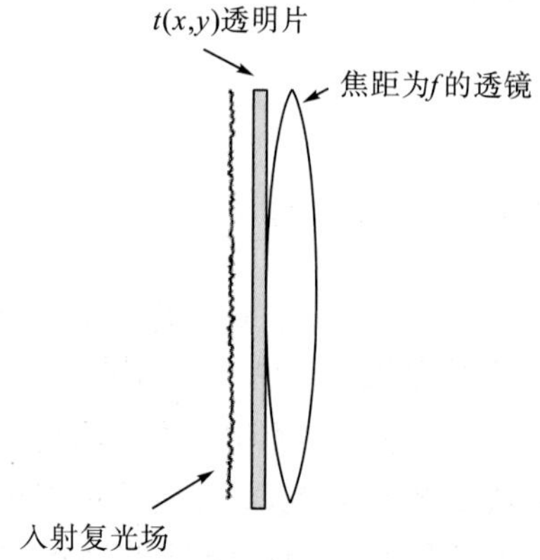

图 2.9 在复光场照明下理想透镜前紧靠透明片的图示

式中，x 和 y 分别为在 $z=f$ 处横截面上的坐标。因此，焦平面($z=f$)处的复光场正比于 $t(x,y)$ 的傅里叶变换，但带有一个相位曲率。从中可以看出，若 $t(x,y)=1$，即该透明片完全透明，则有 $\psi_{\mathrm{p}}(x,y,z=f)\propto\delta(x,y)$，对应平面波被透镜聚焦。因此，对于理想的发散透镜，其相位变换函数可由下式给出：

$$\exp\left(-\mathrm{j}\frac{k_0}{2f}(x^2+y^2)\right).$$

所有的实际透镜都是有限孔径，因此可以将这种物理情况建模为具有无限孔径的透镜紧贴一个称为透镜的瞳函数 (pupil function) $p_f(x,y)$ 的透明片。典型的瞳函数有 $\mathrm{rect}(x/X,y/Y)$ 或 $\mathrm{circ}(r/r_0)$，其中，X、Y 和 r_0 为常数，而 $r=(x^2+y^2)^{1/2}$。$\mathrm{circ}(r/r_0)$ 表示在半径为 r_0 的圆内的值为 1，而其他地方的值为 0。如果透明片 $t(x,y)$ 紧靠一个有限孔径的透镜，那么在平面波的照明下，其透镜后焦面上的光场可由下式给出：

$$\psi_p(x,y,z=f)\propto \mathcal{F}_{xy}\{t(x,y)p_f(x,y)\}\Big|_{k_x=k_0x/f,\ k_y=k_0y/f} \tag{2.3.25}$$

例：透明片置于透镜前

设将一透明片 $t(x,y)$ 置于一无限大孔径的凸透镜前方 d_0 处，并被如图 2.10 所示的单位强度的平面波照射。实际情况如图 2.10(a) 所示，用如图 2.10(b) 所示的框图表示，根据框图，可以写出

$$\psi_p(x,y;f)=\{[t(x,y)*h(x,y;d_0)]t_f(x,y)\}*h(x,y;f), \tag{2.3.26}$$

进而得出

$$\psi_p(x,y;f)=\frac{jk_0}{2\pi f}\exp(-jk_0(d_0+f))\exp\left(-j\frac{k_0}{2f}\left(1-\frac{d_0}{f}\right)(x^2+y^2)\right)$$
$$\times\mathcal{F}_{xy}\{t(x,y)\}\Big|_{k_x=k_0x/f,k_y=k_0y/f}. \tag{2.3.27}$$

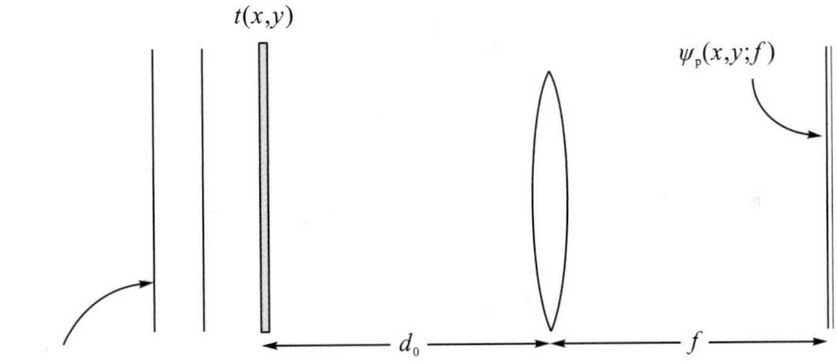

(a)实际情况图

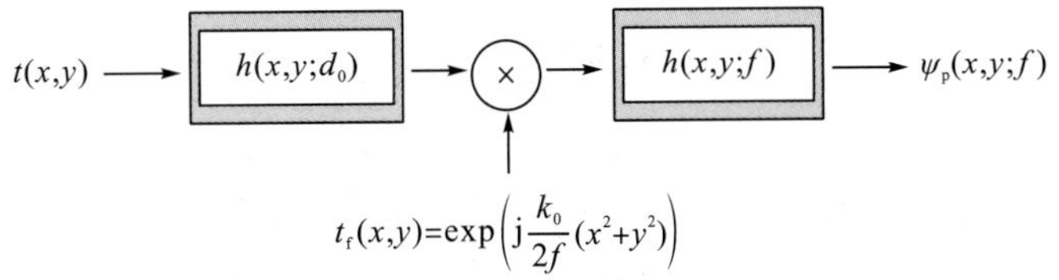

(b)框图

图 2.10　平面波照射置于焦距为 f 的凸透镜前 d_0 位置处一透明片 $t(x,y)$

从图中可以看出，式(2.3.24)中的相位曲率因子再次出现在傅里叶变换之前，但在特殊情况 $d_0=f$ 时消失。因此，当透明片放置在凸透镜前焦面位置处时，该相位曲率消失，但可在后焦面上恢复其精确的傅里叶变换。对位于前焦面上的"输入"透明片进行傅里叶处理，现在就可以在后焦面上执行。因此，通过理想透镜的二次相位变换，透镜可以将夫琅禾费衍射图样(通常在远场看到)带到其后焦面上。这就是傅里叶光学进行相干图像处理(coherent image processing)的本质。

==

相干图像处理举例

本例是一个标准的双透镜相干图像处理系统。该系统称为光学图像处理(optical image processing)的 4-f 光学系统(4-f optical system)。在物平面处，一个透明片样的输入 $t(x,y)$ 被单位振幅的平面波垂直照射，透过率函数(transparency function)为 $p(x,y)$ 的光瞳位于光学系统的共焦面处，$p(x,y)$ 即处理系统的瞳函数。现在的目标是求像面上的光场分布 $\psi_{\text{pi}}(x,y)$。

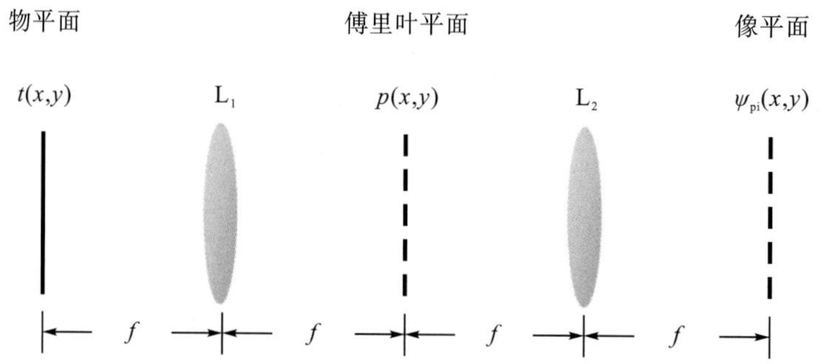

图例　双透镜相干图像处理系统

根据式(2.3.27)，设 $d_0 = f$ 并忽略某常数，可以得到透镜 L₁ 后焦面上的物体频谱，并由下式给出：

$$F_{xy}\{t(x,y)\}\Big|_{k_x=k_0x/f,k_y=k_0y/f} = T\left(\frac{k_0x}{f},\frac{k_0y}{f}\right).$$

输入物体的频谱现在被瞳函数修改了，因为紧贴瞳函数后方的光场分布变为

$$T\left(\frac{k_0x}{f},\frac{k_0y}{f}\right)p(x,y).$$

再根据式(2.3.27)对该光场进行傅里叶变换，则像面上的光场为

$$\psi_{\text{pi}}(x,y) = F_{xy}\left\{T\left(\frac{k_0x}{f},\frac{k_0y}{f}\right)p(x,y)\right\}\Bigg|_{k_x=k_0x/f,k_y=k_0y/f}.$$

该式可用卷积来计算，即

$$\begin{aligned}\psi_{\text{pi}}(x,y) &= t(-x,-y) * F_{xy}\{p(x,y)\}\Big|_{k_x=k_0x/f,k_y=k_0y/f} \\ &= t(-x,-y) * h_{\text{c}}(x,y),\end{aligned}$$

其相应的像强度为

$$I_{\text{i}}(x,y) = \psi_{\text{pi}}(x,y)\psi_{\text{pi}}^*(x,y) = |t(-x,-y) * h_{\text{c}}(x,y)|^2.$$

这就是相干图像处理的基础。式中，$h_{\text{c}}(x,y)$ 为光学系统的相干点扩散函数，并由下式定义(Poon and Liu，2014)：

$$h_{\text{c}}(x,y) = F_{x,y}\{p(x,y)\}\Big|_{k_x=k_0x/f,k_y=k_0y/f} = P\left(\frac{k_0x}{f},\frac{k_0y}{f}\right).$$

相干点扩散函数的傅里叶变换即为相干传递函数(Poon and Liu，2014)，即

$$H_{\mathrm{c}}\left(k_x,k_y\right)=F_{x,y}\{h_{\mathrm{c}}(x,y)\}=p\left(\frac{-fk_x}{k_0},\frac{-fk_y}{k_0}\right).$$

可以看出，对于全通滤波，即当 $p(x,y)=1$ 时，$h_{\mathrm{c}}(x,y)\propto\delta(x,y)$ 和 $H_{\mathrm{c}}(k_x,k_y)=\text{constant}$。其像面上的光场分布为

$$\psi_{\mathrm{pi}}(x,y)=t(-x,-y)*h_{\mathrm{c}}(x,y)=t(-x,-y)*\delta(x,y)=t(-x,-y).$$

式中，$t(x,y)$ 中变量的负号表示像面上的原始输入已经在像面上被翻转和倒转，这与光线光学(几何光学)中对此类情况的解释一致。

==

利用 4-f 系统进行低通滤波：MATLAB 举例

这里，取 $p(x,y)=\mathrm{circ}(r/r_0)$，并根据上例的结果，可知在像面的场分布为

$$\begin{aligned}\psi_{\mathrm{pi}}(x,y)&=F_{xy}\left\{T\left(\frac{k_0x}{f},\frac{k_0y}{f}\right)p(x,y)\right\}\Bigg|_{k_x=k_0x/f,k_y=k_0y/f}\\&=F_{xy}\left\{T\left(\frac{k_0x}{f},\frac{k_0y}{f}\right)\mathrm{circ}(r/r_0)\right\}\Bigg|_{k_x=k_0x/f,k_y=k_0y/f}.\end{aligned}$$

对于所选择的光瞳，滤波具有低通特性。这是因为在物理上光瞳平面的圆形通光口只允许低空间频率通过，图(a)和图(d)给出了原始图像及其频谱，图(b)和图(c)给出了滤波后的图像，并在图(e)和图(f)中分别给出了其相应的低通滤波后的频谱，其中，低通滤波后的频谱是由原始频谱乘以 $\mathrm{circ}(r/r_0)$ 得到的。从图中可以看出，图(f)中的半径 r_0 比图(e)中的要小，表示系统限制了更多要通过光学系统的空间频率，因此像平面上经滤波后的图(c)比图(b)更加模糊。在本例的末尾，列出了生成这些结果的 MATLAB 代码，更多的滤波举例及仿真可在 Poon 和 Liu(2014)的文献中找到。

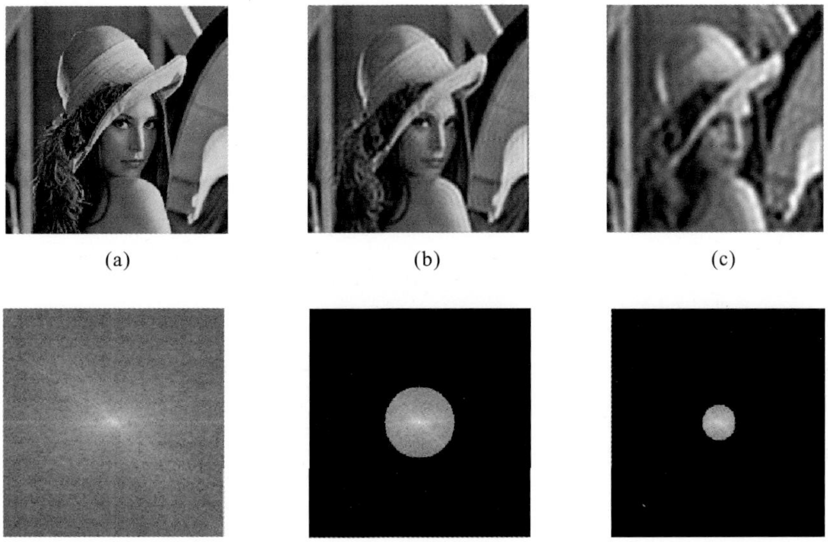

(a)　(b)　(c)

(d)　(e)　(f)

图例　低通滤波举例

```
-----------------------------------------------------------------
% Low-pass filtering of an image
clear all;
A=imread('lena.jpg');
A=double(A);
SP=fftshift(fft2(A));
D=log(abs(SP));

figure (1)
image(256*A/max(max(A)));
colormap(gray(256))
title('Original image'); axis square; axis off

figure (2)
image(256*D(256-127: 256+128, 256-127: 256+128 )/max(max(D(256-127:
256+128, 256-127: 256+128)))); %spectrum
colormap(gray(256))
title('Original spectrum'); axis square; axis off

a=1: 512;
b=1: 512;
[A, B]=meshgrid(a, b);
Cir=((A-257).^2+(B-257).^2);
filter=Cir <= 20^2;
filter=double(filter);

G=log(abs(filter.*SP));
figure(3);
image(256*G(256-127: 256+128, 256-127: 256+128)/max(max(G(256-127:
256+128, 256-127: 256+128))))
colormap(gray(256))
title('Low-pass spectrum'); axis square; axis off

figure(4);
SPF=SP.*filter;
E=abs(ifft2(fftshift(SPF)));
image(256*E./max(max(abs(E))))
colormap(gray(256))
```

```
title('Low-pass image'); axis square; axis off
--------------------------------------------------------------
```

2.3.6　谐振腔和高斯光束

第 1 章利用几何光学分析了光学谐振腔。本节将利用波动光学来求谐振腔在不同模式的光束轮廓(beam profile)，从而得到输出光束的场分布。为了简便起见，这里考虑共焦谐振腔系统(1.5 节)，这类系统由一对半径相等，即 $R=d$ 和 $R=-d$ 且间隔距离为 d 的两个凹面镜组成，该谐振腔系统再次在图 2.11(a)中示出。

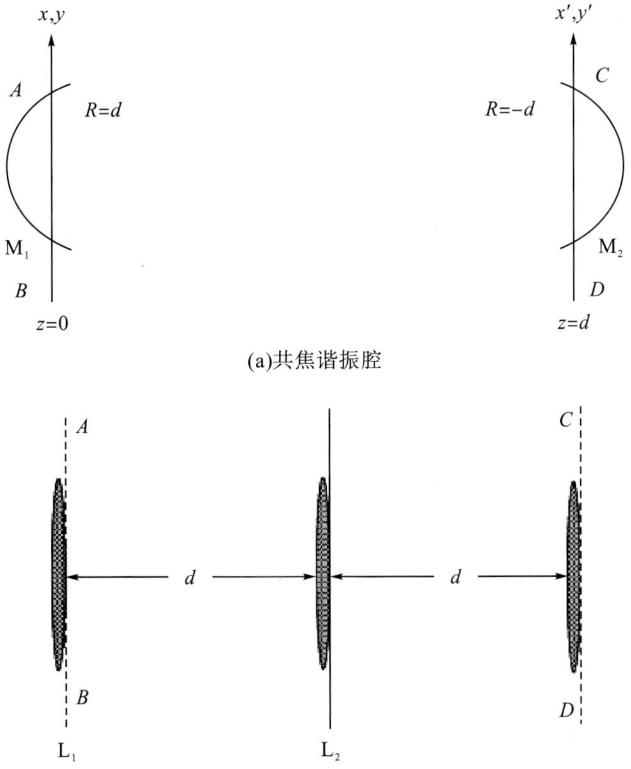

(a)共焦谐振腔

(b)图(a)的等效模式

图 2.11　谐振腔系统

为了计算谐振腔中的横向模，用 $\psi_{\mathrm{p}}(x,y)$ 表示如图 2.11(a)所示的沿 AB 平面的光场。该场 $\psi_{\mathrm{p}}(x,y)$ 经过距离为 d 的菲涅耳衍射后，从反射镜 M_2 反射回 M_1，并经历第二次反射完成一次往返。其中，$\psi_{\mathrm{p}}(x,y)$ 称为谐振腔的一个模式，如果它在一次往返后(除了一些常数)能再现开始时的场分布，那么从几何关系可以很容易看出，AB 和 CD(其间距为 d)是关于 $z=d/2$ 对称的(symmetric)，所以图 2.11(a)的谐振腔可以“展开”成图 2.11(b)的情况来分析。在这种等效模式下，该“展开”意味着紧挨透镜 L_2 后的光场 $\psi_{\mathrm{p}}''(x,y)$ 与紧挨透镜 L_1 后的光场 $\psi_{\mathrm{p}}(x,y)$ 是相等的。每个透镜的焦距 f 必须等于 $d/2$。因此，可以写出

$$\psi_{\rm p}''(x,y)=\gamma\psi_{\rm p}(x,y),\tag{2.3.28}$$

式中，γ 为复常数。式(2.3.28)表示一个特征值的问题。显然，式(2.3.28)可以写为[式(2.3.15)]：

$$\begin{aligned}\gamma\psi_{\rm p}(x,y)&=\left[\frac{{\rm j}k_0}{2\pi d}\exp(-{\rm j}k_0d)\iint_S\psi_{\rm p}(x,y)\right.\\&\left.\times\exp\left(-{\rm j}\frac{k_0}{2d}[(x-x')^2+(y-y')^2]\right){\rm d}x'{\rm d}y'\right]\\&\times\exp\left({\rm j}\frac{k_0}{d}(x^2+y^2)\right)\\&=\frac{{\rm j}k_0\exp(-{\rm j}k_0d)}{2\pi d}\exp\left({\rm j}\frac{k_0}{2d}(x^2+y^2)\right)\iint_S\psi_{\rm p}(x',y')\\&\times\exp\left(-{\rm j}\frac{k_0}{2d}(x'^2+y'^2-2xx'-2yy')\right){\rm d}x'{\rm d}y',\end{aligned}\tag{2.3.29}$$

式中，S 为图 2.11(a)中反射镜 M_1 和 M_2 的面积。式(2.3.29)为 $\psi_{\rm p}(x,y)$ 待解的积分方程。

事实上，有一种无穷多个解的 ψ_{mn} 被称为本征函数(eigenfunction)或本征模(eigenmodes)，每种模式都有相关的本征值(eigenvalue) γ_{mn}，其中 m 和 n 表示横模数(transverse mode numbers)，其模数(mode number)决定了模的横向场分布。本征值 γ_{mn} 具有物理意义，如果使

$$\gamma_{mn}=|\gamma_{mn}|{\rm e}^{{\rm j}\phi_{mn}},\tag{2.3.30}$$

那么可以看到，$1-|\gamma_{mn}|^2$ 的值给出了每经过半周行程的能量损耗，该损耗称为谐振腔的衍射损耗(diffraction loss)，它是由反射镜周围的“能量逸出”造成的[这里考虑的是开放式的谐振腔，如图 2.10(a)所示，这里假设 S 为有限大]。对于非常大孔径的反射镜，即 $S\to\infty$ 时，光场在往返过程中的功率不会发生损耗，因此 γ_{mn} 只是一个简单的相位因子，现在 γ_{mn} 的相位即 ϕ_{mn} 为每半周光程所形成的相移，它决定了谐振腔的振荡频率。

回到式(2.3.29)，并定义函数 $f(x,y)$：

$$f(x,y)=\psi_{\rm p}(x,y)\exp\left({\rm j}\frac{k_0}{2d}(x^2+y^2)\right),$$

则式(2.3.29)化为

$$\gamma f(x,y)=\frac{{\rm j}k_0\exp(-{\rm j}k_0d)}{2\pi d}\int_{-a}^{a}\int_{-a}^{a}f(x',y')\exp\left({\rm j}\frac{k_0}{d}(xx'+yy')\right){\rm d}x'{\rm d}y',\tag{2.3.31}$$

这里，假设两个反射镜具有线性尺寸为 $2a$ 的正方形截面。

通过引入无量纲变量(dimensionless variable) ζ 和 η，即

$$\zeta=\sqrt{2\pi N}\,\frac{x}{a},\quad \eta=\sqrt{2\pi N}\,\frac{y}{a},$$

式中，$N=\dfrac{a^2k_0}{2\pi d}$ 为正方形孔径的菲涅耳数(Fresnel number)。

式(2.3.31)可简化为

$$\gamma f(\zeta,\gamma)=\frac{\mathrm{j}\mathrm{e}^{-\mathrm{j}k_0d}}{2\pi}\int_{-\sqrt{2\pi N}}^{\sqrt{2\pi N}}\int_{-\sqrt{2\pi N}}^{\sqrt{2\pi N}}f(\zeta',\eta')\mathrm{e}^{\mathrm{j}(\zeta\zeta'+\eta\eta')}\,\mathrm{d}\zeta'\,\mathrm{d}\gamma'.$$

为了求解 $f(\zeta,\eta)$，利用分离变量(separation of variables)法写出

$$\gamma=\gamma_1\gamma_2 \text{ 和 } f(\zeta,\eta)=p(\zeta)q(\eta). \tag{2.3.32}$$

经过替换，式(2.3.32)可以写为两个独立的方程：

$$\gamma_1 p(\zeta)=\exp\left(-\frac{\mathrm{j}k_0d}{2}\right)\sqrt{\frac{\mathrm{j}}{2\pi}}\int_{-\sqrt{2\pi N}}^{\sqrt{2\pi N}}p(\zeta')\exp(\mathrm{j}\zeta\zeta')\,\mathrm{d}\zeta' \tag{2.3.33a}$$

和

$$\gamma_2 q(\eta)=\exp\left(-\frac{\mathrm{j}k_0d}{2}\right)\sqrt{\frac{\mathrm{j}}{2\pi}}\int_{-\sqrt{2\pi N}}^{\sqrt{2\pi N}}q(\eta')\exp(\mathrm{j}\eta\eta')\,\mathrm{d}\eta'. \tag{2.3.33b}$$

这些积分方程的解为长椭球函数(prolate spheroidal functions)(Slepian and Pollak，1961)并被列表表示为数值形式。这里只考虑 $N\gg 1$ 的情况。对于这种情况，可将式(2.3.33)中的积分限扩展为从 $-\infty$ 到 ∞。由式(2.3.33)可知，除某常数外，函数 $p(\zeta)$ 和 $q(\eta)$ 皆是其本身的傅里叶变换，这些函数为自傅里叶变换函数(self-Fourier transform function)(Banerjee and Poon，1995)，满足该条件的完备函数集是厄米-高斯函数(Hermite- Gaussian function)。

厄米-高斯函数 $g_m(\zeta)$ 有以下定义：

$$j^m g_m(\zeta)=\frac{1}{\sqrt{2\pi}}\int_{-\infty}^{\infty}g_m(\zeta')\mathrm{e}^{\mathrm{j}\zeta\zeta'}\,\mathrm{d}\zeta', \tag{2.3.34}$$

式中，$g_m(\zeta)=H_m(\zeta)\mathrm{e}^{-\zeta^2/2}$；$H_m(\zeta)$ 为 m 阶厄米多项式(Hermite polynomial)，定义为

$$H_m(\zeta)=(-1)^m\mathrm{e}^{\zeta^2}\frac{\mathrm{d}^m}{\mathrm{d}\zeta^m}\mathrm{e}^{-\zeta^2}. \tag{2.3.35a}$$

前 5 阶厄米多项式分别为

$$\begin{aligned}H_0(\zeta)&=1,\\ H_1(\zeta)&=2\zeta,\\ H_2(\zeta)&=4\zeta^2-2,\\ H_3(\zeta)&=8\zeta^3-12\zeta,\\ H_4(\zeta)&=16\zeta^4-48\zeta^2+12.\end{aligned} \tag{2.3.35b}$$

图 2.12 为 3 个最低阶的厄米-高斯函数。从图中可以看出，一般情况下，第 m 阶函数含有 m 个零值。

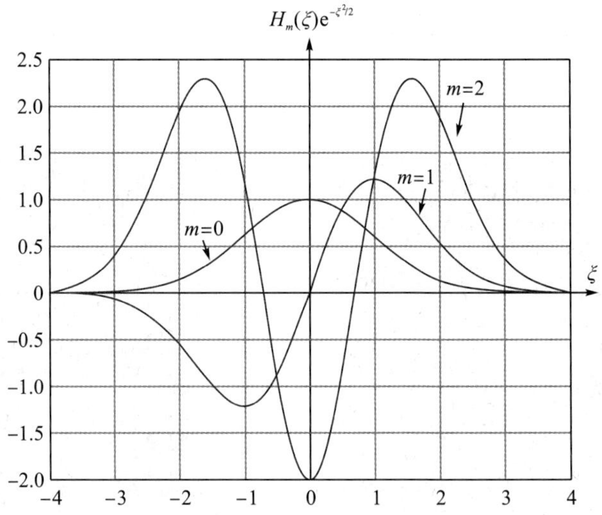

图 2.12 3 个最低价的厄米-高斯函数

为了使 $p(\zeta)$ 和 $q(\eta)$ 具有厄米-高斯函数的形式，要求

$$\gamma_1 = \mathrm{j}^{(m+1/2)}\exp\left(-\frac{\mathrm{j}k_0 d}{2}\right) = \exp\left(-\mathrm{j}\left[\frac{1}{2}k_0 d - \frac{1}{2}\left(m+\frac{1}{2}\right)\pi\right]\right)$$

和

$$\gamma_2 = \mathrm{j}^{(n+1/2)}\exp\left(-\frac{\mathrm{j}k_0 d}{2}\right) = \exp\left(-\mathrm{j}\left[\frac{1}{2}k_0 d - \frac{1}{2}\left(n+\frac{1}{2}\right)\pi\right]\right). \tag{2.3.36}$$

因此，式(2.3.33)的解为厄米-高斯函数

$$p_m(\zeta) = H_m(\zeta)\mathrm{e}^{-\zeta^2/2} \tag{2.3.37a}$$

和

$$q_n(\eta) = H_n(\eta)\mathrm{e}^{-\eta^2/2}, \tag{2.3.37b}$$

式中，m 和 n 为横模数并决定了模式的场分布。因此，式(2.3.29)在 $N \gg 1$ 时的全解可以表示为厄米-高斯光束，即

$$\begin{aligned}\psi_{\mathrm{P}mn}(x,y) &= A\exp\left(\mathrm{j}\frac{1}{2}\left(\zeta^2+\eta^2\right)\right)p_m(\zeta)q_n(\eta)\Big|_{\zeta=\sqrt{2\pi N}x/a,\eta=\sqrt{2\pi N}y/a} \\ &= A\exp\left(\mathrm{j}\frac{k_0}{2d}(x^2+y^2)\right)H_m\left(\sqrt{\frac{k_0}{d}}x\right)H_n\left(\sqrt{\frac{k_0}{d}}y\right) \\ &\quad\times\exp\left(-\frac{k_0}{2d}(x^2+y^2)\right),\end{aligned} \tag{2.3.38}$$

式中，A 为常数。由于电磁波的电(和磁)场正交于谐振腔的 z 轴，每组 (m,n) 都对应谐振腔一个特别的横向电磁模式(TEM)。最低阶的厄米多项式 $H_0=1$，该模式对应于(0,0)组，称为 TEM_{00} 模，并且有一个高斯径向轮廓。

图 2.13 为一些模式的强度分布 $|\psi_{\mathrm{P}mn}(x,y)|^2$。表 2.4 为绘制这些图的 m-文件。从图中可以看出，高阶模的强度分布更加分散，因此有更大的衍射损耗。大多数实用的激光器都

是以 TEM_{00} 模式振荡的，因为高阶模式具有更宽的横向维度，可通过在谐振腔内部放置圆形孔径来抑制高阶模。

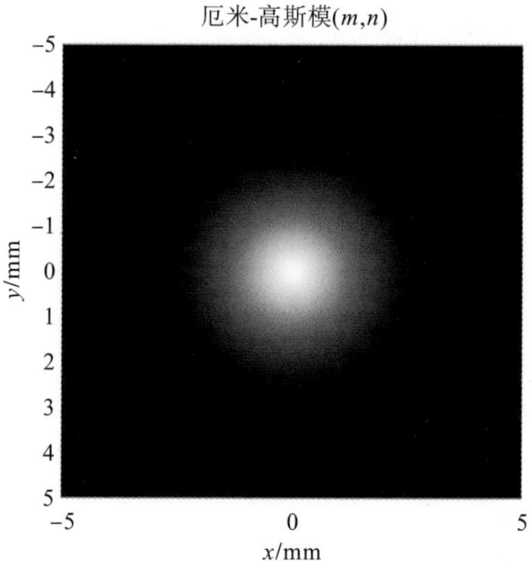

(a)模 $m=0,n=0$

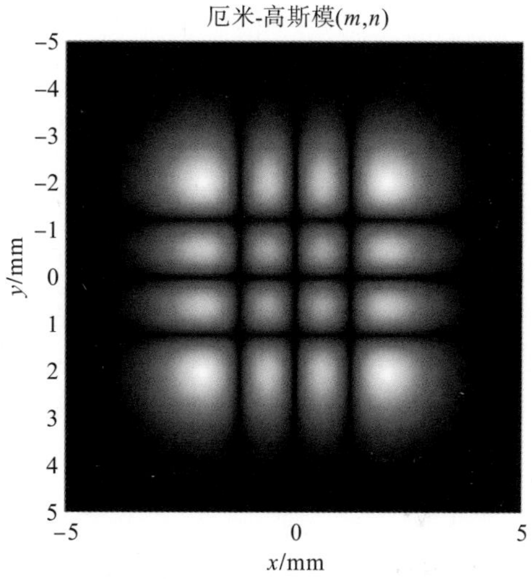

(b)模 $m=3,n=3$

图 2.13　两个模式的强度图

表 2.4　HG.m(绘制厄米-高斯模式强度分布的 m-文件)

```
---------------------------------------------------------------
%HG.m (Plotting Hermit-Gaussians up to m=n=3 mode)
clear
m=input('m (enter between 0 to 3) = ');
n=input('n (enter between 0 to 3) = ');
%waist=(ko/d)^0.5=1 [mm]
ko_d=1;
Xmin=-5;
Xmax=5;
Step_s=0.0001*300/(1.276*1.2);
x=Xmin: Step_s: Xmax;
y=x;

if m==0
Hm=ones(size(x));
end
if m==1
Hm=2*x*ko_d;
end
```

```
if m==2
Hm=4*x.^2.2*ones(size(x));
end
if m==3
Hm=8*x.^3.12*x;
end
if n==0
Hn=ones(size(x));
end
if n==1
Hn=2*x*ko_d;
end
if n==2
Hn=4*x.^2.2*ones(size(x));
end
if n==3
Hn=8*x.^3.12*x;
end

%Length of consideration range
L=Xmax-Xmin;
n=size(x);
N=n(2);
for k=1: N
for l=1: N
psy(k, l)=exp(j*ko_d/2*(x(l)^2+y(k)^2))*Hm(l)*Hn(k)*exp(-
ko_d/2*(x(l)^2+y(k)^2));
end

end
figure(1)
image(x, y, 256*abs(psy)/max(max(abs(psy))))
colormap(gray(256))
title('Hermit Gaussian Mode (m, n)')
xlabel('x [mm]')
ylabel('y [mm]')
axis square
```

到目前为止，只讨论了式(2.3.33a)和式(2.3.33b)的本征函数。在讨论其所对应的本征值时可以发现，由式(2.3.36)可知，

$$\gamma=\gamma_1\gamma_2=\exp\left(-\mathrm{j}\left[k_0d-(m+n+1)\frac{\pi}{2}\right]\right). \tag{2.3.39}$$

从中可以观察到$|\gamma|=1$，这意味着衍射损耗为零。这与预期一致，因为在我们的分析中，假设反射镜的横截面是大尺寸的，即$N\gg1$。之前也提到过，γ的相位代表每进行半周光程所产生的附加相移。支持一个模式的条件是在谐振腔内经历一个往返行程后该场不发生改变。这也表示在一次往返过程中，其场的相位改变应该是2π的整数倍，或者对于半个周期行程来说，其相位改变必须是π的偶数倍。因此，必须有

$$k_{lmn}d-(m+n+1)\frac{\pi}{2}=l\pi,\quad l=1,2,3,\cdots, \tag{2.3.40}$$

式中，l为纵模数(longitudinal mode number)。因此，谐振腔的谐振频率可以表示为

$$\omega_{lmn}=\pi(2l+m+n+1)\frac{u}{2d}, \tag{2.3.41}$$

这里，使用了$k_{lmn}=\omega_{lmn}/u$，而u为介质中的速度，那些满足上述公式的频率是允许在谐振腔中存在的。从中可以看出，相同$2l+m+n$值的模式具有相同的谐振频率，尽管它们具有不同的场分布。这些模式是简并的。其中，m和n相同且l相差1的频率间隔为

$$\omega_{l+1}-\omega_l=\Delta\omega_l=\frac{\pi u}{d}, \tag{2.3.42}$$

具有相同l值的两个横模之间的频率间隔为

$$\Delta\omega_m=\frac{\pi u}{2d}=\Delta\omega_n. \tag{2.3.43}$$

由式(2.3.38)给出的场分布表示如图 2.14 所示，是沿AB平面的场分布，而在两个反射镜中间平面的场分布可以利用菲涅耳积分(Fresnel integral)公式进行计算，为

$$\psi_{\mathrm{P}mn}\big|_{z=d/2}=\mathrm{j}^{m+n+1}A\exp\left(-\frac{\mathrm{j}k_0d}{2}\right)\exp\left(-\frac{(x^2+y^2)}{w_0^2}\right)\times H_m\left(\frac{\sqrt{2}x}{w_0}\right)H_n\left(\frac{\sqrt{2}y}{w_0}\right), \tag{2.3.44}$$

式中，$w_0=\sqrt{d/k_0}$为光束的腰(beam waist，简称束腰)。从中可以看出，在该束腰位置处没有发生相位弯曲，因此该相位波前(phase fronts)在两个反射镜中间位置处为平面。同样，通过式(2.3.38)可以发现，在反射镜M_1和M_2上场分布的相位波前的曲率半径与反射镜的曲率半径相同。

实际上，激光输出包括谐振腔中的一小部分能量，这部分能量通过可部分透射的反射镜M_2耦合出去，我们比较关注传播时的输出情况。为了求出这一点，将谐振腔的中心取在原点$z=0$处，因此在$z=0$处的光场(图 2.14)可以表示为

$$\psi_{\mathrm{P}mn}(x,y,z=0)=E_0\exp\left(-\frac{(x^2+y^2)}{w_0^2}\right)H_m\left(\frac{\sqrt{2}x}{w_0}\right)H_n\left(\frac{\sqrt{2}y}{w_0}\right). \tag{2.3.45}$$

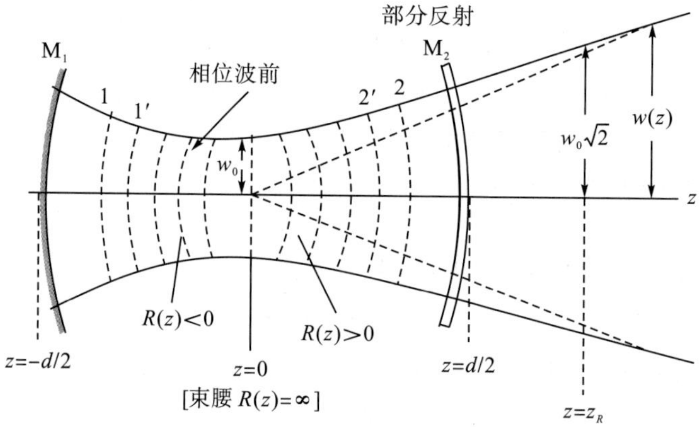

图 2.14 共焦谐振腔系统

这里，利用菲涅耳积分公式(Fresnel integral formula)来求谐振腔内部和外部任意平面 z 处的光场，即

$$\psi_{\mathrm{P}mn}(x,y,z)=\frac{E_0 w_0}{w(z)}\exp(-\mathrm{j}k_0 z)\exp\left(-\frac{\mathrm{j}k_0(x^2+y^2)}{2R(z)}\right)$$
$$\times\exp(-\mathrm{j}(m+n+1)\phi(z))H_m\left(\frac{\sqrt{2}x}{w(z)}\right)H_n\left(\frac{\sqrt{2}y}{w(z)}\right)\exp\left(-\frac{(x^2+y^2)}{w^2(z)}\right),\quad(2.3.46)$$

其中，$w(z)$、$\phi(z)$ 和 $R(z)$ 的定义如下：

$$w^2(z)=w_0^2\left[1+\left(\frac{z}{z_{\mathrm{R}}}\right)^2\right],$$
$$R(z)=(z^2+z_{\mathrm{R}}^2)/z,$$
$$\phi(z)=-\tan^{-1}(z/z_{\mathrm{R}}).$$

式中，$z_{\mathrm{R}}=d/2$。从中可以看出，谐振腔频率也可以通过函数 $\phi(z)$ 算出。实际上，通过计算相位项，即在 $z=\pm d/2$ 时的 $k_0 z+(m+n+1)\phi(z)$，设其相位差为 $l\pi$，那么由

$$k_{lmn}d+(m+n+1)\left[\phi\left(\frac{d}{2}\right)-\phi\left(-\frac{d}{2}\right)\right]=l\pi,\quad k_{lmn}=\frac{\omega_{lmn}}{u},$$

可以求出并证明其与式(2.3.40)相同。

2.4 高斯光束光学和 MATLAB 举例

本节研究高斯光束的传播和菲涅耳衍射。考虑一个初始波前为平面的二维横向高斯光束：

$$\psi_{\mathrm{p}0}(x,y)=\exp(-(x^2+y^2)/w_0^2),\quad(2.4.1)$$

式中，w_0 为高斯光束的束腰，其傅里叶变换为

$$\Psi_{\mathrm{p}0}(k_x,k_y)=\pi w_0^2\exp(-(k_x^2+k_y^2)w_0^2/4).\quad(2.4.2)$$

利用式(2.3.14)，在传播距离 z 后的频谱为

$$\begin{aligned}\Psi_p(k_x,k_y,z) &= \Psi_{p0}(k_x,k_y)\exp(-\mathrm{j}k_0 z)\exp(\mathrm{j}(k_x^2+k_y^2)z/2k_0)\\ &= \pi w_0^2\exp(-(k_x^2+k_y^2)w_0^2/4)\exp(-\mathrm{j}k_0 z)\exp(\mathrm{j}(k_x^2+k_y^2)z/2k_0)\\ &= \pi w_0^2\exp(-\mathrm{j}k_0 z)\exp(\mathrm{j}(k_x^2+k_y^2)q/2k_0),\end{aligned} \tag{2.4.3}$$

式中，q 为高斯光束的 q 参数（q-parameter），定义为

$$q = z + \mathrm{j}z_R. \tag{2.4.4}$$

这里，z_R 定义为高斯光束的瑞利范围

$$z_R = k_0 w_0^2 / 2. \tag{2.4.5}$$

光束经过距离 z 的传播后，其光束形状可以通过对式(2.4.3)取逆傅里叶变换求得，即

$$\psi_p(x,y,z) = \exp(-\mathrm{j}k_0 z)\frac{\mathrm{j}k_0 w_0^2}{2q}\exp(-\mathrm{j}k_0(x^2+y^2)/2q), \tag{2.4.6a}$$

可以写为

$$\psi_p(x,y,z) = \frac{w_0}{w(z)}\mathrm{e}^{-(x^2+y^2)/w^2(z)} \times \mathrm{e}^{-\mathrm{j}k_0(x^2+y^2)/2R(z)}\,\mathrm{e}^{-\mathrm{j}\phi(z)}\,\mathrm{e}^{-\mathrm{j}k_0 z}, \tag{2.4.6b}$$

其中，$w(z)$、$\phi(z)$ 和 $R(z)$ 的函数形式已经在式(2.3.46)中定义，z_R 现在由式(2.4.5)定义。注意，由式(2.4.6b)可以得到以下结论。

(1) 高斯光束的宽度 $w(z)$ 是一个传播距离为 z 的单调递增函数，并在瑞利范围 $z = z_R$ 处达到初始宽度或束腰 w_0 的 $\sqrt{2}$ 倍。

(2) 相位波前的曲率半径 $R(z)$ 的初始值为无穷大，对应式(2.4.1)定义的初始平面波前，但在开始再次递增之前，在 $z = z_R$ 处达到最小值 $2z_R$。因为其在远离源 $z = 0$ 处远超过瑞利范围，故该高斯光束看起来像一个球面波前，其曲率半径接近传播距离 z。

(3) 缓慢变化的相位 $\phi(z)$ 随着 $z \to \infty$，从 $z = 0$ 处的 0 单调变化到 $-\pi/2$，在 $z = z_R$ 处为 $-\pi/2$。

(4) 高斯光束的角度扩散 θ_{sp} 可以通过 $\tan\theta_{sp} = w(z)/z$ 求得，图 2.14 清晰地给出了其中的几何关系。对于较大的 z，其角度扩散变为

$$\theta_{sp} \approx \frac{\lambda_0}{\pi w_0}, \tag{2.4.7}$$

因为 $w(z) \approx 2z/k_0 w_0$。

最后需要指出，q 参数对高斯光束来说是一个有用的量，根据式(2.4.4)可以写出

$$\frac{1}{q} = \frac{1}{z+\mathrm{j}z_R} = \frac{1}{R(z)} - \mathrm{j}\frac{2}{k_0 w^2(z)}. \tag{2.4.8}$$

从中可以看出，q 参数包含关于高斯光束的所有信息，即曲率半径 $R(z)$ 及其束腰 $w(z)$。的确，如果知道其 q 变换，就知道了高斯光束的行为。

2.4.1 高斯光束的 q 变换

高斯光束的 q 参数使追踪任意高斯光束在光学系统中的传播变得更为方便。例如，考虑一高斯光束通过距离 d 的传播，由式(2.4.3)很容易看出，在空间频域中，传播距离 d 后的值等同于 z 处的频谱乘以指数项 $\exp(\mathrm{j}(k_x^2+k_y^2)d/2k_0)$ 和一个常数因子 $\exp(-\mathrm{j}k_0 d)$，即

$$
\begin{aligned}
\Psi_{\mathrm{p}}(k_x,k_y,z+d) &= \Psi_{\mathrm{p}}(k_x,k_y;z)\mathrm{e}^{\mathrm{j}(k_x^2+k_y^2)d/2k_0}\,\mathrm{e}^{-\mathrm{j}k_0 d} \\
&= \pi w_0^2\,\mathrm{e}^{\mathrm{j}(k_x^2+k_y^2)q/2k_0}\,\mathrm{e}^{\mathrm{j}(k_x^2+k_y^2)d/2k_0}\,\mathrm{e}^{-\mathrm{j}k_0(z+d)} \\
&= \pi w_0^2\,\mathrm{e}^{\mathrm{j}(k_x^2+k_y^2)q_d/2k_0}\,\mathrm{e}^{-\mathrm{j}k_0(z+d)}.
\end{aligned}
\tag{2.4.9}
$$

这样，新的频谱就由新的 q_{d} 参数来表征，由传输定律可知：

$$
q_{\mathrm{d}} = q + d. \tag{2.4.10}
$$

光学系统通常由彼此间隔的透镜和/或反射镜组成。尽管高斯光束在透镜和反射镜之间的传播可以通过上述传输定律被追迹，但依然需要发展透镜的 q 变换定律。从中可以看出，透镜的透过率函数具有 $\exp(\mathrm{j}k_0(x^2+y^2)/2f)$ 的形式。紧靠透镜后方的光场为紧贴透镜前的光场[式(2.4.6a)]与其透过率函数的乘积，可以表示为

$$
\begin{aligned}
&\mathrm{e}^{-\mathrm{j}k_0 z}\,\mathrm{j}\frac{k_0 w_0^2}{2q}\mathrm{e}^{-\mathrm{j}k_0(x^2+y^2)/2q}\,\mathrm{e}^{\mathrm{j}k_0(x^2+y^2)/2f} \\
&= \mathrm{e}^{-\mathrm{j}k_0 z}\,\mathrm{j}\frac{k_0 w_0^2}{2q}\mathrm{e}^{-\mathrm{j}k_0(x^2+y^2)/2q_{\mathrm{L}}},
\end{aligned}
$$

式中，q_{L} 与变换后 q 的关系可由下式给出：

$$
\frac{1}{q_{\mathrm{L}}} = \frac{1}{q} - \frac{1}{f}. \tag{2.4.11}
$$

传输和透镜的 q 变换定律[式(2.4.10)和式(2.4.11)]可以用第 1 章介绍的 $ABCD$ 矩阵得出，根据双线性变换(bilinear transformation)对 q 参数进行变换，即

$$
q_2 = \frac{Aq_1+B}{Cq_1+D}, \tag{2.4.12}
$$

式中，$ABCD$ 为光线变换矩阵的元素，这些元素将输出平面 2 上的 q_2 与输入平面 1 上的 q_1 相联系。例如，表达传输的 $ABCD$ 矩阵为 $\begin{pmatrix} 1 & d \\ 0 & 1 \end{pmatrix}$，而透镜的 $ABCD$ 矩阵为 $\begin{pmatrix} 1 & 0 \\ -1/f & 1 \end{pmatrix}$。对于传输和透镜的情况，将其 A、B、C、D 值分别代入式(2.4.12)，即可得到由式(2.4.10)和式(2.4.11)导出的关系。一般来说，如果有两个变换

$$
q_j = \frac{A_i q_i + B_i}{C_i q_i + D_i}, \tag{2.4.13}
$$

和

$$
q_k = \frac{A_j q_j + B_j}{C_j q_j + D_j}, \tag{2.4.14}
$$

那么可得

$$
q_k = \frac{A_k q_k + B_k}{C_k q_k + D_k}, \tag{2.4.15}
$$

其中

$$
\begin{pmatrix} A_k & B_k \\ C_k & D_k \end{pmatrix} = \begin{pmatrix} A_j & B_j \\ C_j & D_j \end{pmatrix}\begin{pmatrix} A_i & B_i \\ C_i & D_i \end{pmatrix}.
$$

通过将式(2.4.13)代入式(2.4.14)，可以证明式(2.4.15)。这些高斯光束的 q 变换为

Kogelnik 的 $ABCD$ 定律(Kogelnik，1965)。

例：高斯光束的聚焦

这里，通过一个正透镜来分析高斯光束的聚焦。设一高斯光束入射到焦距为 f 的透镜上，初始束腰为 w_0 [式(2.4.8)，$R(0)=\infty$ 和 $w(0)=w_0$]，相应的初始 $q_0=\mathrm{j}z_{\mathrm{R}}=\mathrm{j}k_0w_0^2/2$。可以看到，初始的 q 为纯虚数，对应高斯光束初始平面波前的宽度，在透镜后方经过距离 z 的传播后，其 $ABCD$ 矩阵为

$$\begin{pmatrix} A & B \\ C & D \end{pmatrix}=\begin{pmatrix} 1 & z \\ 0 & 1 \end{pmatrix}\begin{pmatrix} 1 & 0 \\ -1/f & 1 \end{pmatrix}=\begin{pmatrix} 1-z/f & z \\ -1/f & 1 \end{pmatrix},$$

因此，根据式(2.4.15)，光束的 $q(z)$ 变换为

$$q(z)=\frac{(1-z/f)q_0+z}{(-1/f)q_0+1}=\frac{fq_0}{f-q_0}+z. \tag{2.4.16}$$

由此可以知道，该高斯光束会聚于 $z=z_{\mathrm{f}}$ 点处，其中，$q(z_{\mathrm{f}})$ 又变为纯虚数或者说该高斯光束具有平面波前。因此，设式(2.4.16)中 $q\left(z_{\mathrm{f}}\right)=\mathrm{j}k_0w_{\mathrm{f}}^2/2$，可得

$$\left(z_{\mathrm{f}}-\frac{fz_R^2}{f^2+z_R^2}\right)+\mathrm{j}\frac{fz_R}{f^2+z_R^2}=\mathrm{j}k_0w_{\mathrm{f}}^2/2,$$

式中，w_{f} 为在 $z=z_{\mathrm{f}}$ 处的束腰。将其虚部和实部分别列式并简化，可得

$$z_{\mathrm{f}}=\frac{f\,z_{\mathrm{R}}^2}{f^2+z_{\mathrm{R}}^2} \tag{2.4.17}$$

和

$$w_{\mathrm{f}}^2=\frac{f^2w_0^2}{f^2+z_{\mathrm{R}}^2}. \tag{2.4.18}$$

该高斯光束并没有准确聚焦于透镜的几何后焦点处(Franco et al.，2016)。相反，该焦点移到距离透镜更近的位置，当 $w_0\to\infty$，焦点趋于其几何焦点 f 处，这是平面波入射的情况，这种现象称为焦移(focal shift)，采用基于傅里叶光学的方法对其进行分析很方便(Poon，1988)。对于较大的 w_0，可以证明

$$w_{\mathrm{f}}\approx w_0f/z_{\mathrm{R}}=\lambda_0f/\pi w_0, \tag{2.4.19}$$

式中，λ_0 为光波长。例如，对于 w_0=3mm，λ_0=0.633μm 和 f=10cm，其焦斑尺寸(focal spot size)为 $w_{\mathrm{f}}\approx 20\mu\mathrm{m}$。

2.4.2　MATLAB 举例：高斯光束的传输

以下例子是具有初始平面相位波前的高斯光束在近轴区域(paraxial region)传输的情况。表 2.5 为用 MATLAB 计算高斯光束传输距离 z 的代码。其中，已经通过傅里叶变换实现了卷积过程，而菲涅耳衍射公式可由式(2.3.14)实现。图 2.15(a)和图 2.15(b)分别为初始和衍射后的光束轮廓。对于图 2.15 的数值计算，输入波长为 0.6328μm 的 He-Ne 激光。然后，输入初始束腰尺寸 $w_0=1\mathrm{mm}$，程序输出的瑞利范围为 z_{R}=4964.590161mm。该程序也给出了初始高斯光束和衍射高斯光束的峰值振幅。当输入瑞利范围时，衍射光束的峰值

振幅下降到 0.692970，该数值正如预期初始值单位的$1/\sqrt{2}$倍。为了提高结果的准确性，可以增加 m-文件中的采样数 N，如 N=300。这里的计算中，N=100。

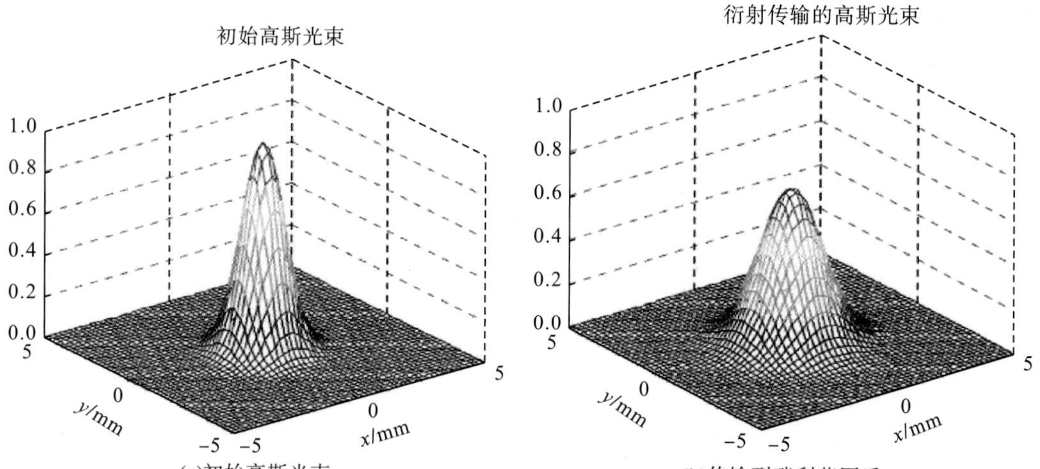

(a)初始高斯光束 (b)传输到瑞利范围后

图 2.15 数值计算

表 2.5 Gaussian_propagation.m（计算高斯光束衍射的 m-文件）

```
--------------------------------------------------------------------
%Gaussian_propagation.m
%Simulation of diffraction of Gaussian Beam
clear
%Gaussian Beam
%N :  sampling number
N=input('Number of samples (enter from 100 to 500) = ');

L=10*10^-3;
Ld=input('wavelength of light in [micrometers] = ');
Ld=Ld*10^-6;
ko=(2*pi)/Ld;
wo=input('Waist of Gaussian Beam in [mm] = ');
wo=wo*10^-3;
z_ray=(ko*wo^2)/2*10^3;
sprintf('Rayleigh range is %f [mm]',  z_ray)
z_ray=z_ray*10^-3;
z=input('Propagation length (z) in [mm] = ');
z=z*10^-3;

% dx :  step size
```

```
dx=L/N;

for n=1: N+1
   for m=1: N+1

        %Space axis
        x(m)=(m-1)*dx-L/2;
                    y(n)=(n-1)*dx-L/2;

        % Gaussian Beam in space domain
                    Gau(n, m)=exp(-(x(m)^2+y(n)^2)/(wo^2));

        %Frequency axis
        Kx(m)=(2*pi*(m-1))/(N*dx)-((2*pi*(N))/(N*dx))/2;
        Ky(n)=(2*pi*(n-1))/(N*dx)-((2*pi*(N))/(N*dx))/2;

        %Free space transfer function
        H(n, m)=exp(j/(2*ko)*z*(Kx(m)^2+Ky(n)^2));
               end
end

%Gaussian Beam in Frequency domain
FGau=fft2(Gau);
FGau=fftshift(FGau);

%Propagated Gaussian beam in Frequency domain
FGau_pro=FGau.*H;

%Peak amplitude of the initial Gaussian beam
Peak_ini=max(max(abs(Gau)));
sprintf('Initial peak amplitude is %f [mm]', Peak_ini)
%Propagated Gaussian beam in space domain
Gau_pro=ifft2(FGau_pro);
Gau_pro=Gau_pro;

%Peak amplitude of the propagated Gaussian beam
Peak_pro=max(max(abs(Gau_pro)));
sprintf('Propagated peak amplitude is %f [mm]', Peak_pro)
```

```
%Calculated Beam Width
[N M]=min(abs(x));
Gau_pro1=Gau_pro(: , M);
[N1 M1]= min(abs(abs(Gau_pro1)- abs( exp(-1)*Peak_pro)));
Bw=dx*abs(M1.M)*10^3;
sprintf('Beam width (numerical)is %f [mm]', Bw)
%Theoretical Beam Width
W=(2*z_ray)/ko*(1+(z/z_ray)^2);
W=(W^0.5)*10^3;
sprintf('Beam width (theoretical)is %f [mm]', W)

%axis in mm scale
x=x*10^3;
y=y*10^3;

figure(1);
mesh(x, y, abs(Gau))
title('Initial Gaussian Beam')
xlabel('x [mm]')
ylabel('y [mm]')
axis([min(x) max(x) min(y) max(y) 0 1])
axis square

figure(2);
mesh(x, y, abs(Gau_pro))
title('Propagated Gaussian Beam')
xlabel('x [mm]')
ylabel('y [mm]')
axis([min(x) max(x) min(y) max(y) 0 1])
axis square
```

习　　题

2.1 证明：在线性、均匀、各向同性且由 μ 和 ε 表征的介质中，$\boldsymbol{H}$ 的波动方程可由下式给出：

$$\nabla^2 \boldsymbol{H} - \mu\varepsilon \frac{\partial^2 \boldsymbol{H}}{\partial t^2} = -\nabla \times \boldsymbol{J} .$$

2.2　确定以下哪个函数描述了行波（a 和 b 为某实常数）：

(a) $\psi(z,t)=\mathrm{e}^{-(a^2z^2+b^2t^2+2abzt)}$；

(b) $\psi(z,t)=\cos((az-bt)(az+bt))$；

(c) $\psi(z,t)=\sin^3\left(\left(\frac{z}{a}+\frac{t}{b}\right)^2\right)$；

(d) $\psi(z,t)=\mathrm{sech}(at-bz)$.

2.3　证明：假设在柱对称条件下，$\psi(r,t)=J_0(k_0r)\mathrm{e}^{\mathrm{j}\omega_0 t}$ 是三维标量波动方程[式(2.2.13)]的一个精确解。其中，$u=\omega_0/k_0$ 且 $J_0(\cdot)$ 为零阶贝塞尔函数。当 $r\gg1$ 时，验证

$$\psi(r,t)\to\frac{1}{\sqrt{r}}\mathrm{e}^{\mathrm{j}(\omega_0 t-k_0 r)}.$$

2.4　证明：$\psi(z,t)=c_1f(\omega_0t-k_0z)+c_2g(\omega_0t+k_0z)$ 是式(2.2.18)给出的一维标量波动方程(scalar wave equation)的通解，其中 $u=\omega_0/k_0$、f 和 g 为任意函数。

2.5　推导式(2.2.47)给出的垂直极化的振幅反射系数和透射系数。

2.6　验证式(2.2.47a)和式(2.2.47b)，并画出在如图 2.5(b)所示的垂直偏振情况下，入射角随着反射波相位 α 变化的函数关系图。从关系图可看出 α 公式是从式(2.2.58)来的。

2.7　验证表 2.2 中的傅里叶变换对 6 和 10。

2.8　证明卷积运算是可交换的，即

$$g_1(x,y)*g_2(x,y)=g_2(x,y)*g_1(x,y).$$

2.9　证明：

$$F_{xy}\{g_1(x,y)*g_1(x,y)\}=G_1(k_x,k_y)G_2(k_x,k_y)$$

其中，$G_1(k_x,k_y)$ 和 $G_2(k_x,k_y)$ 分别为 $g_1(x,y)$ 和 $g_2(x,y)$ 的傅里叶变换。

2.10　如图题 2.10 所示，在平面 $z=0$ 处求出一个波前的傍轴近似，使其会聚到点 P。将一个透明片 $t(x,y)$ 放置于 $z=0$ 处，并被该会聚波前照射。假设从平面 $z=0$ 经菲涅耳衍射到平面 $z=z_0$，求观测面上的复光场，并分析当使用球面波前代替平面波前照射透明片时的作用。[摘自 Banerjee and Poon，Principles of Applied Optics，Irwin，1991.]

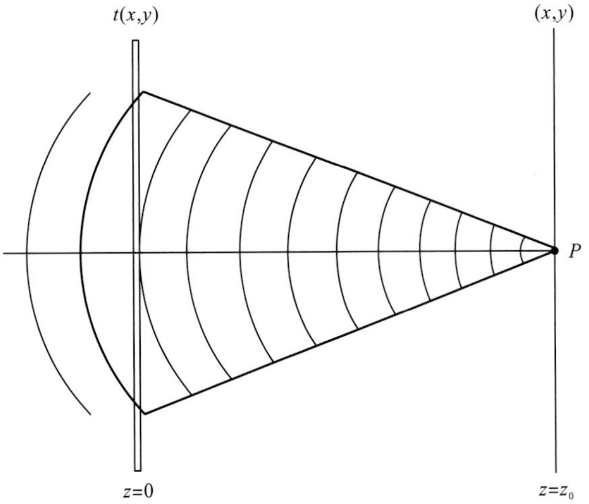

图题 2.10　会聚波照射

2.11 正弦振幅光栅(sinusoidal amplitude grating)由下式给出

$$t(x,y)=\left(\frac{1}{2}+\frac{m}{2}\cos(ax)\right)\mathrm{rect}\left(\frac{x}{l},\frac{y}{l}\right),\quad m<1$$

并被单位振幅的平面波照射。确定其夫琅禾费衍射，绘制其沿 x 轴的强度分布，并在轴上标出所有的关键点。

2.12 一个双缝由以下透过率函数给出

$$t(x,y)=\mathrm{rect}\left(\frac{x-X/2}{x_0}\right)+\mathrm{rect}\left(\frac{x+X/2}{x_0}\right),\quad X\gg x_0$$

并被单位振幅的平面波照射。确定其夫琅禾费衍射，绘制其沿 x 轴的强度分布，并在轴上标出所有的关键点。

2.13 如图题 2.13 所示，沿 $+z$ 方向传播的单位振幅平面波垂直入射到 $z=0$ 处间距为 S 、宽度为 a 的无限多个狭缝上。这类光栅称为龙基光栅(Ronchi grating)，在光栅的夫琅禾费衍射下，求复振幅的表达式。绘制观测平面上的强度分布，并标注所有重要的坐标点。[摘自 Banerjee and Poon，Principles of Applied Optics，Irwin，1991.]

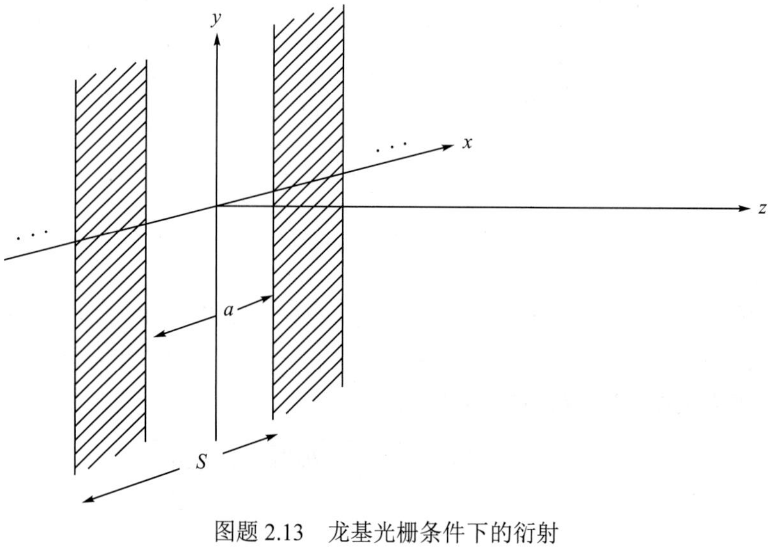

图题 2.13　龙基光栅条件下的衍射

2.14 求由 $\exp(\mathrm{j}(m/2)\sin(ax))\mathrm{rect}(x/l)\mathrm{rect}(y/l)$ 描述的正弦相位光栅(sinusoidal phase grating)的夫琅禾费衍射图样，其中，$l\gg 2\pi/a$。若该相位光栅以速度 $V=\Omega/a$ 沿 x 方向移动，定性描述会发生什么情况。这种在声光中发生的情况将在第 4 章讨论[摘自 Banerjee and Poon，Principles of Applied Optics，Irwin，1991]。

2.15 对于 4-f 光学系统中给定的瞳函数 $p(x,y)$，其相干函数可由下式给出

$$h_{\mathrm{c}}(x,y)=F_{x,y}\{p(x,y)\}\Big|_{k_x=k_0x/f,k_y=k_0y/f}=P\left(\frac{k_0x}{f},\frac{k_0y}{f}\right).$$

证明其相干传递函数为

$$H_{\mathrm{c}}\left(k_x,k_y\right)=F_{x,y}\{h_{\mathrm{c}}(x,y)\}=p\left(\frac{-fk_x}{k_0},\frac{-fk_y}{k_0}\right).$$

2.16　对于 4-f 光学系统中一个给定的瞳函数 $p(x,y)=1-\mathrm{circ}(r/r_0)$，编写 MATLAB 程序，并计算在像面上显示在不同 r_0 值条件下滤波后的强度图像。

2.17　(a) 证明一高斯光束在位于焦距 f 的薄透镜前方 d_1 处，其束腰为 w_1 的平面波前被转换为该透镜后 d_2 处束腰为 w_2 的平面波前。根据

$$d_2=\frac{f^2(d_1-f)}{(d_1-f)^2+(\pi w_1/\lambda_0)^2}+f$$

和

$$w_2=\left[\frac{1}{w_1^2}\left(1-\frac{d_1}{f}\right)^2+\frac{1}{f^2}(\pi w_1/\lambda_0)^2\right]^{-1/2}.$$

具体情况如图题 2.17 所示。

(b) 当 $w_1=0$ 时，导出了哪个著名的公式？

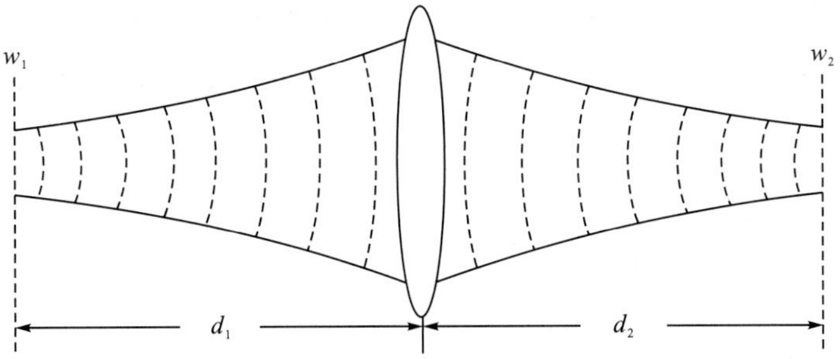

图题 2.17　高斯光束成像

2.18　高斯光束通过平方律介质 $n^2(x,y)=n_0^2-n_2(x^2+y^2)$ 且 $\beta=\sqrt{n_2}/n_0$ 进行传播：

(a) 假定在空气中该波长为 λ_0 的高斯光束在 $z=0$ 处有束腰 w_0，使用 q 变换，证明在 z 处的光束宽度，即 $w(z)$ 由下式给出

$$w(z)=w_0\left(1+\frac{\lambda_0^2-\pi^2\beta^2n_0^2w_0^4}{\pi^2\beta^2n_0^2w_0^4}\sin^2\beta z\right)^{1/2}$$

(b) 证明除非 $\lambda_0=\pi\beta n_0w_0^2$ 或入射光束腰满足 $w_0^2=\lambda_0/\pi\sqrt{n_2}$，否则其宽度 $w(z)$ 在极值之间波动，并求出这些极值。

(c) 画出以下情况 $w(z)$ 与 z 的关系：

(1) $\pi\beta n_0w_0^2>\lambda_0$;　　(2) $\pi\beta n_0w_0^2<\lambda_0$.

并解释这两种情况之间的不同。

参 考 文 献

Banerjee, P. P. and T. -C. Poon (1991). *Principles of Applied Optics*. Irwin, Illinois.

Banerjee, P. P. and T. -C. Poon (1995). "Self-Fourier Objects and Other Self-Transform Objects: Additional Comments," *J. Opt. Soc. Am. A*, 12, pp. 425-426.

Cheng, D. K. (1983). *Field and Wave Electromagnetics*. Addison-Wesley, Reading, Massachusetts.

J. M. Franco, M. Cywiak, D. Cywiak, and I. Mourad(2016). "Optical Focusing Conditions of Lenses using Gaussian Beams," *Optics Communications*, 371, pp. 226-230.

Ghatak, A. K. and K. Thyagarajan (1989). *Optical Electronics*, Cambridge University Press, Cambridge.

Goodman, J. W. (1996). *Introduction to Fourier Optics*. McGraw-Hill, New York.

Guenther, R. D. (1990). *Modem Optics*. John Wiley & Sons, New York.

Hecht, E and A. Zajac (1975). *Optics*. Addison-Wesley, Reading, Massachusetts.

Kogelnik, H. (1965). "Imaging of Optical Mode Resonators with Internal Lenses, " *Bell Syst. Tech. J.*, 44, 455-494.

Marcuse, D. (1982). *Light Transmission Optics*. Van Nostrand Reinhold Company, New York.

Poon, T. -C and M. Motamedi (1987). "Optical/Digital Incoherent Image Processing for Extended Depth of Field, " *Appl. Opt.*, 26, pp. 4612.4615.

Poon, T. -C. (1988). "Focal Shift in Focused Annular Beams, " *Optics Communications*, 6, pp. 401.406.

Poon T. -C. and P. P. Banerjee (2001). *Contemporary Optical Image Processing with MATLAB®*. Elsevier, Oxford, UK

Poon T. -C. (2007). *Optical Scanning Holography with MATLAB®*. Springer, New York

Poon T. -C. and J. -P. Liu (2014). *Introduction to Modern Digital Holography with MATLAB*, Cambridge University Press, Cambridge, U. K.

Slepian, D. and H. O. Pollak (1961). "Prolate Spheroidal Wave Functions, Fourier Analysis and Uncertainty - I, " *Bell Syst. Tech. J.*, 40, 43.63

Stark, H., ed. (1982). *Applications of Optical Transforms*. Academic Press, Florida

Ulaby, F. T. (2002). *Fundamentals of Applied Electromagnetics*, Prentice-Hall.

第 3 章　非均匀介质和克尔介质中的光传输

3.1　线性非均匀介质中的光传输

到目前为止，就像第 2 章，书中只考虑了波在介电常数为常量的均匀介质中的传播。在非均匀介质中，该介电常数可以是空间坐标 x、y 和 z 的函数，即 $\varepsilon(x,y,z)$。为了研究非均匀介质中波的传播，回到麦克斯韦方程组式(2.1.1)～式(2.1.4)，并重新推导其波动方程。从式(2.2.4)出发，当 $\boldsymbol{J}=0$ 时，重新写出

$$\nabla^2\boldsymbol{E}-\mu\varepsilon\frac{\partial^2\boldsymbol{E}}{\partial t^2}=\nabla\left(\nabla\cdot\boldsymbol{E}\right). \tag{3.1.1}$$

当 $\rho_v=0$ 时，由式(2.1.1)和式(2.1.12a)，可知

$$\nabla\cdot(\varepsilon\boldsymbol{E})=\varepsilon\nabla\cdot\boldsymbol{E}+\boldsymbol{E}\cdot\nabla\varepsilon=0. \tag{3.1.2}$$

将式(3.1.2)代入式(3.1.1)，有

$$\nabla^2\boldsymbol{E}-\mu\varepsilon\frac{\partial^2\boldsymbol{E}}{\partial t^2}=-\nabla\left(\boldsymbol{E}\cdot\frac{\nabla\varepsilon}{\varepsilon}\right). \tag{3.1.3}$$

当介质的介电常数存在梯度时，如导波光学中的情况，则上式右侧一般是非零的。然而，如果折射率的空间变化很小，只有一个光学波长的距离，那么 $\nabla\varepsilon/\varepsilon\approx0$ [Marcuse，1982]。这种近似与傍轴近似的性质相似。若满足这个近似，则可以忽略式(3.1.3)右侧部分来研究光在非均匀介质中的传播，从而得到波动方程：

$$\nabla^2\boldsymbol{E}-\mu\varepsilon\frac{\partial^2\boldsymbol{E}}{\partial t^2}=0, \tag{3.1.4}$$

式中，$\varepsilon=\varepsilon(x,y,z)$。从中可以看出，式(3.1.4)与之前推导的电场的齐次波动方程式(2.2.10)相似。为了表示方便，回到常用变量 $\psi\left(x,y,z,t\right)$，并利用

$$\nabla^2\psi-\mu\varepsilon\frac{\partial^2\psi}{\partial t^2}=0,\quad \varepsilon=\varepsilon(x,y,z) \tag{3.1.5}$$

作为模型方程。为了简单起见，设 $\mu=\mu_0$，同样 ψ 可以表示电场 $\boldsymbol{E}$ 的一个分量。

3.2　平方律介质中的光传输

第 1 章中，通过射线光学(ray optics)研究了折射率为 $n^2(x,y)=n_0^2-n_2(x^2+y^2)$ 的平方律介质，同样地，也可通过平方律介电常数的剖面形式来体现其非均匀性(Haus，1984)，即

$$\varepsilon(x,y,z)=\varepsilon\left(x,y\right)=\varepsilon_0\varepsilon_{\mathrm{r}}\left(x,y\right)=\varepsilon\left(0\right)\left(1-\frac{x^2+y^2}{h^2}\right). \tag{3.2.1}$$

这里希望研究任意光束轮廓在由式(3.2.1)建模表示的非均匀介质中的传输。然而，对于一些任意的初始条件，式(3.1.5)在式(3.2.1)条件下的解析解是很难求的。因此，先找出一个可以有任意横截面振幅和/或相位剖面传输的平面波解。为此，令

$$\psi(x,y,z,t)=\psi_{\mathrm{p}}(x,y,z)\exp\left(\mathrm{j}(\omega_0 t)\right)=\psi_{\mathrm{e}}(x,y)\exp\left(\mathrm{j}(\omega_0 t-\beta z)\right), \tag{3.2.2}$$

式中，$\psi_{\mathrm{e}}(x,y)$为复包络(complex envelope)；β为待定的传播常数。由于$\varepsilon(x,y,z)=\varepsilon(x,y)$，$\varepsilon(x,y)$不是$z$的函数，假设$\psi_{\mathrm{e}}(x,y)$不是$z$的函数，将式(3.2.2)代入波动方程式(3.1.5)，有

$$\nabla_{\mathrm{t}}^2\psi_{\mathrm{e}}+\left[\omega_0^2\mu_0\varepsilon(x,y)-\beta^2\right]\psi_{\mathrm{e}}=0, \tag{3.2.3}$$

式中，∇_{t}^2为横向拉普拉斯算符$\left(\frac{\partial^2}{\partial x^2}+\frac{\partial^2}{\partial y^2}\right)$。这里，用$k_0$表示在均匀介电常数$\varepsilon(0)$的介质中传播的无限大平面波的传播常数，即

$$k_0=\omega_0\left[\mu_0\varepsilon(0)\right]^{1/2}. \tag{3.2.4}$$

将式(3.2.1)代入式(3.2.3)，并根据式(3.2.4)利用归一化变量

$$\xi=\gamma x \text{ 和 } \eta=\gamma y, \tag{3.2.5}$$

其中

$$\gamma=\left(\frac{k_0}{h}\right)^{1/2},$$

可得

$$\frac{\partial^2\hat{\psi}_{\mathrm{e}}(\xi,\eta)}{\partial\xi^2}+\frac{\partial^2\hat{\psi}_{\mathrm{e}}(\xi,\eta)}{\partial\eta^2}+\left[\lambda-\left(\xi^2+\eta^2\right)\right]\hat{\psi}_{\mathrm{e}}(\xi,\eta)=0, \tag{3.2.6a}$$

这里

$$\lambda=\frac{\left(k_0^2-\beta^2\right)h}{k_0}. \tag{3.2.6b}$$

利用常用的分离变量法求解式(3.2.6)。假设$\hat{\psi}_{\mathrm{e}}(\xi,\eta)=X(\xi)\,Y(\eta)$，将其代入式(3.2.6)，并推导得到$X$和$Y$的两个解耦常微分方程分别为

$$\frac{\mathrm{d}^2X}{\mathrm{d}\xi^2}+\left(\lambda_x-\xi^2\right)X=0 \tag{3.2.7a}$$

和

$$\frac{\mathrm{d}^2Y}{\mathrm{d}\eta^2}+\left(\lambda_y-\eta^2\right)Y=0 \tag{3.2.7b}$$

式中，$\lambda_x+\lambda_y=\lambda$。式(3.2.7a)和式(3.2.7b)的形式与量子力学中分析简谐振子(harmonic oscillator)问题的形式相同(Schiff，1968)，式(3.2.7a)的解为

$$X_m(\xi)=H_m(\xi)\exp\left(-\xi^2/2\right),\quad \lambda_x=2m+1,\quad m=0,1,2,\cdots, \tag{3.2.8}$$

式中，H_m为由式(2.3.35a)定义的厄米多项式。同样，前三阶厄米多项式分别为

$$H_0(\xi)=1,\quad H_1(\xi)=2\xi,\quad H_2(\xi)=4\xi^2-2. \tag{3.2.9}$$

$X(\xi)$ 的解为厄米-高斯解。前几个已在图 2.12 中绘出。对于 $Y(\xi)$ 也有类似的解。则式(3.2.6)有如下通解

$$\hat{\psi}_{\mathrm{e}}(\xi,\eta)=\hat{\psi}_{\mathrm{e}mn}(\xi,\eta)=H_m(\xi)H_n(\eta)\exp\left(-\left(\xi^2+\eta^2\right)/2\right) \tag{3.2.10a}$$

这里

$$\lambda=\lambda_{mn}=2(m+n+1)\text{，}\quad m,n=0,1,2,\cdots \tag{3.2.10b}$$

式中，$\hat{\psi}_{\mathrm{e}mn}$ 为第 mn 阶模的模态图(mode pattern)或模式形状(mode profile)。上述分析表明，具有多模梯度折射率光纤(graded-index optical fiber)特性的模态图，在光纤入射处的任何激励都可以通过将其分解为上述讨论的特征模(characteristic modes)的方式来追迹。由于该厄米-高斯函数形成一个正交基，所以这种分解将变得容易。为了描述这一想法，将其归一化的 mn 阶模态图写出，即

$$\hat{\psi}_{\mathrm{e}mn}(x,y)=u_m(x)u_n(y)\text{，} \tag{3.2.11a}$$

其中

$$u_m(x)=N_mH_m(\xi)\exp\left(-\xi^2/2\right) \tag{3.2.11b}$$

和

$$u_n(y)=N_nH_n(\eta)\exp\left(-\eta^2/2\right) \tag{3.2.11c}$$

为归一化函数，且

$$N_p=\left(\frac{\gamma}{\sqrt{\pi 2^p p!}}\right)^{1/2}\text{，}\quad p=m\text{ 或 }n$$

为归一化常数，故

$$\int_{-\infty}^{\infty}\int_{-\infty}^{\infty}\psi_{\mathrm{e}mn}(x,y)\,\psi_{\mathrm{e}mn}^{*}(x,y)\,\mathrm{d}x\,\mathrm{d}y=\delta_{mn}=\begin{cases}1, & m=n\\ 0, & m\neq n\end{cases} \tag{3.2.12}$$

相应的传播常数 $\beta=\beta_{mn}$，由式(3.2.6b)和式(3.2.10b)，有

$$\beta_{mn}^2=k_0^2\left(1-\frac{2(m+n+1)}{k_0h}\right). \tag{3.2.13}$$

以 $m=n=0\ (\lambda_{00}=2)$ 的基模(fundamental mode)为例，有

$$\psi_{\mathrm{e}00}(x,y)=\frac{(2/\pi)^{1/2}}{w_{00}}\exp\left(-\left(x^2+y^2\right)/w_{00}^2\right), \tag{3.2.14a}$$

式中

$$w_{00}=\sqrt{2}/\gamma. \tag{3.2.14b}$$

函数 $\psi_{\mathrm{e}00}(x,y)$ 形成了正交函数的完备集，根据式(3.2.2)，光束在平方律介质中的传播可以写为以下形式：

$$\psi_{\mathrm{p}}(x,y,z)=\sum_m\sum_n c_{mn}u_m(x)u_n(y)\exp(-\mathrm{j}\beta_{mn}z), \tag{3.2.15}$$

式中，c_{mn} 为常数，根据 $\psi_{\mathrm{p}}(x,y,0)$ 并利用式(3.2.12)可以确定：

$$c_{mn}=\int_{-\infty}^{\infty}\int_{-\infty}^{\infty}\psi_{\mathrm{p}}(x',y',0)u_m^*(x')u_n^*(y')\,\mathrm{d}x'\,\mathrm{d}y'. \tag{3.2.16}$$

因此，对于平方律介质中一个给定的入射场$\psi_{\mathrm{p}}(x,y,0)$，在任意距离 z 处的场分布可以通过将式(3.2.16)代入式(3.2.15)得到：

$$\psi_{\mathrm{p}}(x,y,z)=\int_{-\infty}^{\infty}\int_{-\infty}^{\infty}K(x,y,x',y')\psi_{\mathrm{p}}(x',y',0)\mathrm{d}x'\mathrm{d}y', \tag{3.2.17}$$

式中

$$K(x,y,x',y')=\sum_{m}\sum_{n}u_m^*(x)u_m(x')u_n^*(y)u_n(y')\exp(-\mathrm{j}\beta_{mn}z).$$

若对 β_{mn} 取近似，使 k_0h 很大(对于实际渐变折射率光纤就是这种情况)，则对上述方程求和即可得到一个解析表达式。此时，式(3.2.13)化为

$$\beta_{mn}\approx k_0-\frac{(m+n+1)}{h}. \tag{3.2.18}$$

根据上述近似，求和后式(3.2.17)中的 $K(x,y,x',y')$ 为(Sodha and Ghatak，1977)

$$K(x,y,x',y')=\frac{\mathrm{j}\gamma^2}{2\pi\sin(z/h)}\exp(-\mathrm{j}k_0z)$$
$$\times\exp\left(\frac{\mathrm{j}\gamma^2}{\sin(z/h)}(xx'+yy')-\mathrm{j}\frac{\gamma^2}{2}(x^2+x'^2+y^2+y'^2)\cot(z/h)\right). \tag{3.2.19}$$

现在，再回到对 β_{mn} 的讨论，利用式(3.2.4)，并根据式(3.2.18)，有

$$\beta_{mn}\approx\omega_0[\mu_0\varepsilon(0)]^{1/2}-\frac{(m+n+1)}{h}.$$

如果定义 $[\mu_0\varepsilon(0)]^{1/2}=\sqrt{\varepsilon_{\mathrm{r}}}/c$，并忽略材料色散(material dispersion)，即频率随 ε_{r} 变化，则有

$$\frac{\mathrm{d}\beta_{mn}}{\mathrm{d}\omega_0}=\frac{\sqrt{\varepsilon_{\mathrm{r}}}}{c}.$$

因此，mn 阶模的群速度(group velocity) u_{g} 为

$$u_{\mathrm{g}}=\frac{\mathrm{d}\omega_0}{\mathrm{d}\beta_{mn}}=\frac{c}{\sqrt{\varepsilon_{\mathrm{r}}}}, \tag{3.2.20}$$

它与模数 m 和 n 无关。换句话说，在平方律介质中，不同的模式具有相同的群速度，这一结论很有用。不像图 3.1 的阶跃折射率光纤，其中，均匀折射率为n_1的材料被另一种具有稍低的均匀折射率为n_2的材料包层包围，阶跃折射率光纤具有模间色散(intermodal dispersion)。由式(1.2.6)给出的临界角的定义并参考图 3.1 可以看到，对于引导光线必须满足

$$0<\theta<\cos^{-1}\left(\frac{n_2}{n_1}\right). \tag{3.2.21}$$

因为所有光线的群速度都是一样的，所以，在多个模式当中，光线沿光纤的轴向传播(θ=0)距离比折线路径短，当光线沿折线[$\theta=\theta_{\mathrm{c}}$(临界角)]实现从 O 到 O'的阶越时，将用时最长，光线沿轴传播用时为$t_{\mathrm{a}}=l/(c/n_1)$，沿临界角传播用时为$t_{\mathrm{c}}=4l_1/(c/n_1)$。从几何图示来看，$l_1=l_2/\cos\theta_{\mathrm{c}}$ 且 $\cos\theta_{\mathrm{c}}=n_2/n_1$，那么利用 $4l_2=l$，有 $t_{\mathrm{c}}=ln_1^2/(cn_2)$。如果所有入射光线同时被激发，那么光线将在出射端有一个时间延迟差

$$\Delta t=(t_c-t_a)=\frac{n_1(n_1-n_2)l}{cn_2}. \tag{3.2.22}$$

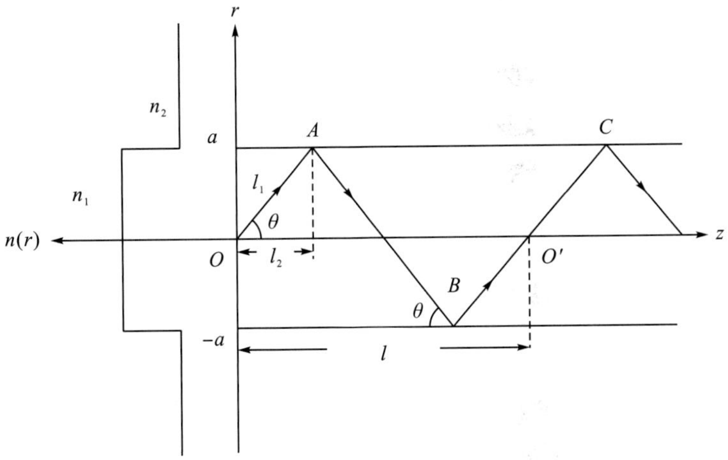

图 3.1　阶跃折射率光纤的光路图

对于一种典型的光纤，若取$n_1=1.46$，$(n_1-n_2)/n_2=0.01$且$l=1\text{km}$，则$\Delta t\approx 50\text{ns/km}$。换句话说，一个脉冲在该光纤中传播 1km 之后，将扩展为约 50ns 的脉冲。因此，在一个 1Gbit/s 的光纤通信系统中，其传输速率为每10^{-9} s 有一个脉冲，想要分辨这些单个脉冲，50ns/km 的色散即可引起距离超过 20m 的探测器误差。为了减少高信息承载系统的脉冲色散，可以使用平方律介质光纤或单模光纤。在单模光纤中，阶跃折射率光纤的纤芯尺寸较小(通常小于 10μm)，并且只允许一个模式(沿光纤轴直线传播的模式)传播。在这种光纤中，不存在模间色散，但必须考虑材料色散。

举例：平方律介质中高斯光束的传输

这里考虑高斯光束入射到平方律介质上的传播。在 z=0 处，有式(3.2.1)，其入射场分布为

$$\psi_p(x,y;z=0)=\psi_0\exp\left(-\frac{x^2+y^2}{w_0^2}\right). \tag{3.2.23}$$

将式(3.2.23)和式(3.2.19)代入式(3.2.17)，则在任意横向平面上的场分布为(Ghatak and Thyagarajan，1989)

$$\psi_p(x,y,z)=\frac{w_0\psi_0\,\mathrm{e}^{-\mathrm{j}\phi(z)}}{w(z)}\mathrm{e}^{-\frac{x^2+y^2}{w^2(z)}}, \tag{3.2.24}$$

其中

$$w^2(z)=\frac{4}{w_0^2\gamma^4}\left[\sin^2\left(\frac{z}{h}\right)+\frac{w_0^4\gamma^4}{4}\cos^2\left(\frac{z}{h}\right)\right],$$

且

$$\phi(z)=k_0z-\tan^{-1}\left[\frac{\tan(z/h)}{\tau^2}\right]-\frac{(\tau^4-1)\sin(2z/h)}{2\tau^2w^2(z)}(x^2+y^2)$$

式中，$\tau = w_0\gamma/\sqrt{2}$。式(3.2.24)表明，随着高斯光束在平方律介质中的传播，它总是保持高斯状，其腰部调制周期为$z_{\mathrm{m}} = \pi h$。3.5 节将通过数值方法解释这种高斯光束束腰的调制效应。

3.3 近轴波动方程

这里，回到由式(3.1.5)给出的非均匀介质中的模型方程：

$$\nabla^2\psi - \mu\varepsilon\frac{\partial^2\psi}{\partial t^2} = 0\text{，}\quad \varepsilon = \varepsilon(x,y,z)\text{.} \tag{3.3.1}$$

如果写出

$$\begin{aligned}\psi(x,y,z,t) &= \psi_{\mathrm{p}}(x,y,z)\exp(\mathrm{j}(\omega_0 t)) \\ &= \psi_{\mathrm{e}}(x,y,z)\exp(\mathrm{j}(\omega_0 t - k_0 z)),\end{aligned} \tag{3.3.2}$$

假设ψ主要沿z方向传播，其复包络为ψ_{e}。从中可以看出，假设ψ_{e}是z的函数，这与式(3.2.2)的假设不同，目的是让折射率沿z变换，如式(3.3.1)所示。将式(3.3.2)代入式(3.3.1)，可以导出以下复包络方程：

$$\nabla_{\mathrm{t}}^2\psi_{\mathrm{e}} + \frac{\partial^2\psi_{\mathrm{e}}}{\partial z^2} - 2\,\mathrm{j}k_0\frac{\partial\psi_{\mathrm{e}}}{\partial z} - (k_0^2 - \mu_0\varepsilon\omega_0^2)\psi_{\mathrm{e}} = 0. \tag{3.3.3}$$

现在假设ψ_{e}是z的一个慢变函数，从某种意义上说

$$\partial\psi_{\mathrm{e}}/\partial z \ll k_0\psi_{\mathrm{e}}. \tag{3.3.4}$$

该假设从物理上意味着在一个波长的传播距离内，即$\Delta z \approx \lambda_0$，$\psi_{\mathrm{e}}$的变化比$\psi_{\mathrm{e}}$本身小很多，即$\Delta\psi_{\mathrm{e}} \ll \psi_{\mathrm{e}}$。以微分形式表示，$\Delta\psi_{\mathrm{e}} \ll \psi_{\mathrm{e}}$化为

$$\begin{aligned}\mathrm{d}\psi_{\mathrm{e}} &= (\partial\psi_{\mathrm{e}}/\partial z)\Delta z \\ &= (\partial\psi_{\mathrm{e}}/\partial z)\lambda_0 \ll \psi_{\mathrm{e}},\end{aligned}$$

因此得到式(3.3.4)的结果。同样地，导数$\partial\psi_{\mathrm{e}}/\partial z$在波长范围内缓慢变化，故$\partial^2\psi_{\mathrm{e}}/\partial z^2 \ll k_0\partial\psi_{\mathrm{e}}/\partial z$。因此，可以说，相比式(3.3.3)中的第三项，式中的第二项可以忽略。此时，式(3.3.3)为ψ_{e}在非均匀介质中的傍轴亥姆霍兹方程(paraxial Helmholtz equation)，表达式为

$$\nabla_{\mathrm{t}}^2\psi_{\mathrm{e}} - 2\,\mathrm{j}k_0\frac{\partial\psi_{\mathrm{e}}}{\partial z} - (k_0^2 - \mu_0\varepsilon\omega_0^2)\psi_{\mathrm{e}} = 0. \tag{3.3.5}$$

从式中可以看出，对于均匀介质的特殊情况，即$\varepsilon(x,y) = 常数 = \varepsilon(0)$，可将式(3.3.5)简化为

$$\frac{\partial\psi}{\partial z} = \frac{1}{2\,\mathrm{j}k_0}\nabla_{\mathrm{t}}^2\psi_{\mathrm{e}}. \tag{3.3.6}$$

对变量x和y进行傅里叶变换可以得到常微分方程：

$$\frac{\partial\Psi_{\mathrm{e}}}{\partial z} = -\frac{\mathrm{j}(k_x^2 + k_y^2)}{2\,\mathrm{j}k_0}\Psi_{\mathrm{e}}\text{，} \tag{3.3.7}$$

式中，$F_{xy}\{\psi_{\mathrm{e}}(x,y,z)\} = \Psi_{\mathrm{e}}(k_x,k_y;z)$。当求出式(3.3.7)的某个初始场轮廓谱$\Psi_{\mathrm{e}}(x,y,0)$时，即可得到近轴传递函数(paraxial transfer function) $H_{\mathrm{e}}(k_x,k_y;z)$：

$$H_{\mathrm{e}}(k_x,k_y;z)=\frac{\Psi_{\mathrm{e}}(k_x,k_y;z)}{\Psi_{\mathrm{e}}(k_x,k_y;0)}=\exp\left(\frac{\mathrm{j}(k_x^2+k_y^2)z}{2k_0}\right),\tag{3.3.8}$$

若合并式(3.3.2)中的$\exp(-\mathrm{j}k_0z)$项，则上式与式(2.3.13)给出的傅里叶光学中的空间频率传递函数相等。因此，式(3.3.6)的解描述了均匀介质中对于一个给定$\psi_{\mathrm{e}}(x,y,0)$的菲涅耳衍射。现在，再回到式(3.3.5)，并讨论与位置相关的项$k_0^2-\mu_0\varepsilon\omega_0^2$。其数学模型为

$$\mu_0\varepsilon\omega_0^2=\mu_0\varepsilon_0\varepsilon_{\mathrm{r}}(1+\Delta\varepsilon)\omega_0^2=k_0^2+k_0^2\Delta\varepsilon,$$

式中，$\Delta\varepsilon=\Delta\varepsilon(x,y)$。因此，$k_0^2-\mu_0\varepsilon\omega_0^2=-k_0^2\Delta\varepsilon$项可以写为

$$n(x,y)=n_0[1+\Delta n(x,y)]=\sqrt{\varepsilon_{\mathrm{r}}(1+\Delta\varepsilon)}\approx\sqrt{\varepsilon_{\mathrm{r}}}+\frac{\sqrt{\varepsilon_{\mathrm{r}}}}{2}\Delta\varepsilon.$$

那么，$\Delta n(x,y)=\Delta\varepsilon/2$。最终，$k_0^2-\mu_0\varepsilon\omega_0^2=-k_0^2\Delta\varepsilon=-k_0^2 2\Delta n$。利用该结果，可将式(3.3.5)重新写为

$$\frac{\partial\psi_{\mathrm{e}}}{\partial z}=\frac{1}{2\mathrm{j}k_0}\nabla_{\mathrm{t}}^2\psi_{\mathrm{e}}-\mathrm{j}\Delta nk_0\psi_{\mathrm{e}}.\tag{3.3.9}$$

式中，Δn为折射率相对于环境折射率n_0的变化量。上式称为近轴传输方程(paraxial propagation equation)，它是一个偏微分方程。所以，它并不总适合解析解，除了一些非常特殊的情况。例如，包含特殊空间变化的Δn，或者在非线性光学(nonlinear optics)中利用精确积分或逆散射法(inverse scattering method)求非线性偏微分方程(nonlinear partial differential equation)的特殊孤子(soliton)解的情况。现在，经常用数值方法分析如光纤、体衍射光栅(diffraction grating)、克尔介质等复杂系统中光束(和脉冲)的传播。伪谱方法因其速度优势通常比有限差分法(finite difference methods)更受青睐。分步光束传输法(split step beam propagation method)就是伪谱方法的一个例子。我们将在3.4节讨论这种数值方法。

3.4　分步光束传输法

为了理解分步光束传输法的原理，简称光束传输法(beam propagation method，BPM)，将式(3.3.9)重写为算子形式(Agrawal，1989)，即

$$\partial\psi_{\mathrm{e}}/\partial z=(\hat{D}+\hat{S})\psi_{\mathrm{e}},\tag{3.4.1}$$

式中，$\hat{D}=\dfrac{1}{2\mathrm{j}k_0}\nabla_t^2$为描述衍射的线性微分算子，也称为衍射算子(diffraction operator)；$\hat{S}=-\mathrm{j}\Delta nk_0$为与空间相关的算子或非齐次算子(inhomogeneous operator)。通常，各算子同时作用于ψ_{e}上，式(3.4.1)算子形式的解可由下式给出：

$$\psi_{\mathrm{e}}(x,y;z+\Delta z)=\exp((\hat{D}+\hat{S})\Delta z)\psi_{\mathrm{e}}(x,y;z)\tag{3.4.2}$$

如果$\hat{D}$和$\hat{S}$与z无关，一般来说，对于$\psi_{\mathrm{e}}(x,y;z)$的两个交换算子，即$[\hat{D},\hat{S}]\psi_{\mathrm{e}}=\left(\hat{D}\hat{S}-\hat{S}\hat{D}\right)\psi_{\mathrm{e}}=0$，有

$$\exp(\hat{D}\Delta z)\exp(\hat{S}\Delta z)=\exp(\hat{D}\Delta z+\hat{S}\Delta z).$$

然而，上述等式并不一定适用于不符合交换的算子，对于两个非交换算子$\hat{D}$和$\hat{S}$，即

$[\hat{D},\hat{S}]\psi_e=(\hat{D}\hat{S}-\hat{S}\hat{D})\psi_e\neq 0$，有

$$\exp(\hat{D}\Delta z)\exp(\hat{S}\Delta z)=\exp\left(\hat{D}\Delta z+\hat{S}\Delta z+\frac{1}{2}[\hat{D},\hat{S}](\Delta z)^2+\cdots\right). \tag{3.4.3}$$

根据贝克-豪斯多夫公式(Baker-Hausdorff formula)(Weiss and Maradudin，1962)，为了达到 Δz 中的一阶精度，则有

$$\exp((\hat{D}+\hat{s})\Delta z)\cong\exp(\hat{D}\Delta z)\exp(\hat{S}\Delta z) \tag{3.4.4}$$

这意味着在式(3.4.2)中，可以将衍射和非齐次算子视为彼此独立的，故式(3.4.2)可写为

$$\psi_e(x,y;z+\Delta z)=\exp(\hat{S}\Delta z)\exp(\hat{D}\Delta z)\psi_e(x,y;z). \tag{3.4.5}$$

式(3.4.5)的右侧在频域中比较容易理解。从中可以看出，这是考虑了平面 z 和 $z+\Delta z$ 之间衍射效应的传输运算符。利用式(3.3.8)给出的传递函数，用 Δz 代替 z，则传输可以很容易地在频谱或空间频域中进行处理。第二个算符描述了空域中无衍射且介质可能是固有的或是诱导的非均匀情况下的传输影响，所以指数运算 $\exp(\hat{D}\Delta z)$ 的处理是利用以下规则在傅里叶域中进行的，即

$$\exp(\hat{D}\Delta z)\psi_e=F^{-1}\left\{\exp\left(\frac{\mathrm{j}(k_x^2+k_y^2)\Delta z}{2k_0}\right)F\{\psi_e\}\right\} \tag{3.4.6}$$

Δz 中单步的算符可以写为

$$\begin{aligned}\psi_e(x,y;z+\Delta z)&=\exp(\hat{S}\Delta z)\exp(\hat{D}\Delta z)\psi_e(x,y;z)\\&=\exp(-\mathrm{j}\Delta nk_0\Delta z)F^{-1}\left\{\exp\left(\frac{\mathrm{j}(k_x^2+k_y^2)\Delta z}{2k_0}\right)F[\psi_e(x,y;z)]\right\}.\end{aligned} \tag{3.4.7}$$

通过光速传输法重复上述流程，直到场传输所需的距离，图 3.2 为光速传输法最简单形式的原理流程图，它显示了一个迭代的递归循环，直到该循环迭代到最终距离。

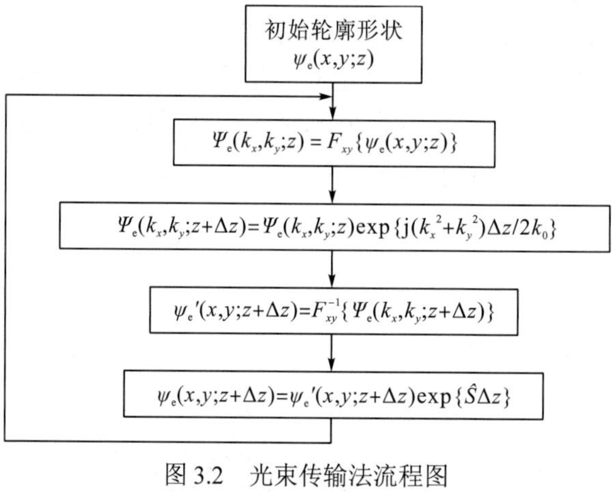

图 3.2　光束传输法流程图

图 3.3 给出了光束传输法的另一种描述，示意图的上半部分显示光路被分成一系列有限步骤，其中向下的箭头和向上的箭头分别表示傅里叶变换及其逆变换。直线箭头表示衍射 Δz 的距离。然而，该图的下半部分表示光束传输法的物理过程，即平面波入射到透明片 $t(x,y)=\psi_e(x,y;z=0)=\psi_{e0}(x,y)$ 上，在经过距离 Δz 后的衍射场被相位屏

$\exp(-\mathrm{j}\Delta n(x,y)k_0\Delta z)$ (phase screen)进行相位调制(phase modulation)，调制后的场又衍射了另一个距离 Δz，然后再一次被相位调制，接着又衍射，以此类推，如图所示，直到进行完所需距离并获得最终输出 $\psi_e(x,y;z=m\Delta z)$。其中，m 为某整数，该物理过程清晰地说明了衍射过程和相位调制过程是相互独立的。

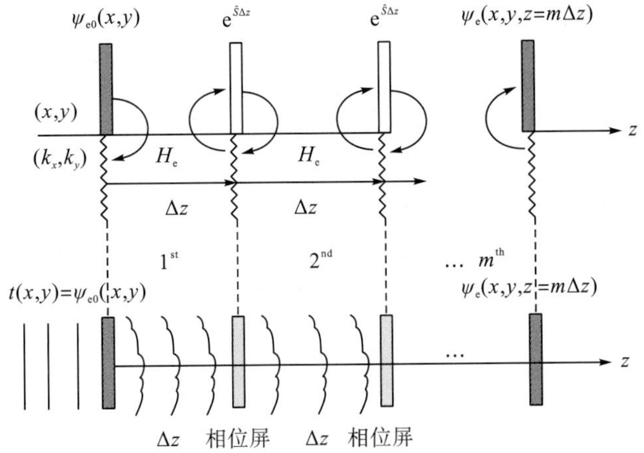

图 3.3　光束传输法的另一种描述及其物理解释

3.5　利用分步光束传输法的 MATLAB 举例

本节使用光束传输法说明两个例子。第一个例子是由式(3.2.23)给出的具有初始平面相位波前形式的高斯光束通过一个相位变换函数为 $\exp\left(\mathrm{j}\dfrac{k_0}{2f}(x^2+y^2)\right)$ 的薄透镜聚焦，正如式(2.3.23)给出的那样。具体步骤是先将高斯光束与透镜的相位函数相乘，然后利用图 3.2 所给算法中 $\exp(\hat{S}\Delta z)=1$ 的光束传输法进行光束传输计算。表 3.1 为本例的 m-文件。图 3.4(a)和图 3.4(b)是由表 3.1 生成的结果。图中显示了波长为 $\lambda_0=0.633\mu\mathrm{m}$ 且束腰为 $w_0=10\mathrm{mm}$ 的高斯光束被焦距为 $f=1600\mathrm{cm}$ 的透镜聚焦。该透镜位于 $z=0$ 处，图中清晰地显示出聚焦位置在 $z=1600\mathrm{cm}$ 处。

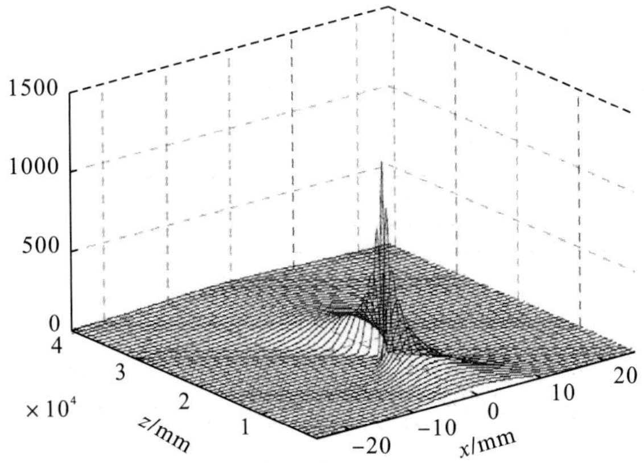

(a)沿z方向的光束轮廓

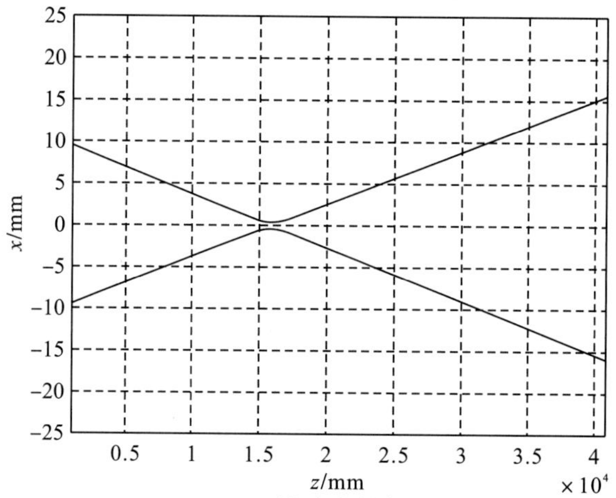

(b)沿z方向的束腰

图 3.4 沿 z 方向的光束轮廓和沿 z 方向的束腰

该束腰最初位于焦距为 1600cm 的薄透镜前方 10mm(z=0)处

表 3.1 BPM_focusing_lens.m(使用 MPM 模拟高斯光束通过透镜聚焦的 m-文件)

```
---------------------------------------------------------------
%BPM_focusing_lens.m
%Simulation of Gaussian Beam Focused by a Lens Using BPM
%Paramters suggested for simulation :
% Ld (light wavelength) =0.633,  wo (waist)=10,
% dz(sample distance along z)=800,  Z(total final distance away from
lens) =40000,
% f(focal length)=16000
clear

%Gaussian Beam
N=255;  %N : sampling number
L=50*10^-3;  %Display area
Ld=input('wavelength of light in [micrometers] = ?');
Ld=Ld*10^-6;
ko=(2*pi)/Ld;
wo=input('Waist of Gaussian Beam in [mm] = ?');
wo=wo*10^-3;
dz=input('step size of z (dz) in [mm] = ?');
dz=dz*10^-3;
Z=input('destination of z in [mm] = ? ');
```

```
Z=Z*10^-3;
%Focal length of Lens
f=input('Focal length of lens in [mm]= ?');
f=f*10^-3;
% dx :  step size
dx=L/N;
for n=1: 256
for m=1: 256
%Space axis
x(m)=(m-1)*dx-L/2;
y(n)=(n-1)*dx-L/2;
%Frequency axis
Kx(m)=(2*pi*(m-1))/(N*dx)-((2*pi*(256.1))/(N*dx))/2;
Ky(n)=(2*pi*(n-1))/(N*dx)-((2*pi*(256.1))/(N*dx))/2;
end
end

[X, Y]=meshgrid(x, y);
[KX, KY]=meshgrid(Kx, Kx);

%Gaussian Beam in space domain
Gau_ini=(1/(wo*pi^0.5))*exp(-(X.^2+Y.^2)./(wo^2));

%Energy of the initial Gaussian beam

Energy_ini=dx*dx*sum(sum(abs(Gau_ini).^2))

%Lens Equation
L=exp(j*ko/(2*f)*(X.^2+Y.^2));

%Gaussian Beam passed through the lens
Gau_ini=Gau_ini.*L;

%Free space transfer function of propagation
H=exp(j/(2*ko)*dz*(KX.^2+KY.^2));

%Iterative Loop
Gau=Gau_ini;
```

```
n1=0;


for z=0: dz: Z
n1=n1+1;
Zp(n1)=z+dz;
%Gaussian Beam in Frequency domain
FGau=fft2(Gau);
%Propagated Gaussian beam in Frequency domain
FGau=FGau.*fftshift(H);
%Propagated Gaussian beam in space domain
Gau=ifft2(FGau);
%Step propagation through medium
Gau_pro(: , n1)=Gau(: , 127);
end

%Energy of the final propagated Gaussian beam,
%to check conservation of energy
Energy_pro=dx*dx*sum(sum(abs(Gau).^2))

%axis in mm scale
x=x*10^3;
y=y*10^3;
Zp=Zp*10^3;
MAX1=max(max(abs(Gau_ini)));
MAX2=max(max(abs(Gau)));
MAX=max([MAX1 MAX2]);

figure(1);
mesh(x, y, abs(Gau_ini))
title('Initial Gaussian Beam')
xlabel('x [mm]')
ylabel('y [mm]')
axis([min(x) max(x) min(y) max(y) 0 MAX])
axis square

figure(2);
mesh(x, y, abs(Gau))
```

```
title('Propagated Gaussian Beam at Z')
xlabel('x [mm]')
ylabel('y [mm]')
axis([min(x) max(x) min(y) max(y) 0 MAX])
axis square

figure(3)
for l=1: n1
plot3(x', Zp(l)*ones(size(x')), abs(Gau_pro(: , l)))
hold on
end
axis([min(x) max(x) min(Zp) max(Zp)])
grid on
title('Beam profile along z')
xlabel('x [mm]')
ylabel('z [mm]')
hold off

figure(4)
A=max(abs(Gau_pro));
B=diag(1./A);
N_Gau_pro=abs(Gau_pro)*B;
contour(Zp, x, N_Gau_pro,  [ exp(-1) exp(-1)],  'k')
grid on
title('Beam waist along z')
xlabel('z [mm]')
ylabel('x [mm]')
```

第二个例子利用光束传输法模拟了高斯光束通过平方律介质的传输，即

$$n^2(x,y)=n_0^2-n_2(x^2+y^2). \tag{3.5.1}$$

为了求解式(3.4.1)，衍射可由 $\hat{D}=\dfrac{1}{2\,\mathrm{j}k_0}\nabla_{\mathrm{t}}^2$ 来处理，而 $\hat{S}=-\mathrm{j}\Delta nk_0$ 是对于给定介质要求的非齐次算符。因此，对于平方律介质，可以进行以下近似，即

$$n(x,y)\approx n_0-\frac{n_2}{2n_0}(x^2+y^2)=n_0[1+\Delta n(x,y)]$$

故有

$$\Delta n(x,y) = -\frac{n_2}{2n_0^2}(x^2+y^2),$$

或者对于平方律介质，该算符 $\hat{S}$ 化为

$$\hat{S} = \mathrm{j}\frac{n_2}{2n_0^2}(x^2+y^2)k_0. \tag{3.5.2}$$

图 3.5 模拟了高斯光束在平方律介质中的传输。表 3.2 为生成这些图形的 m-文件。该仿真结果表明，高斯光束沿平方律介质传输，其束腰调制周期为 $z_{\mathrm{m}} = \pi h$，其中 h 再次定义了由式(3.2.1)给出的平方律介质。为了验证该数值图，将 h 与 n_0 和 n_2 相关联，利用式(3.2.1)和式(3.5.1)，有以下关系：

$$h = \frac{n_0}{\sqrt{n_2}}. \tag{3.5.3}$$

因此，调制周期 z_{m} 为

$$z_{\mathrm{m}} = \frac{\pi n_0}{\sqrt{n_2}}. \tag{3.5.4}$$

对于 $n_0 = 1.5\mathrm{m}^{-1}$ 和 $n_2 = 0.01\mathrm{m}^{-1}$， $z_{\mathrm{m}} = 47.123\mathrm{m}$，这与图示给出的结果一致。从式(3.2.14b)中也可以发现，利用式(3.2.5)，此基模的腰

$$w_{00} = \sqrt{2}/\gamma = \sqrt{\frac{2n_0}{k_0(n_2)^{\frac{1}{2}}}}. \tag{3.5.5}$$

对于 $\lambda_0 = 2\pi n_0/k_0 = 0.633\mu\mathrm{m}$，则有 $w_{00} \approx 1.419\mathrm{mm}$。从中发现，对于 5mm 束腰的高斯光束入射，其束腰比 w_{00} 大，将传播的高斯光束先聚焦再散焦，具体情况如图 3.5(a)和图 3.5(b)所示。而对于一个束腰为 1mm 的高斯光束入射，其束腰比 w_{00} 小，将传播的高斯光束先散焦再聚焦，具体情况如图 3.5(c)所示。事实上，这是平方律介质的性质，称为周期聚焦(periodic focusing)，第 2 章已经利用光纤光学研究过该问题(习题 2.18)。

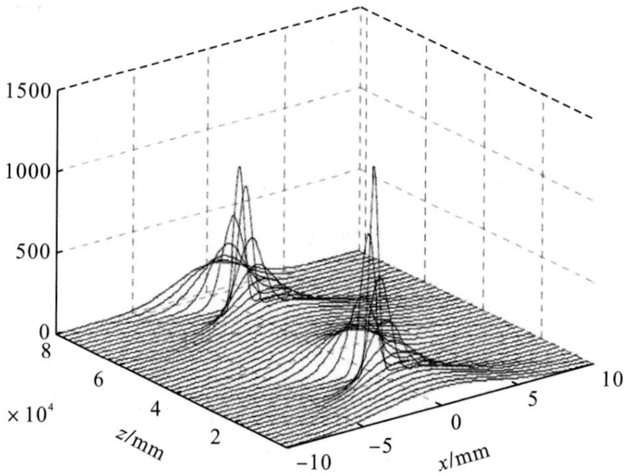

(a)沿z方向的光束轮廓

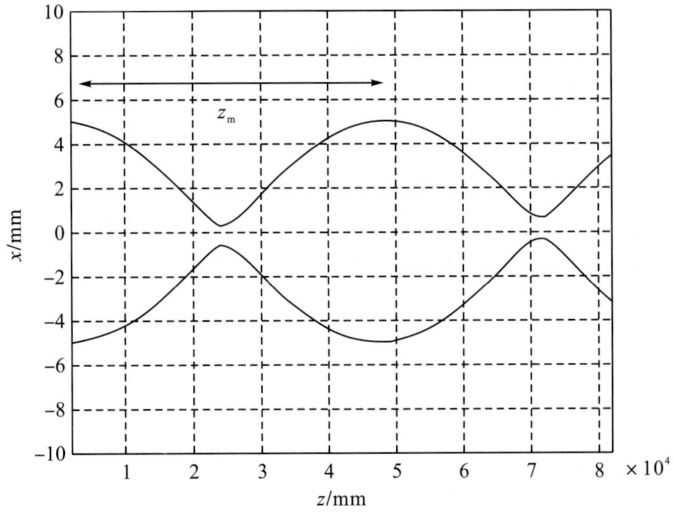

(b)沿z方向的束腰

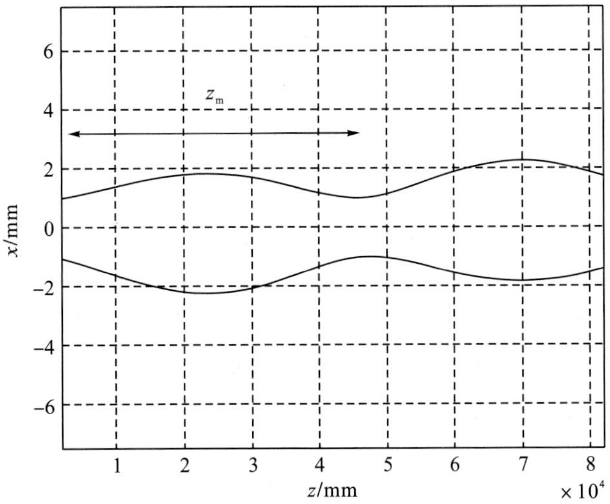

(c)当入射高斯光束束腰为1mm<w_{00}时，在z=0处的束腰

图 3.5　周期聚焦

表 3.2　BPM_sq_law_medium.m（使用光束传输法模拟高斯光束在平方律介质中传输的 m-文件）

```
-----------------------------------------------------------------------
%BPM_sq_law_medium.m
%Simulation of Gaussian Beam Propagation in a Square-Law Medium Using
BPM
%This program demonstrates periodically focusing and defocusing
% Suggested simulation parameters
% For initially converging situation:
% L=20
% Ld=0.633;
```

```
% wo=5;
% dz=2000
% Z=80000
% For initially diverging situation:
% L=15
% Ld=0.633;
% wo=1;
% dz=2000

% Z=80000
clear
n0=1.5;
n2=0.01;  % with unit of (meter)^-2
%Gaussian Beam
%N :  sampling number
N=255;
L=input('Length of back ground in [mm] = ?');
L=L*10^-3;
Ld=input('Incident wavelength of light in [micrometers] = ?');
Ld=(Ld/n0)*10^-6;
ko=(2*pi)/Ld;  %wavenumber in n0
wo=input('Waist of Gaussian Beam in [mm] = ?');
wo=wo*10^-3;
dz=input('step size of z (dz) in [mm] = ?');
dz=dz*10^-3;
Z=input('destination of z in [mm] = ? ');
Z=Z*10^-3;
% dx :  step size
dx=L/N;

for n=1: 256
for m=1: 256
%Space axis
x(m)=(m-1)*dx-L/2;
y(n)=(n-1)*dx-L/2;
%Frequency axis
Kx(m)=(2*pi*(m-1))/(N*dx)-((2*pi*(256.1))/(N*dx))/2;
Ky(n)=(2*pi*(n-1))/(N*dx)-((2*pi*(256.1))/(N*dx))/2;
```

```
end
end

[X, Y]=meshgrid(x, y);
[KX,  KY]=meshgrid(Kx, Kx);

%Gaussian Beam in space domain
Gau_ini=(1/(wo*pi^0.5))*exp(-(X.^2+Y.^2)./(wo^2));

%Energy of the initial Gaussian beam
Energy_ini=dx*dx*sum(sum(abs(Gau_ini).^2))

%Free space transfer function of step propagation
H=exp(j/(2*ko)*dz*(KX.^2+KY.^2));

%S operator according to index profile of medium
S=-j*(-n2/(2*n0*n0)*(X.^2+Y.^2))*ko;


%Iterative Loop
Gau=Gau_ini;
n1=0;
for z=0: dz: Z
n1=n1+1;
Zp(n1)=z+dz;
%Gaussian Beam in Frequency domain
FGau=fft2(Gau);
%Propagated Gaussian beam in Frequency domain
FGau=FGau.*fftshift(H);
%Propagated Gaussian beam in space domain
Gau=ifft2(FGau);
%Step propagation through medium
Gau=Gau.*exp(S.*dz);
Gau_pro(: , n1)=Gau(: , 127);
end

%Energy of the final propagated Gaussian beam
Energy_pro=dx*dx*sum(sum(abs(Gau).^2))
```

```
%axis in mm scale
x=x*10^3;
y=y*10^3;
Zp=Zp*10^3;
MAX1=max(max(abs(Gau_ini)));
MAX2=max(max(abs(Gau)));
MAX=max([MAX1 MAX2]);

figure(1);
mesh(x, y, abs(Gau_ini))
title('Initial Gaussian Beam')
xlabel('x [mm]')
ylabel('y [mm]')
axis([min(x) max(x) min(y) max(y) 0 MAX])
axis square

figure(2);
mesh(x, y, abs(Gau))
title('Propagated Gaussian Beam')
xlabel('x [mm]')
ylabel('y [mm]')
axis([min(x) max(x) min(y) max(y) 0 MAX])
axis square

figure(3)
for l=1: n1

plot3(x', Zp(l)*ones(size(x')), abs(Gau_pro(: , l)))
hold on
end
grid on
axis([min(x) max(x) min(Zp) max(Zp)])
title('Beam profile along z')
xlabel('x [mm]')
ylabel('z [mm]')
hold off
```

```
w00=(2/((ko/n0)*(n2^0.5)))^0.5;  %fundamental mode width
w00=w00*10^3;
sprintf('w00,  fundamental mode width in [mm] %f' ,  w00)

figure(4)
A=max(abs(Gau_pro));
B=diag(1./A);
N_Gau_pro=abs(Gau_pro)*B;
contour(Zp, x, N_Gau_pro,  [ exp(-1) exp(-1)],  'k')
grid on
title('Beam width along z')
xlabel('z [mm]')
ylabel('x [mm]')

zm=pi*n0/((n2^0.5));  %modulation period
zm=zm*10^3;
sprintf('zm,  modulation period in [mm] %f ' , zm)
```

3.6　光束在非线性介质中的传播：克尔介质

3.5 节已经证明，通过数值方法求解方程式(3.3.9)可以使用光束传输法分别处理衍射和非均匀性的影响。的确可以看到，以下两个独立方程

$$\partial\psi_e/\partial z=\hat{D}\psi_e \tag{3.6.1}$$

和

$$\partial\psi_e/\partial z=\hat{S}\psi_e, \tag{3.6.2}$$

分别独立地给出了菲涅耳衍射和相位调制的解。显然，$\psi_e(x,y,z)=\exp(-\mathrm{j}\Delta nk_0z)$ 作为式(3.6.2)的解对应相位调制。因此，为了研究光束在平方律介质中传输的影响，可以启发式地构建一个方程，即通过简单地在方程式(3.6.1)和式(3.6.2)右侧加上算子：

$$\partial\psi_e/\partial z=(\hat{D}+\hat{S})\psi_e,$$

上式即式(3.4.1)。同样地，为了研究光束在非线性介质中的传播，通过求解或建模非线性算子 $\hat{N}$，可得

$$\partial\psi_e/\partial z=\hat{N}\psi_e \tag{3.6.3}$$

表示对传输光束的非线性效应。那么，在非线性介质中，传输的总方程就是简单地通过构建一个方程来求解，将式(3.6.1)和式(3.6.3)右侧的适当算子相加可以给出

$$\partial\psi_e/\partial z=(\hat{D}+\hat{N})\psi_e. \tag{3.6.4}$$

本节讨论一个重要的非线性效应，即克尔效应(Kerr effect)，并说明如何使用光束传输法来解决这类问题。克尔效应可由折射率对光束电场的非线性依赖关系进行描述：

$$n = n_0 + n_{2E}\left|\psi_e\right|^2, \tag{3.6.5}$$

式中，n_0 为介质在无光场时的折射率；$n_{2E}\left|\psi_e\right|^2$ 为折射率的非线性变换；n_{2E} 为克尔常数(Kerr constant)，单位为 $(\mathrm{m/V})^2$。能够产生这种效应的介质称为克尔介质(Kerr medium)。

与式(3.5.2)中 $\hat{S}$ 的推导类似，可得

$$\hat{N} = -\mathrm{j}\Delta n k_0 = -\mathrm{j}\frac{n_{2E}}{n_0}k_0\left|\psi_e\right|^2 \tag{3.6.6}$$

对于克尔介质，则式(3.6.4)化为

$$\frac{\partial \psi_e}{\partial z} = \frac{1}{2\mathrm{j}k_0}\nabla_t^2\psi_e - \mathrm{j}\frac{n_{2E}}{n_0}k_0\left|\psi_e\right|^2\psi_e. \tag{3.6.7}$$

该方程称为非线性薛定谔方程，它描述了在给定初始包络 $\psi_e(x,y,0)$ 下沿 z 方向传播光场的复包络 $\psi_e(x,y,z)$ 演化过程。

3.6.1 空间孤子

显然，不能用求解式(3.6.6)的傅里叶变换方法来求解式(3.6.7)，因为该式右侧有非线性项。然而，在其横向维度上的确存在解析解，包括一个众所周知的稳定解——空间孤子(spatial soliton)。孤子有一个特别的性质，即在传播过程中不改变其空间分布，为了求出不依赖于 z 的 $\left|\psi_e\right|$ 的表达式，将

$$\psi_e(x,y,z) = a(x,y)\exp(-\mathrm{j}\kappa z) \tag{3.6.8}$$

代入式(3.6.7)，可得

$$\nabla_t^2 a = -2\kappa k_0 a - (2k_0^2 n_{2E}/n_0)a^3. \tag{3.6.9}$$

现在，考虑一个横向维度，即 x 方向。在这种情况下，式(3.6.9)变为

$$\frac{\mathrm{d}^2 a}{\mathrm{d}x^2} = -2\kappa k_0 a - (2k_0^2 n_{2E}/n_0)a^3. \tag{3.6.10}$$

两边同时乘以 $2\mathrm{d}a/\mathrm{d}x$ 并积分，可得

$$\left(\frac{\mathrm{d}a}{\mathrm{d}x}\right)^2 = -2\kappa k_0 a^2 - (2k_0^2 n_{2E}/n_0)a^4,$$

这里，忽略积分常数，并把上式改写为如下形式：

$$x = \int\frac{\mathrm{d}a}{\sqrt{-2\kappa k_0 a^2 - (k_0^2 n_{2E}/n_0)a^4}}. \tag{3.6.11}$$

该式其中一个解的形式为

$$a(x) = A\operatorname{sech}(Kx), \tag{3.6.12}$$

式中，$A = \sqrt{\dfrac{-2\kappa n_0}{k_0 n_{2E}}}$，$K = \sqrt{\dfrac{1}{-2\kappa k_0}}$.

式(3.6.12)即著名的孤子解。双曲光束的归一化曲线如图 3.6 所示。

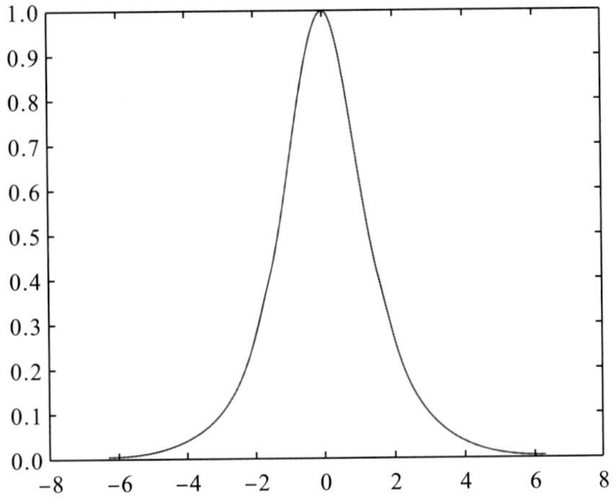

图 3.6　sech(x)曲线图——空间孤子在一个横向维度上的分布图

由式(3.6.12)可知，对于一个物理解，有 $\kappa<0$ 和 $n_{2E}>0$。这是容易理解的，因为对于 $n_{2E}>0$，光束振幅越大，折射率越大[式(3.6.5)]。从中可以看出，双曲光束并不是 z 的函数，所以它没有衍射。对于这样的光束形状，意味着光束中心的折射率最大，然后离轴衰减。用光线光学对此进行解释，受克尔效应的影响，光线从光束边缘(低折射率)处偏向光束中心(高折射率)处[式(3.6.7)右侧第二项]，同时光束自身也发生衍射[式(3.6.7)右侧第一项]。因此，非线性诱导的非均匀性通过精确平衡衍射引起的扩散效应保持了光束原来的形状，故双曲光束的形状与其在介质内部传播时保持一致。该双曲光束属于三次非线性介质中的非扩散或非衍射光束(diffraction-free beam)。

仅限于一个横向维度，并且对于 $n_{2E}>0$，如果因非线性效应引起的聚焦略大于衍射效应，那么计算也显示出周期性行为[周期性自聚焦(periodic self-focusing)]。对于 $n_{2E}<0$，则显示出自散焦(self-defocusing)(Korpel et al.，1986)。在本章结尾，给出了一些仿真结果。

对于涉及两个横向方向(即 x 和 y)的传播，该问题则更加复杂，目前似乎还没有找到闭式解。这里只考虑径向对称(radial symmetry)的情况，此时横向拉普拉斯算子在极坐标中的表示为[拉普拉斯算子见式(2.2.8)]

$$\nabla_{\mathrm{t}}^{2}=\frac{\partial^{2}}{\partial x^{2}}+\frac{\partial^{2}}{\partial y^{2}}=\frac{\mathrm{d}^{2}}{\mathrm{d}r^{2}}+\frac{1}{r}\frac{\mathrm{d}}{\mathrm{d}r}. \tag{3.6.13}$$

使用定义

$$a=\sqrt{\frac{-\kappa n_{0}}{2k_{0}n_{2E}}}\hat{a}\,,\quad r=\sqrt{-\frac{1}{2\kappa k_{0}}}\hat{r}, \tag{3.6.14}$$

重写式(3.6.9)的形式为

$$\frac{\mathrm{d}^{2}\hat{a}}{\mathrm{d}\hat{r}^{2}}+\frac{1}{\hat{r}}\frac{\mathrm{d}\hat{a}}{\mathrm{d}\hat{r}}-\hat{a}+\hat{a}^{3}=0\,. \tag{3.6.15}$$

同样，该非线性常微分方程无解析解，其解是通过数值方法在边界条件 $\hat{a}(\infty)\to 0$ 和 $\mathrm{d}\hat{a}(0)/\mathrm{d}\hat{r}=0$ 时获得的(Chiao et al.，1964；Haus，1966；Korpel and Banerjee，1984)，如图 3.7 所示。这些解产生了自陷(self-trapping)现象。从图中可以发现，这些解在本质上是多模态的，其模数 m 取决于初始条件 $\hat{a}(0)$。在某种程度上，这些解可以联系 3.2 节讨论的平方律介质中的模态。从中可以看到，对于第一阶模式，即 m=1，$\hat{a}(0)=2.21$，其模态像是双曲光束在一个横向维度上的形状。

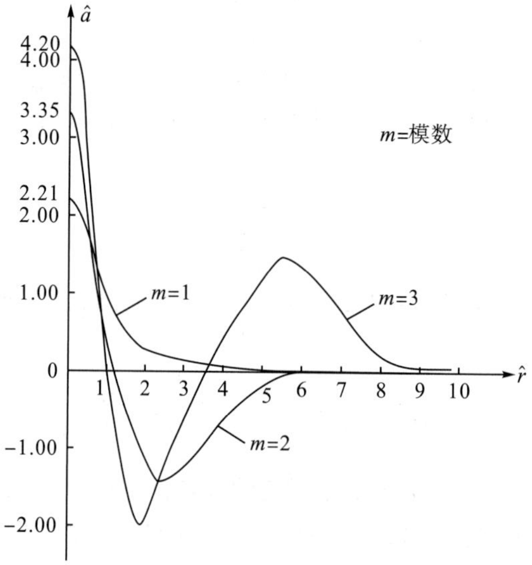

图 3.7　不同模态下式(3.6.15)的数值解(Korpel and Banerjee，1984)

3.6.2　自聚焦和自散焦

正如 3.6.1 节所指出的，通过克尔效应，光束边缘的光线倾向于向光束中心弯曲，这种非线性光学现象称为自聚焦，在某些情况下称为自散焦(Kelley，1965)。近年来，对高功率超短激光脉冲(laser pulse)自聚焦动力学的研究引起了极大关注，特别是超短脉冲通过大气传播的情况(Tzortzakis et al.，2001)，以及材料加工中用于超短激光脉冲传播的情况(Sun and Longtin，2004)。事实上，即使在低于预期的入射强度下，自聚焦也会引起光学损伤。本节将估算自聚焦所需的功率，并提供对焦距的估算。

假设入射激光束为高斯分布：

$$\psi_{\mathrm{e}}(x,y)=\psi_0\exp(-(x^2+y^2)/w_0^2).$$

因此，对于 $n_{2E}>0$，由式(3.6.5)可知，有

$$n(x,y)=n_0+n_{2E}\psi_0^2\exp(-2(x^2+y^2)/w_0^2)\text{，}\tag{3.6.16}$$

这意味着强度分布导致光束中心产生了折射率分布，在中心处有折射率最大值，随着远离中心，其折射率逐渐减小。展开指数并保留前两项，式(3.6.16)化为

$$n(x,y)=(n_0+n_{2E}\psi_0^2)-n_{2E}\psi_0^2 2(x^2+y^2)/w_0^2$$
$$\approx n_0-\frac{2n_{2E}\psi_0^2}{w_0^2}(x^2+y^2).$$

因为 $n_{2E}\psi_0^2 \ll n_0$，这在实际情况中也是正确的。现在取 $n(x,y)$ 的平方，于是有

$$n^2(x,y)\approx n_0^2-\frac{4n_0n_{2E}\psi_0^2}{w_0^2}(x^2+y^2). \tag{3.6.17}$$

由克尔效应引起的折射率分布与平方律介质进行比较，有

$$n^2(x,y)\approx n_0^2-n_2(x^2+y^2). \tag{3.6.18}$$

从中可以看到，克尔介质中的效应可以用平方律介质来模拟，至少在傍轴近似下是这样的。这里指出，平方律介质具有周期性聚焦的特性，其调制周期 z_{m} 可由式(3.5.4)给出，即

$$z_{\mathrm{m}}=\frac{\pi n_0}{\sqrt{n_2}}. \tag{3.6.19}$$

但通过比较方程式(3.6.17)和式(3.6.18)，有 $n_2=4n_0n_{2E}\psi_0^2/w_0^2$ 。因此，可以预测克尔介质的聚焦长度近似为

$$f_{\mathrm{NL}}=\frac{z_{\mathrm{m}}}{2}\approx\frac{\pi n_0}{2\sqrt{n_2}}=\frac{\pi}{4}\sqrt{\frac{n_0}{n_{2E}}}\frac{w_0}{\psi_0}, \tag{3.6.20}$$

式中，下标 NL 表示聚焦效应是由非线性现象引起的。因此，可以认为高斯光束聚焦后，其会聚光线(convergent ray)的会聚角(convergence angle)可由下式给出：

$$\theta_{\mathrm{NL}}\approx\frac{w_0}{f_{\mathrm{NL}}}=\frac{4}{\pi}\sqrt{\frac{n_{2E}}{n_0}}\psi_0. \tag{3.6.21}$$

现在，在没有任何非线性影响的情况下，光束因衍射而扩散。高斯光束的扩散角可由式(2.4.7)计算并给出，在折射率为 n_0 的介质中，其扩散角为

$$\theta_{\mathrm{sp}}=\frac{\lambda_0}{\pi w_0 n_0}. \tag{3.6.22}$$

因此，我们期望自聚焦可以与衍射相互影响。事实上，对于 $\theta_{\mathrm{NL}}=\theta_{\mathrm{sp}}$，自聚焦和衍射的影响将相互抵消，光束在传播时没有任何聚焦或散焦。正如前述指出的，这种现象称为自陷现象。实际上，第一阶模态(m=1)为一个自陷光束，如图 3.7 所示，由 Chiao 等(1964)首次计算得到。

这里，先估算自陷所需的功率，该功率称为临界功率(critical power) P_{cr}。由式 (2.2.34) 可知，这是振幅为 E_0 的平面波的功率密度方程，可写出沿 z 方向传播的高斯光束的功率密度为

$$<\boldsymbol{S}>=\frac{|\psi_0|^2}{2\eta}\exp(-2(x^2+y^2)/w_0^2)\boldsymbol{a}_z$$
$$=\frac{|\psi_0|^2}{2\eta}\exp(-2r^2/w_0^2)\boldsymbol{a}_z,$$

式中，η 为折射率为 n_0 的介质的特征阻抗。则光束的总功率为

$$P_0 = \int_0^\infty < \boldsymbol{S} > \cdot 2\pi r \, \mathrm{d} r \boldsymbol{a}_z$$
$$= \frac{n_0 \varepsilon_0 c \pi |\psi_0|^2 w_0^2}{4}. \tag{3.6.23}$$

为了求出临界功率，可以通过等式 $\theta_{\mathrm{NL}} = \theta_{\mathrm{sp}}$ 计算所需的场振幅

$$\psi_{0,\mathrm{cr}} = \frac{\lambda_0}{4 w_0 \sqrt{n_0 n_{2E}}}. \tag{3.6.24}$$

将式(3.6.24)代入式(3.6.23)，得到临界功率：

$$P_{\mathrm{cr}} = \frac{\pi c \varepsilon_0 \lambda_0^2}{64 n_{2E}}. \tag{3.6.25}$$

因此，对于 $P_0 = P_{\mathrm{cr}}$，有自陷现象。对于 $P_0 < P_{\mathrm{cr}}$，衍射占主导地位，光束发散。对于 $P_0 > P_{\mathrm{cr}}$，非线性效应占主导地位，光束产生自聚焦，并可能在自聚焦区域导致介质被击穿。然而，在某些情况下，高强度的激光束可能电离介质并产生电子等离子体，从而抵消自聚焦，将强度区域稳定为一个或多条细丝(Braun et al.，1995；Tzortzakis et al.，2001)。为了研究这种现象，通过简单添加包括其他效应的相关项来扩展非线性薛定谔方程，其他效应不只包括等离子体效应(Sun and Longtin，2004；Fibich et al.，2004)，还包括高阶非线性和双光子吸收(two-photon absorption)(Centurion et al.，2005)。但是，这些效应都超出了本书的研究范围。

现在，再回到式(3.6.25)，注意到 n_{2E} 的单位是 $(\mathrm{m/V})^2$，因为根据式(3.6.5)，ψ_{e} 的单位是 V/m。然而，在当前的文献中，式(3.6.5)可以等效为

$$n = n_0 + n_{2E} |\psi_{\mathrm{e}}|^2 = n_0 + n_{2I} I, \tag{3.6.26}$$

式中，I 为光束强度，单位是 $\mathrm{W/m^2}$ 或 $\mathrm{W/cm^2}$。为了建立 n_{2E} 和 n_{2I} 的联系，由式(2.2.36)可知，$I = \varepsilon u |\psi_{\mathrm{e}}|^2 / 2 = n_0 c \varepsilon_0 |\psi_{\mathrm{e}}|^2 / 2$，因此有

$$n_{2E} = \frac{1}{2} n_0 c \varepsilon_0 n_{2I}. \tag{3.6.27}$$

故将式(3.6.25)写为

$$P_{\mathrm{cr}} = \frac{\pi \lambda_0^2}{32 n_0 n_{2I}}. \tag{3.6.28}$$

表 3.3 列出了研究克尔效应常用材料的一些物理性质。

表 3.3　某些材料的物理特性

材料	$n_{2E}/(\mathrm{m/V})^2$	$n_{2I}/(\mathrm{cm^2/W})$
二硫化碳[Carbon disulfide(CS_2)]	$5.8\times10^{-20}(n_0=1.6)$	3×10^{-15}(a)
空气(1 标准大气压)	$6.1\times10^{-24}(n_0=1)$	5×10^{-19}(b)
氦气(1 标准大气压)	$4.3\times10^{-26}(n_0=1)$	3.5×10^{-21}(b)

(a) Ganeer et al. Appl. Phys. B，78，433.438 (2004).
(b) Lide D. R. (ed)，CRC Handbook of Chemistry and Physics，75th ed. (1994).

因此，根据式(3.6.28)，并利用表 3.3 可以估算出，对于波长为 0.6943μm 的红宝石激光器，液体 CS_2 的临界功率约为 98kW。此外还需注意，根据式(3.6.28)，长波辐射如无线电波可使临界功率更高，但过高的临界功率无法在实际中产生。

在本章结尾，给出使用光束传输法对一维高斯光束在克尔介质中传输的模拟。表 3.4 为生成这些图示的 m-文件。在程序中，使用束腰为 1μm 的高斯光束，如果选择 A=1，那么高斯光束的振幅对应 $P_0>P_{cr}$，产生周期性自聚焦。图 3.8(a)～图 3.8(c)是对这种现象进行 MATLAB 仿真的情况。在图 3.8(d)～图 3.8(f)中，选择 A=0.3，则对应 $P_0<P_{cr}$，这时很明显衍射占主导地位，并没有观察到自聚焦。请注意，在此 m-文件中，只是尝试利用光束传输法来说明克尔效应，使用的参数不一定对应实际的物理参数，因此 m-文件中的所有比例都是任意取的。

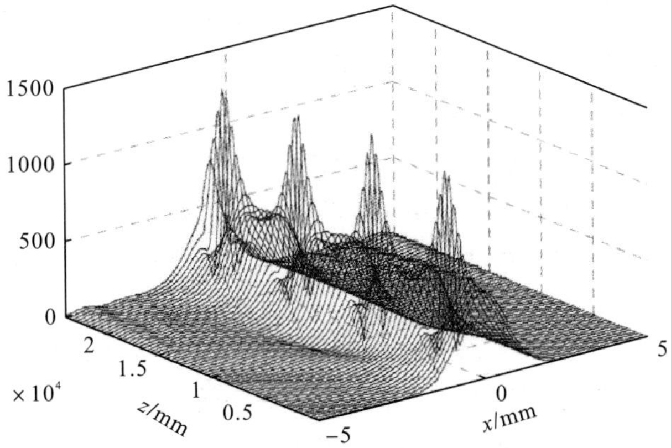

(a)A=1，沿z方向的光束轮廓

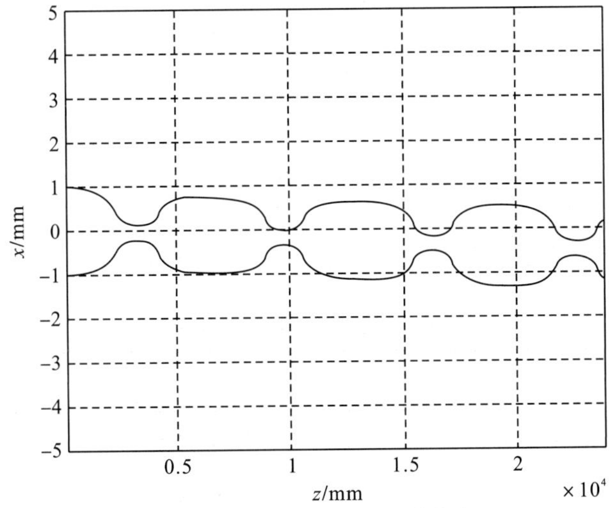

(b)A=1，沿z方向的光束宽度

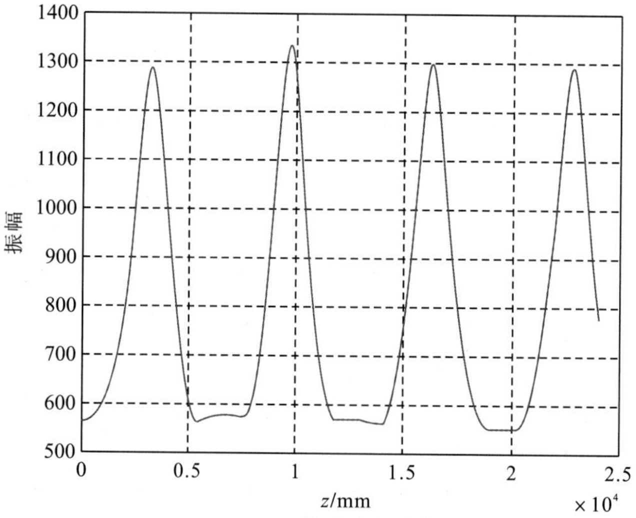

(c)A=1，沿z方向的峰值振幅

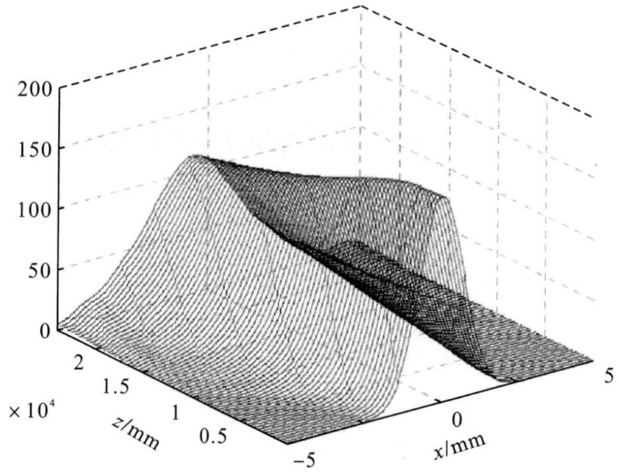

(d)A=0.3，沿z方向的光束轮廓

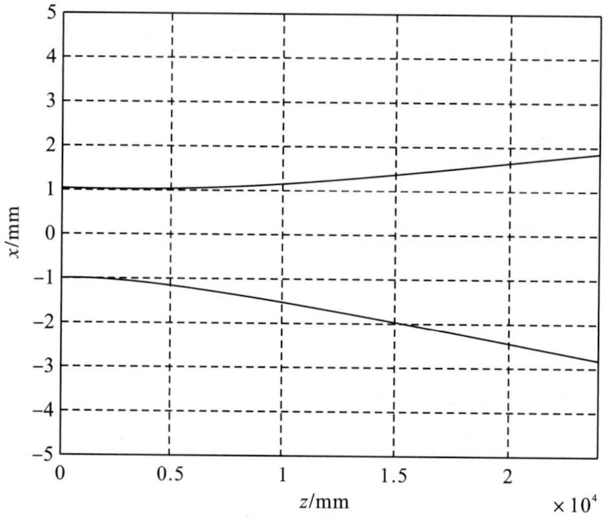

(e)A=0.3，沿z方向的光束宽度

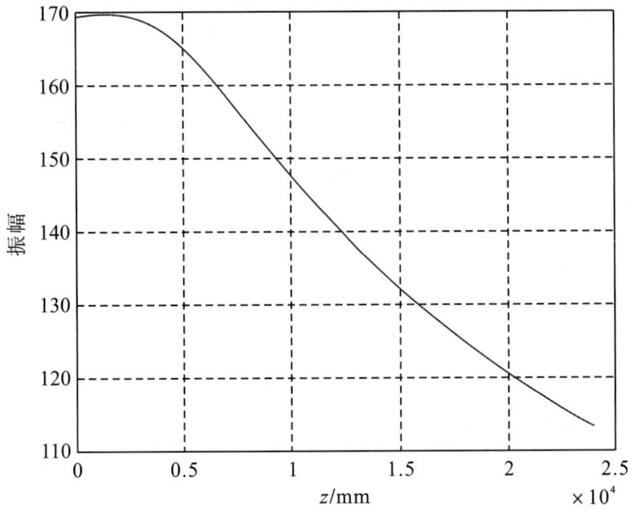

(f)A=0.3，沿z方向的峰值振幅

图 3.8　周期性自聚焦($P_0<P_{cr}$)

表 3.4　BPM_perioic_focusing.m (使用 BPM 模拟高斯光束在克尔介质中传输的 m-文件)

```
------------------------------------------------------------
%BPM_Kerr effect.m
%Suggested simulation parameters
% wo=1;
% dz=25
% Z=24000
clear
D=0.6;
n0=1.5;
n2=2*10^-13;  %proportional to Kerr constant
%Gaussian Beam
%N : sampling number
N=255;
L=10;  %length of background in [mm]
L=L*10^-3;
Ld=0.633;  %wavelength
Ld=(Ld/n0)*10^-6;
ko=(2*pi)/Ld;  %wavenumber in n0
wo=input('Waist of Beam in [mm] = ?');
wo=wo*10^-3;
dz=input('step size of z (dz) in [mm] = ?');
```

```
dz=dz*10^-3;
Z=input('destination of z in [mm] = ? ');
Z*10^-3;
% dx :  step size
dx=L/N;
for m=1: 256
%Space axis
x(m)=(m-1)*dx-L/2;

%Frequency axis
Kx(m)=(2*pi*(m-1))/(N*dx)-((2*pi*(256.1))/(N*dx))/2;
End

%Gaussian Beam in space domain
A=input('Choose Amplitude of Gaussian Beam:  1 for self-periodic
focusing,  0.3 for
diffraction dominance=');
  Gau_ini=A*(1/(wo*pi^0.5))*exp(-(x.^2)./(wo^2));
%Energy of the initial Gaussian beam
Energy_ini=dx*sum(abs(Gau_ini).^2)
%Free space transfer function of step propagation
H=exp(j/(2*ko)*dz*(Kx.^2));
%Iterative Loop
Gau=Gau_ini;
n1=0;
for z=0: dz: Z
n1=n1+1;
Zp(n1)=z+dz;
%Gaussian Beam in Frequency domain
FGau=fft(Gau);
%Propagated Gaussian beam in Frequency domain
FGau=FGau.*fftshift(H);
%Propagated Gaussian beam in space domain
Gau=ifft(FGau);
%S operator according to index profile of medium
S=-j*n2*ko*abs(Gau).^2;
%Step propagation through medium
Gau=Gau.*exp(S.*dz);
```

```
Gau_pro(: , n1)=Gau';
end

%Energy of the final propagated Gaussian beam
Energy_pro=dx*sum(abs(Gau).^2)

%axis in mm scale



x=x*10^3;
Zp=Zp*10^3;
MAX1=max(abs(Gau_ini));
MAX2=max(abs(Gau));
MAX=max([MAX1 MAX2]);

figure(1);
plot(x, abs(Gau_ini))
title('Initial Beam')
xlabel('x [mm]')
ylabel('Amplitude')
axis([min(x) max(x) 0 MAX])
axis square
grid on

figure(2);
plot(x, abs(Gau))
title('Propagated Beam')
xlabel('x [mm]')
ylabel('amplitude')
axis([min(x) max(x) 0 MAX])
axis square
grid on

figure(3)
for l=1: 15: n1
plot3(x', Zp(l)*ones(size(x')), abs(Gau_pro(: , l)))
hold on
end
```

```
grid on
axis([min(x) max(x) min(Zp) max(Zp)])
title('Beam profile along z')
xlabel('x [mm]')
ylabel('z [mm]')
hold off

figure(4)
A=max(abs(Gau_pro));
B=diag(1./A);
N_Gau_pro=abs(Gau_pro)*B;
contour(Zp, x, N_Gau_pro, [ exp(-1) exp(-1)], 'k')
grid on
title('Beam width along z')
xlabel('z [mm]')
ylabel('x [mm]')

figure(5)

plot(Zp, max(abs(Gau_pro)))
grid on
title('Peak amplitude along z')
xlabel('z [mm]')
ylabel('amplitude')
-----------------------------------------------------------------
```

习　　题

3.1　将式(3.2.11)和式(3.2.18)代入式(3.2.17)给出的 $K(x,y,x',y')$ 的定义中，验证式(3.2.19)。

3.2　证明：在平方律介质中，当 $w_0 = w_{00} = \sqrt{2}/\gamma$，即入射高斯光束宽度(Gaussian beam width)为 w_{00}，它仅激发与 z 无关的具有 $w(z)=w_0$ 的基模，光束以其光束宽度不变的方式传输。

3.3　将式(3.2.23)和式(3.2.19)代入式(3.2.17)，验证式(3.2.24)。

3.4　证明：当束腰为 w_0 的高斯光束在平方律介质中传输时，其宽度在 $w_0 \sim 2/w_0\gamma^2$ 振荡。当从 $z=0$ 处开始传输时，如果 $w_0 > w_{00}$，即该入射光的束腰比基模宽度大，则光束从 $w_0(>w_{00})$ 缩小到 $2/w_0\gamma^2(<w_{00})$，然后再放大到 w_0，表明其具有周期性聚焦和散

焦，这与习题 2.18 中几何光学的结果相对应。

3.5　式(3.2.1)中，当 $h \to \infty$ 时，平方律介质对应折射率为 n_0 的均匀介质，证明式（3.2.24）中高斯光束的束腰变为

$$w^2(z) = w_0^2 + \left(\frac{4}{w_0^2 k_0^2}\right) z^2.$$

上式表示高斯光束在折射率为 n_0 的均匀介质中传输时的扩展，如式(2.4.6b)所示。

3.6　求解式(3.6.11)，并证明式(3.6.12)为其一个解。为了证明该结论，利用替换 $y=\operatorname{sech}\theta$ 来简化该积分：

$$\int \frac{\mathrm{d}y}{y\sqrt{1-y^2}}.$$

3.7　从三次非线性介质的近轴波动方程出发，即利用式(3.6.7)，但限于 x 和 z 方向尺寸，证明在复包络 ψ_e 的传输过程中存在功率守恒(conservation of power)。为此假设 $\psi_e(x,z) = a(x,z)\exp[-\mathrm{j}\phi(x,z)]$，并证明

$$\int_{-\infty}^{\infty} a^2(x,z) = \text{常数}.$$

3.8　利用波长为 0.8 μm 的激光，求在一个大气压下空气中自聚焦的临界功率。

参 考 文 献

Agrawal, G. P.（1989）. *Nonlinear Fiber Optics*. Academic Press, New York.

Banerjee, A.（2004）. Nonlinear Optics： Theory, Numerical Modeling, and Applications, Marcel Dekker, Inc., New York.

Banerjee, P.P. and T.-C. Poon（1991）. *Principles of Applied Optics.* Irwin, Illinois.

Braun, A., G. Korn, X. Liu, D. Du, J. Squier, and G. Mourou（1995）. "Self-Channeling of High-Peak-Power Femtosecond Laser Pulses in Air," *Opt. Lett*. 20, pp. 73.75.

Centurion M., Y. Pu and D. Psaltis（2005）. "Self-organization of Spatial Solitons," *Optics Express*, 12, pp. 6202.6211.

Chiao R.Y., E. Garmire, and C. H. Townes（1964）. "Self-Trapping of Optical Beams," *Phys. Rev. Lett*., 13, pp. 479-482.

Fibich G., S. Eisenmann, B. Ilan, and A. Zigler（2004）. "Control of Multiple Filamentation in Air, " *Opt. Lett*., 29, pp. 1772.1774.

Ghatak, A.K. and K. Thyagarajan（1989）. *Optical Electronics*, Cambridge University Press, Cambridge.

Haus., H. A.,（1966）. "Higher Order Trapped Light Beam Solutions," *Appl.Phys. Lett.*, 8, pp. 128-129.

Haus, H.A.（1984）. *Waves and Fields in Optoelectronics.* Prentice-Hall, Inc.New Jersey.

Kelley, P.L.（1965）. "Self-Focusing of Optical Beams," *Phys. Rev. Lett*., 15, pp.1005.1008.

Korpel, A. and P.P. Banerjee（1984）. "A Heuristic Guide to Nonlinear Dispersive Wave Equations and Soliton-Type Solutions, "*Proc. IEEE*, 72, pp.1109-1130.

korpel, A., K.E. Lonngren, P.P. Banerjee, H.K. Sim, and M. R. Chatterjee（1986）. "Split-Step-Type Angular Plane-Wave Spectrum Method for the study of Self-Refractive Effects in Nonlinear Wave Propagation," *J. Opt. Soc. Am. B*, 3, pp. 885.890.

Marcuse, D.（1982）. *Light Transmission Optics.* Van Nostrand Reinhold Company, New York.

Poon T.-C. and P. P. Banerjee（2001）. *Contemporary Optical Image Processing with MATLAB®.* Elsevier, Oxford, UK.

Sodha, M.S. and A.K. Ghatak（1977）. *Inhomogeneous Optical Waveguides*. Plenum Press, New York.

Schiff, L. I. (1968). *Quantum Mechanics.* McGraw-Hill, New York.

Sun, J. and J.P. Longtin (2004). "Effects of a Gas Medium on Ultrafast Laser Beam Delivery and Materials Processing," *J. Opt. Soc. Am. B*, 21, pp. 1081.1088.

Tzortzakis, L. B., et al. (2001). "Breakup and Fusion of Self-Guided Femtosecond Light Pulses in Air," *Phys. Rev. Lett.*, 86, pp. 5470-5473.

Weiss, G. H. and A.A. Maradudin(1962). "The Baker-Hausdorff Formula and a Problem in Crystal Physics," *Journal of Mathematical Physics*, 3, pp. 771.777.

第4章 声 光 学

声光学(acousto-optics)研究的是声与光之间的相互作用。声光相互作用(acousto- optic interaction)的结果是光波可以被电信号调制，这为光学信息处理提供了强有力的手段。事实上，现代光学处理器和光学显示系统中的一些关键器件通常由一个或多个声光调制器组成。声光相互作用可能引起激光束偏转、激光强度调制、相位调制和激光频率的偏移。

4.1 定性描述及背景介绍

声光调制器(acousto-optic modulator，AOM)是一种由压电换能器和声介质(如玻璃或水)构成的空间光调制器(spatial light modulator)。通过压电换能器(piezoelectric transducer)的作用，电信号被转换为声介质中与由该电驱动的换能器带宽(band width)限制匹配的频率进行传播的声波(sound waves)。该声波中的压力会产生压缩和伸长的行波，反过来又会引起折射率的扰动。因此，可以认为图 4.1 的声光器件(acousto-optic cell)是有效栅线间距等于声介质中声波波长 Λ 的一个薄光栅(相位光栅)。相位光栅将入射光分为不同的衍射级次，可以证明该“声元件(sound cell)”中衍射光或散射光的方向由光栅方程(grating equation)决定，即

$$\sin\phi_m = \sin\phi_{\text{inc}} + m\frac{\lambda_0}{\Lambda},\ \ m = 0, \pm 1, \pm 2, \cdots. \tag{4.1.1}$$

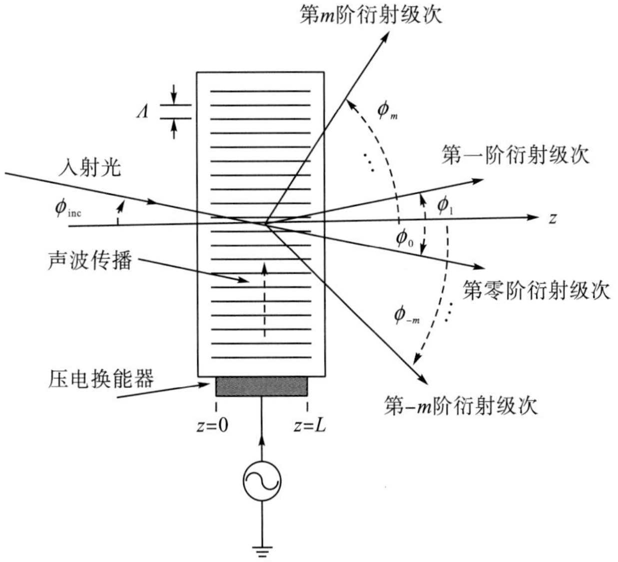

图 4.1 声光调制器

式中，ϕ_m 为第 m 阶衍射光的角度；ϕ_{inc} 为入射角；λ_0 为光波波长。这些量均在声介质中测量。

角度的规定是逆时针为正。由图 4.1 可以看出，相邻两个级次之间的角度是其布拉格角(Bragg angle) ϕ_{B} 的 2 倍：

$$\sin\phi_{\mathrm{B}} = \frac{\lambda_0}{2\Lambda} = \frac{K}{2k_0}. \tag{4.1.2}$$

式中，$k_0 = |\boldsymbol{k}_0| = 2\pi/\lambda_0$ 为声介质中光波的波数；$K = |\boldsymbol{K}| = 2\pi/\Lambda$ 为声波的波数。可以发现，在 0 级和 1 级之间测量的角度为 $\sim 2\phi_{\mathrm{B}}$，即 λ_0/Λ，如图 4.1 所示。当在声介质外部进行测量时，这些角度因受折射率为 n_0 的材料的声器件的折射而增加。本章所有图示均假设相关角度是在声元件内部测量所得。

因为声波为行波，即声行波，当发生多普勒效应(Doppler effect)时，其衍射光(除 0 级光外)的频率将被上移或下移声波频率的量。这里，通过声介质中声波波长 Λ (sound wavelength)和声速 V_{s}(sound velocity)之间的关系($\Lambda = 2\pi V_{\mathrm{s}}/\Omega$)可以看到，通过电子手段改变声(弧度)频率 Ω，就可以改变衍射光的传播方向。这一特性使声光调制器可以用作频谱分析仪(spectrum analyzer)和激光束扫描仪。实验室中的声波频率在 100kHz～3GHz，而这些声波频率实际上是人耳听不到的超声波(ultrasound wave)，介质中的声速范围是从水中的约 1 km/s 到晶体材料(如 $LiNbO_3$)中的约 6.5 km/s。

光栅方程举例

衍射光栅由大量宽度相同、中心间距为 d 的平行狭缝组成，其中 $N = 1/d$ 称为光栅常数(grating constant)，它是每单位长度的线对数。波长为 λ_0 的平面波以角度 ϕ_{inc} 入射到衍射光栅上，如图(a)所示，求其最大衍射的条件。

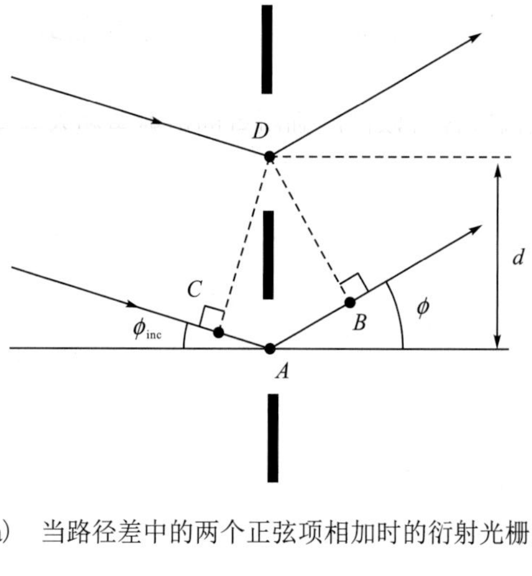

图(a)　当路径差中的两个正弦项相加时的衍射光栅问题

对于相长干涉，两条平行的衍射光线之间的路径差为 $m\lambda_0$，其中，$m = 1,2,\cdots$ 故为 $CA + AB = m\lambda_0$，即

$$d\sin\phi_{\rm inc} + d\sin\phi = m\lambda_0\ ,\tag{a}$$

上式也可以写为

$$\sin\phi_m = -\sin\phi_{\rm inc} + m\lambda_0 / d\ ,\tag{b}$$

式中，用 ϕ_m 代替 ϕ 以反映衍射角是 m 的函数。现在，求如图(b)所示情况下最大衍射的条件。同样，对于相长干涉，两条平行的衍射光线之间的路径差为 $DB - CA = m\lambda_0$，即

$$d\sin\phi - d\sin\phi_{\rm inc} = m\lambda_0\ ,\tag{c}$$

用 ϕ_m 替换 ϕ 后，则有

$$\sin\phi_m = \sin\phi_{\rm inc} + m\lambda_0 / d\ .\tag{d}$$

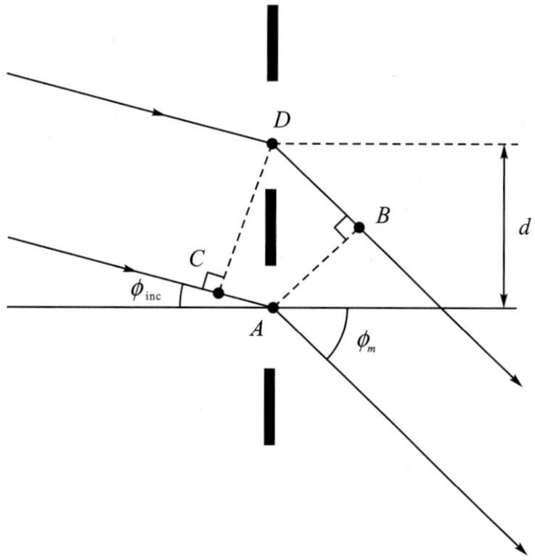

图(b)　当路径差中两个正弦项相减时的衍射光栅问题

从前面的例子可以看出，根据衍射光的方向，路径差中的两个正弦项可能相加或相减[式(a)和式(c)]。因此，在不同的情况下，相应的光栅方程[式(b)和式(d)]也带有不同的符号。

然而，由此导出的光栅方程可以推广到所有的衍射角和入射角，但需要对这些角度的符号进行定义，广义光栅方程可由下式给出：

$$\sin\phi_m = \sin\phi_{\rm inc} + m\lambda_0 / d,\ m = 0, \pm1, \pm2, \cdots.\tag{e}$$

所有角度皆从水平轴开始测量，如图(c)所示，角度的规定以逆时针为正。式中，m 为衍射极大值的级次，例如，在图(b)的几何图示中，$\phi_{\rm inc}<0$，$\phi = \phi_m<0$，m 为负。考虑 −1 级衍射级次，即取 $m = -1$，式(e)变为

$$\sin(-\phi_m) = \sin(-\phi_{\rm inc}) - \lambda_0 / d.$$

式中，当 $m = 1$ 时，即还原了式(d)。

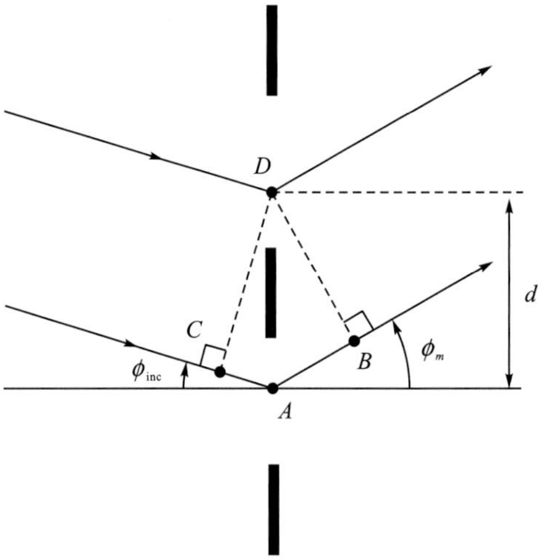

图(c) 由式(e)给出的广义光栅方程的规定(所有角度皆从水平轴开始测量)

==

声光相互作用的相位光栅法似乎过于简单，因为该方法并不能通过预测入射光的角度来进行高效转换，也不能解释为什么对于足够宽的换能器仅产生一个级次(即图4.1中的L很大)。另一种方法认为，声光相互作用是光子和声子的相互碰撞。为了使这些粒子有明确的动量和能量，必须假设光和声的单色平面波(monochromatic plane waves)有相互作用，也就是说换能器的宽度L要足够宽，从而可以产生单一频率的平面波前。碰撞过程中必须遵守两个守恒定律(conservation laws)，即能量守恒(conservation of energy)定律和动量守恒(conservation of momentum)定律。若将入射的光平面波、衍射或散射的平面光波及声介质中声平面波的传播矢量(称为波矢量)分别表示为$\boldsymbol{k}_0$、$\boldsymbol{k}_{+1}$和$\boldsymbol{K}$，如图4.2所示，那么动量守恒定律的条件可写为

$$\hbar\boldsymbol{k}_{+1}=\hbar\boldsymbol{k}_0+\hbar\boldsymbol{K},$$

式中，$\hbar=h/2\pi$，h为普朗克常数。上述方程两边同时除以$\hbar$，可得

$$\boldsymbol{k}_{+1}=\boldsymbol{k}_0+\boldsymbol{K}. \tag{4.1.3a}$$

相应的能量守恒定律的形式为(除以$\hbar$后)

$$\omega_{+1}=\omega_0+\Omega, \tag{4.1.3b}$$

式中，ω_0、Ω和ω_{+1}分别为入射光波、声波和散射光波的(弧度)频率。由式(4.1.3)描述的相互作用称为上移相互作用(upshifted interaction)。图 4.2(a)为波矢图(wave vector diagram)，而图4.2(b)描述了频率上移的衍射光。因为对于所有实际情况$|\boldsymbol{K}|\ll|\boldsymbol{k}_0|$，$\boldsymbol{k}_{+1}$基本上等于$\boldsymbol{k}_0$，因此图4.2(a)波矢量的动量三角形几乎是等腰的。

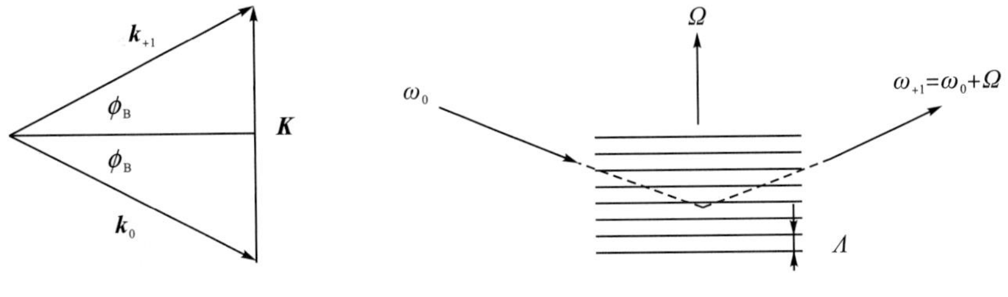

(a)波矢图　(b)实验结构

图 4.2　频率上移相互作用

现在假设改变入射光和衍射光的方向，如图 4.3 所示，则可将守恒定律再次应用到类似于式(4.1.3a)和式(4.1.3b)中，这两个描述相互作用的方程为

$$\boldsymbol{k}_{-1}=\boldsymbol{k}_0-\boldsymbol{K}\,, \tag{4.1.4a}$$

和

$$\omega_{-1}=\omega_0-\Omega\,, \tag{4.1.4b}$$

式中，左侧的下标−1 表示其相互作用为下移。

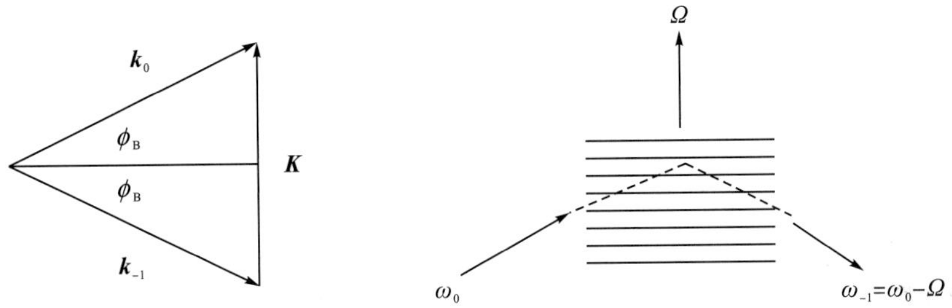

(a)波矢图　(b)实验结构

图 4.3　频率下移相互作用

式(4.1.3)和式(4.1.4)中隐藏了一些有趣的物理现象。可以证明，式(4.1.3)表示声子吸收(phonon absorption)，而式(4.1.4)表示受激声子发射(stimulated phonon emission)。的确，声波的衰减(attenuation)和放大(amplification)已经在这些情况下得到了实验证明(Korpel et al.，1964)。

可以看出，在两种相互作用情况下的波矢图[图 4.2(a)和图 4.3(a)]一定是闭合的。由闭合图可知，声介质中平面声波和平面光波的相互作用存在一定的临界入射角($\phi_{\text{inc}}=\pm\phi_B$)，同时，入射光和散射光的方向相差$2\phi_B$。实际上，即使入射光的方向不完全是布拉格角，也会发生散射。然而，最大的散射强度发生在布拉格角处，原因是没有精确的平面波波前；当声波传播进介质时，声波就散开了，随着换能器宽度 L 的减小，声柱将变得越来越不像单一的平面波，所以实际上考虑一个平面波角谱(angular plane-wave spectrum)更合适。对于一个宽度为 L 的换能器，根据衍射可知，声波角度展开$\pm\Lambda/L$。

参考图 4.4，考虑上移相互作用的情况。从图中可以看到，由于声波的传播，$\boldsymbol{K}$ 矢量通过角度$\pm\Lambda/L$定向。为了只产生一个衍射级次的光(即 $\boldsymbol{k}_{+1}$)，很明显从图中可以看出，

需要加上条件

$$\frac{\lambda_0}{\Lambda} \gg \frac{\Lambda}{L},$$

或

$$L \gg \Lambda^2 / \lambda_0. \tag{4.1.5}$$

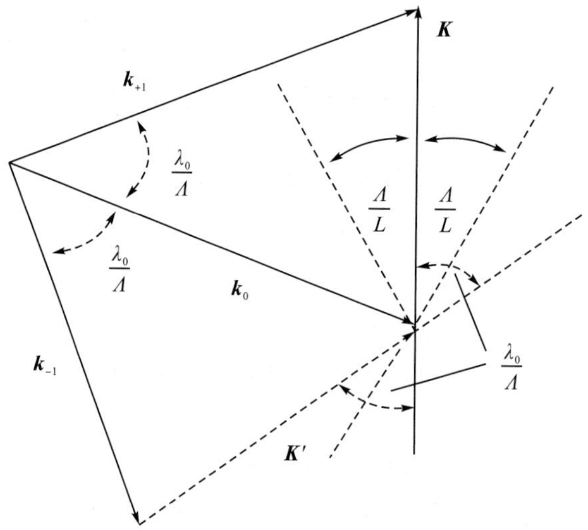

图 4.4 布拉格条件定义的波矢图

对于要产生的 $\boldsymbol{k}_{-1}$，一个相关的声波矢量必须沿 $\boldsymbol{K'}$ 方向。然而，如果满足式(4.1.5)的条件，则要么不存在，要么存在的数量在声波角谱(angular spectrun)中可以忽略(即下移的波矢量三角形不能完成)。如果 L 满足式(4.1.5)，那么该声光调制器是在布拉格条件(Bragg regime)下工作的，该器件通常称为布拉格信元(Bragg cell)。

在 L 足够短的情况下，有散射(衍射)的第二种体系，即拉曼-奈斯(或德拜-西尔斯)衍射[Raman-Nath(or Debye-Sears) diffraction]，其条件为

$$L \ll \Lambda^2 / \lambda_0, \tag{4.1.6}$$

由此定义了拉曼-奈斯条件(Raman-Nath regime)。在拉曼-奈斯衍射中，由于小孔径换能器提供了不同方向的声平面波，故 $\boldsymbol{k}_{+1}$ 和 $\boldsymbol{k}_{-1}$ (即±1 级散射光)是同时产生的。

到目前为止，只考虑了声波和入射光波之间的弱相互作用(weak interaction)，而忽略了散射光波和声波之间的相互作用。事实上，散射光场可能会和声波场再次产生更高级次的衍射光，这种再散射过程即强相互作用(strong interaction)(在布拉格条件下，对于强相互作用，散射光 $\boldsymbol{k}_{+1}$ 可能重新散射进零级光)。在拉曼-奈斯条件下，因为有不同角度的声平面波，所以会产生所对应的光散射，即多个级次的衍射。再次散射产生多级衍射的原理如图 4.5 所示。$\boldsymbol{k}_{+1}$ 是由 $\boldsymbol{K}_{+1}$ 通过 $\boldsymbol{k}_0$ 衍射产生的，$\boldsymbol{k}_{+2}$ 是由 $\boldsymbol{K}_{+2}$ 通过 $\boldsymbol{k}_{+1}$ 衍射产生的，以此类推，其中 $\boldsymbol{K}_{\pm p}$ $(p=0,\pm1,\pm2,\cdots)$ 为声平面波频谱的适当分量。同样，能量守恒定律要求有式 $\omega_m=\omega_0\pm m\Omega$，其中，$\omega_m$ 为第 m 级散射光的频率。

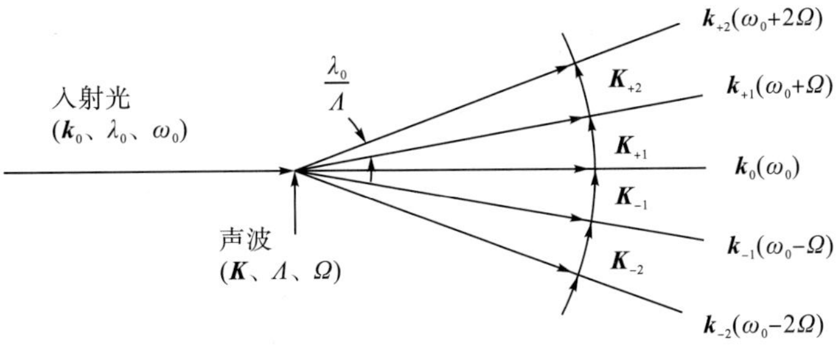

图 4.5　拉曼-奈斯条件下的多个散射

4.2　声光效应：一般形式

光场 $\boldsymbol{E}_0(\boldsymbol{R},t)$ 和声场 $S(\boldsymbol{R},t)$ 的相互作用通常可以用麦克斯韦方程组[式(2.1.1)～式(2.1.4)]描述，若其相互作用发生在光学非均匀且非磁性的各向同性介质中，磁导率为 μ_0 且介电常数为 $\tilde{\varepsilon}(\boldsymbol{R},t)$，这时当一个无源场入射到该具有时变介电常数的介质中时，其时变介电常数可以写为

$$\tilde{\varepsilon}(\boldsymbol{R},t)=\varepsilon+\varepsilon'(\boldsymbol{R},t), \tag{4.2.1}$$

式中，$\varepsilon'(\boldsymbol{R},t)=\varepsilon CS(\boldsymbol{R},t)$，即与声场振幅 $S(\boldsymbol{R},t)$ 成正比，其中，C 为比例常数，由介质决定。由此可以看出，$\varepsilon'(\boldsymbol{R},t)$ 代表声场的作用。下面的分析与 Korpel(1972)的结论密切相关。

若入射光场 $\boldsymbol{E}_{\text{inc}}(\boldsymbol{R},t)$ 满足麦克斯韦方程组，其中，$\rho_v=0$ 且 $\boldsymbol{J}=0$。当声场与 $\boldsymbol{E}_{\text{inc}}(\boldsymbol{R},t)$ 相互作用时，则声介质中的总光场 $\boldsymbol{E}(\boldsymbol{R},t)$ 和 $\boldsymbol{H}(\boldsymbol{R},t)$ 也一定满足麦克斯韦方程组，可重写为

$$\nabla\times\boldsymbol{E}(\boldsymbol{R},t)=-\mu_0\frac{\partial\boldsymbol{H}(\boldsymbol{R},t)}{\partial t}, \tag{4.2.2}$$

$$\nabla\times\boldsymbol{H}(\boldsymbol{R},t)=\frac{\partial}{\partial t}\left[\tilde{\varepsilon}(\boldsymbol{R},t)\boldsymbol{E}(\boldsymbol{R},t)\right], \tag{4.2.3}$$

$$\nabla\cdot\left[\tilde{\varepsilon}(\boldsymbol{R},t)\boldsymbol{E}(\boldsymbol{R},t)\right]=0, \tag{4.2.4}$$

$$\nabla\cdot\boldsymbol{H}(\boldsymbol{R},t)=0. \tag{4.2.5}$$

将式(4.2.2)的旋度代入式(4.2.3)，则 $\boldsymbol{E}(\boldsymbol{R},t)$ 变为

$$\begin{aligned}\nabla\times\nabla\times\boldsymbol{E}(\boldsymbol{R},t)&=\nabla(\nabla\cdot\boldsymbol{E})-\nabla^2\boldsymbol{E}\\&=-\mu_0\frac{\partial^2}{\partial t^2}[\tilde{\varepsilon}(\boldsymbol{R},t)\boldsymbol{E}(\boldsymbol{R},t)].\end{aligned} \tag{4.2.6}$$

由式(4.2.4)可得

$$\nabla\cdot\tilde{\varepsilon}\boldsymbol{E}=\tilde{\varepsilon}\nabla\cdot\boldsymbol{E}+\boldsymbol{E}\cdot\nabla\tilde{\varepsilon}=0. \tag{4.2.7}$$

假定二维(x-z)声场 $\boldsymbol{E}(\boldsymbol{R},t)$ 具有沿 y 方向的极化，即 $\boldsymbol{E}(\boldsymbol{r},t)=E(\boldsymbol{r},t)\boldsymbol{a}_y$，则容易证明 $\boldsymbol{E}\cdot\nabla\tilde{\varepsilon}=0$。因此，式(4.2.6)可以简化为

$$\nabla^2E(\boldsymbol{r},t)=\mu_0\frac{\partial^2}{\partial t^2}[\tilde{\varepsilon}(\boldsymbol{r},t)E(\boldsymbol{r},t)], \tag{4.2.8}$$

式中，$\boldsymbol{r}$ 为 x-z 平面的位置向量。将式(4.2.8)右侧重新写为

$$\mu_0\left[E\frac{\partial^2\tilde{\varepsilon}}{\partial t^2}+2\frac{\partial E}{\partial t}\frac{\partial\tilde{\varepsilon}}{\partial t}+\tilde{\varepsilon}\frac{\partial^2 E}{\partial t^2}\right]. \tag{4.2.9}$$

由于 $\tilde{\varepsilon}(\boldsymbol{r},t)$ 的时间变化比 $E(\boldsymbol{r},t)$ 慢得多，即声频比光频低得多，只保留式(4.2.9)的最后一项，利用式(4.2.1)和式(4.2.8)，可得

$$\nabla^2 E(\boldsymbol{r},t)-\mu_0\varepsilon\frac{\partial^2 E(\boldsymbol{r},t)}{\partial t^2}=\mu_0\varepsilon'(\boldsymbol{r},t)\frac{\partial^2 E(\boldsymbol{r},t)}{\partial t^2}. \tag{4.2.10}$$

式(4.2.10)即声光中常用于研究强相互作用的标量波动方程。

在入射光波和声波中引入谐波形式

$$E_{\text{inc}}(\boldsymbol{r},t)=\text{Re}\left(E_{\text{inc}}(\boldsymbol{r})\text{e}^{\text{j}\omega_0 t}\right)=\frac{1}{2}E_{\text{inc}}(\boldsymbol{r})\text{e}^{\text{j}\omega_0 t}+c.c., \tag{4.2.11}$$

和

$$\frac{\varepsilon'(\boldsymbol{r},t)}{\varepsilon}=\text{Re}\left(CS(\boldsymbol{r})\text{e}^{\text{j}\Omega t}\right)=\frac{1}{2}CS(\boldsymbol{r})\text{e}^{\text{j}\Omega t}+c.c., \tag{4.2.12}$$

式中，$c.c.$ 表示复共轭(complex conjugate)。从中可以看出，上式中的 $E_{\text{inc}}(\boldsymbol{r})$ 和 $S(\boldsymbol{r})$ 为相量。由于谐波场的存在，其相互作用会产生频率混叠，这点从式(4.2.10)右侧也可以看出。因此，可以将总场 $E(\boldsymbol{r},t)$ 转换为以下形式：

$$E(\boldsymbol{r},t)=\frac{1}{2}\sum_{m=-\infty}^{\infty}E_m(\boldsymbol{r})\text{e}^{\text{j}(\omega_0+m\Omega)t}+c.c.. \tag{4.2.13}$$

将式(4.2.11)～式(4.2.13)代入式(4.2.10)，并假设 $\Omega\ll\omega_0$。经过直接计算，可以得到如下无限耦合-微分方程：

$$\nabla^2 E_m(\boldsymbol{r})+k_0^2E_m(\boldsymbol{r})+\frac{1}{2}k_0^2CS(\boldsymbol{r})E_{m-1}(\boldsymbol{r})+\frac{1}{2}k_0^2CS^*(\boldsymbol{r})E_{m+1}(\boldsymbol{r})=0, \tag{4.2.14}$$

式中，$k_0=\omega_0\sqrt{\mu_0\varepsilon}$ 为光在介质中的传播常数；*号为复共轭。从中可以看出，$E_m(\boldsymbol{r})$ 为第 m 阶光在频率 $\omega_0+m\Omega$ 处的相量幅值。

4.3 拉曼-奈斯方程

现在考虑一个传统的相互作用结构，如图 4.6 所示。均匀声波一般使用有限宽度 L，并沿 x 方向传播，此时声波相量表示为

$$S(\boldsymbol{r})=S(x,z)=A\text{e}^{-\text{j}Kx}, \tag{4.3.1}$$

式中，A 一般为复数。实际上，$A=|A|\text{e}^{\text{j}\theta}$。从式(4.2.12)可以发现，$\varepsilon'(\boldsymbol{r},t)\sim C|A|\cos(\Omega t-Kx+\theta)$，它表示沿 x 方向传播的声平面波，如图 4.6 所示，入射的光平面波可以表示为

$$E_{\text{inc}}(\boldsymbol{r})=\psi_{\text{inc}}\exp\left(-\text{j}k_0z\cos\phi_{\text{inc}}-\text{j}k_0x\sin\phi_{\text{inc}}\right), \tag{4.3.2}$$

式中，ϕ_{inc} 为入射角度，如图 4.6 所示，$E_m(\boldsymbol{r})$ 的解可以写为以下形式：

$$E_m(\boldsymbol{r})=E_m(x,y)=\psi_m\exp\left(-\text{j}k_0z\cos\phi_m-\text{j}k_0x\sin\phi_m\right), \tag{4.3.3}$$

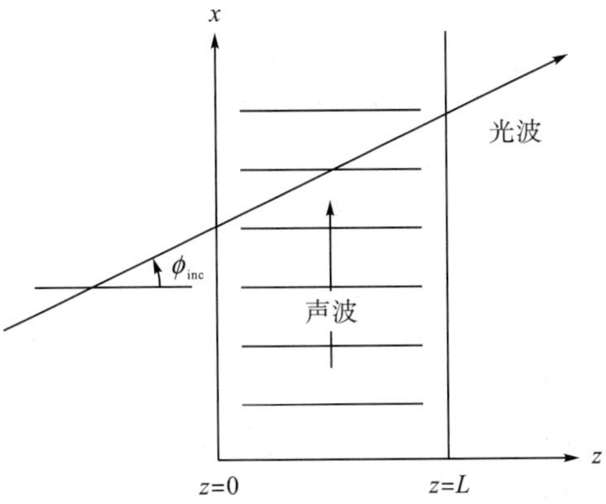

图 4.6　传统尖锐边界相互作用结构（boundary interaction configuration）

ϕ_m 的选择可由式(4.1.1)给出，即

$$\sin\phi_m = \sin\phi_{inc} + m\lambda_0 / \Lambda = \sin\phi_{inc} + mK / k_0. \tag{4.3.4}$$

将式(4.3.1)、式(4.3.3)和式(4.3.4)代入式(4.2.14)，经过代数运算可得

$$\begin{aligned}&\frac{\partial^2\psi_m}{\partial x^2} - 2\,\mathrm{j}k_0\sin\phi_m\frac{\partial\psi_m}{\partial x} - 2\,\mathrm{j}k_0\cos\phi_m\frac{\partial\psi_m}{\partial z}\\&+\frac{1}{2}k_0^2CA^*\psi_{m+1}\exp\left(-\mathrm{j}k_0z\left(\cos\phi_{m+1}-\cos\phi_m\right)\right)\\&+\frac{1}{2}k_0^2CA\psi_{m-1}\exp\left(-\mathrm{j}k_0z\left(\cos\phi_{m-1}-\cos\phi_m\right)\right)=0.\end{aligned} \tag{4.3.5}$$

在推导式(4.3.5)时，仍假设 ψ_m 是 z 的慢变函数，因此在一个光波长内，$\partial\psi_m / \partial z$ 没有明显变化，故相比 $\left(2\,\mathrm{j}k_0\cos\phi_m\right)\partial\psi_m / \partial z$，$\partial^2\psi_m / \partial z^2$ 可以被忽略。另外根据物理知识，这里使用了 $\omega_0 \gg m\Omega$。

式(4.3.5)的物理意义可以理解为：①z 方向第 m 阶散射光(等式左侧第三项)的演化会耦合进其相邻阶中(即第 $m+1$ 和第 $m-1$ 阶中，等式左侧最后两项)；②等式左侧第一项主要描述衍射；③等式左侧第二项仅是第 m 阶光在稍偏离 z 方向上传播时的效应。

通常，若换能器的宽度 L 不是太大，则传播的衍射影响可以忽略。同样，由于 ϕ_m 很小(若 $\phi_{inc} \ll 1$)，则可以假定 $\psi_m(z,x) \approx \psi_m(z)$。因此，式(4.3.5)化为

$$\begin{aligned}\frac{\mathrm{d}\psi_m}{\mathrm{d}z} =& -\mathrm{j}\frac{k_0CA}{4\cos\phi_m}\psi_{m-1}\exp\left(-\mathrm{j}k_0z\left(\cos\phi_{m-1}-\cos\phi_m\right)\right)\\&-\mathrm{j}\frac{k_0CA^*}{4\cos\phi_m}\psi_{m+1}\exp\left(-\mathrm{j}k_0z\left(\cos\phi_{m+1}-\cos\phi_m\right)\right),\end{aligned} \tag{4.3.6}$$

该式能通过边界条件进行求解，即

$$\psi_m = \psi_{inc}\delta_{m0}, \quad z \leqslant 0, \tag{4.3.7}$$

式中，δ_{m0} 为克罗内克 δ 函数(Kronecker delta function)。式(4.3.6)是著名的拉曼-奈斯方程(Raman-Nath equations，Raman and Nath，1935)的一种变体。

式(4.3.6)的物理解释为：在相互作用的两个相邻级次之间存在相互耦合，即 ψ_m 由 ψ_{m-1} 和 ψ_{m+1} 决定。然而，其贡献的相位随 z 变化且具有自变量 $k_0z\left(\cos\phi_{m-1}-\cos\phi_m\right)$ 和 $k_0z\left(\cos\phi_{m+1}-\cos\phi_m\right)$ 的指数，表示在耦合过程中缺少相位的同步。一般情况下，这种相位

同步的缺失几乎不会产生相互作用，但有两种实验构型会产生强相位同步。第一种构型是其相互作用长度L足够短，以至于其相位失配的累积程度很小，这种称为拉曼-奈斯条件或德拜-西尔斯条件(Debye-Sears regime)，其特点是同时产生多个衍射级次，如图 4.5 所示。第二种构型称为布拉格条件(Bragg regime)，在 0 级和−1 级之间或 0 级和+1 级之间存在相位同步。在下面的章节中将讨论这两种结构。

4.4 当代方法

本节重新将拉曼-奈斯方程[式(4.3.6)]表述为 Korpel 和 Poon(1980)在其对声光技术研究中广泛使用的一组方程。

将CA的第一项与声光器件中折射率的变化$\Delta n(\boldsymbol{r},t)$联系起来。由于

$$\begin{aligned}\tilde{\varepsilon}(\boldsymbol{r},t)&=\varepsilon_0 n^2(\boldsymbol{r},t)\\&=\varepsilon_0\left[n_0+\Delta n(\boldsymbol{r},t)\right]^2\\&\cong\varepsilon_0 n_0^2\left[1+\frac{2\Delta n(\boldsymbol{r},t)}{n_0}\right],\end{aligned}\tag{4.4.1}$$

将式(4.4.1)与式(4.2.1)进行比较，可得

$$CS(\boldsymbol{r},t)=\frac{2\Delta n(\boldsymbol{r},t)}{n_0}$$

或

$$C|S|=C|A|=2(\Delta n)_{\max},$$

式中，$(\Delta n)_{\max}$为假定$\Delta n(\boldsymbol{r},t)$谐波变化的峰值幅值。设$A$为非负实数，即$A=|A|$，则$k_0CAL/2=k_0CA^*L/2$可写为

$$\frac{k_0C|A|L}{2}=\left(\frac{k_0}{n_0}\right)(\Delta n)_{\max}L=\alpha,\tag{4.4.2}$$

式中，α为光通过声介质的峰值相位延迟(peak phase delay)。

假设K/k_0的值较小，利用式(4.3.4)，可以将式(4.3.6)中的相位非同步项$k_0z(\cos\phi_{m-1}-\cos\phi_m)$和$k_0z(\cos\phi_{m+1}-\cos\phi_m)$展开为幂级数，即

$$\begin{aligned}&k_0z(\cos\phi_{m-1}-\cos\phi_m)\\&=k_0z\left[\left(\frac{K}{k_0}\right)\sin\phi_{\text{inc}}+\left(m-\frac{1}{2}\right)\left(\frac{K}{k_0}\right)^2+\cdots\right],\end{aligned}\tag{4.4.3}$$

和

$$k_0z(\cos\phi_{m+1}-\cos\phi_m)=k_0z\left[-\left(\frac{K}{k_0}\right)\sin\phi_{\text{inc}}-\left(m+\frac{1}{2}\right)\left(\frac{K}{k_0}\right)^2+\cdots\right].\tag{4.4.4}$$

现在来定义$\xi=z/L$，这是声光器件中的归一化距离，$\xi=1$为该器件的出射面。这里再定义一个更重要的变量，即声光中的Q参数或 Klein-Cook 参数(Klein and Cook，1967)：

$$Q=\frac{K^2L}{k_0}=2\pi L\frac{\lambda_0}{\Lambda^2}. \tag{4.4.5}$$

最后，通过保留式(4.4.2)、式(4.4.3)和式(4.4.4)的前两项，并利用式(4.4.5)，可重新将式(4.3.6)写为

$$\frac{\mathrm{d}\psi_m}{\mathrm{d}\xi}=-\mathrm{j}\frac{\alpha}{2}\mathrm{e}^{-\mathrm{j}\frac{1}{2}Q\xi\left[\frac{\phi_{\text{inc}}}{\phi_{\text{B}}}+(2m-1)\right]}\psi_{m-1}-\mathrm{j}\frac{\alpha}{2}\mathrm{e}^{\mathrm{j}\frac{1}{2}Q\xi\left[\frac{\phi_{\text{inc}}}{\phi_{\text{B}}}+(2m+1)\right]}\psi_{m+1}, \tag{4.4.6}$$

其中，由式(4.3.7)可知，当 $\xi=0$ 时，$\psi_m=\psi_{\text{inc}}\delta_{m0}$。在写上述方程时，进行了小角度近似(small angle approximation)，即 $\sin\theta\approx\theta,\cos\theta\approx 1$ 或 $\phi_m\ll 1$。式(4.4.6)为一般平面波多重散射理论的特例，被称为 Korpel- Poon 多重平面波散射理论(Korpel and Poon，1980；Appel and Somekh，1993)，它适用于任意声场，而不仅限于此处考虑的声柱。下面使用科佩尔-潘方程(Korpel-Poon equations) (Poon and Kim，2005)研究两种重要的常规实验构型(拉曼-奈斯条件和布拉格条件)。

4.5 拉曼-奈斯条件

正如式(4.1.6)所述，拉曼-奈斯条件由 $L\ll\frac{\Lambda^2}{\lambda_0}$ 条件定义。利用式(4.4.5)将该条件用 Q 来表示，则 $Q\ll 1$。通过这一准则可以看出，若 $mQ\ll 1$，则式(4.4.6)中指数项包含 $(m-1/2)Q$ 和 $(m+1/2)Q$ 的相位项可以忽略。实际上，条件 $Q\ll 1$ 越严格，考虑的衍射级次 (m) 就越多。因此，对于斜入射 $(\phi_{\text{inc}}\neq 0)$ 的情况，式(4.4.6)化为

$$\frac{\mathrm{d}\psi_m}{\mathrm{d}\xi}=-\mathrm{j}\frac{\alpha}{2}\mathrm{e}^{-\mathrm{j}\frac{1}{2}Q\xi\frac{\phi_{\text{inc}}}{\phi_{\text{B}}}}\psi_{m-1}-\mathrm{j}\frac{\alpha}{2}\mathrm{e}^{\mathrm{j}\frac{1}{2}Q\xi\frac{\phi_{\text{inc}}}{\phi_{\text{B}}}}\psi_{m+1}. \tag{4.5.1}$$

对于垂直入射 $(\phi_{\text{inc}}=0)$ 的情况，这是过去最初考虑的一种情况，此时式(4.5.1)化为

$$\frac{\mathrm{d}\psi_m}{\mathrm{d}\xi}=-\mathrm{j}\frac{\alpha}{2}\left(\psi_{m-1}+\psi_{m+1}\right). \tag{4.5.2}$$

现在回想一下贝塞尔函数的递归关系，即

$$\frac{\mathrm{d}J_m(x)}{\mathrm{d}x}=\frac{1}{2}\left[J_{m-1}(x)-J_{m+1}(x)\right]. \tag{4.5.3}$$

然后，写出 $\psi_m=(-\mathrm{j})^m\psi'_m$，其中，$\psi'_m=J_m(\alpha\xi)$。从中可以知道，当 $\xi=0$ 时，有 $\psi_m=\psi_{\text{inc}}\delta_{m0}$，则各散射级次的振幅为

$$\psi_m=(-\mathrm{j})^m\psi_{\text{inc}}J_m(\alpha\xi). \tag{4.5.4}$$

式(4.5.4)就是有名的拉曼-奈斯解。贝塞尔函数有几个重要的性质，即

(1) $J_m(x)$ 是实函数；

(2) 当 m 为偶数时，$J_m(x)=J_{-m}(x)$；

(3) 当 m 为奇数时，$J_m(x)=-J_{-m}(x)$；

(4) $\sum_{m=-\infty}^{\infty}J_m^2(x)=1$。

利用性质(4)可以证明在声柱的出射位置处，即$\xi=1$，衍射光的所有强度之和等于入射光的强度，即

$$\sum_{m=-\infty}^{\infty} I_m = \sum_{m=-\infty}^{\infty} |\psi_m|^2 = |\psi_{\text{inc}}|^2 \sum_{m=-\infty}^{\infty} J_m^2(\alpha) = |\psi_{\text{inc}}|^2 = I_{\text{inc}}$$

上述方程满足能量守恒定律。

4.6 布拉格条件

理想布拉格衍射(Bragg diffraction)的特点是产生两个散射级次。对于下移相互作用$(\phi_{\text{inc}}=\phi_{\text{B}})$，有衍射级次 0 级和−1 级，而对于上移相互作用$(\phi_{\text{inc}}=-\phi_{\text{B}})$，则有衍射级次 0 级和+1 级。根据式(4.4.6)，由耦合方程

$$\frac{\mathrm{d}\psi_0}{\mathrm{d}\xi} = -\mathrm{j}\frac{\alpha}{2}\psi_{-1}, \tag{4.6.1}$$

和

$$\frac{\mathrm{d}\psi_{-1}}{\mathrm{d}\xi} = -\mathrm{j}\frac{\alpha}{2}\psi_0 \tag{4.6.2}$$

来描述下移相互作用。

同样，由耦合方程

$$\frac{\mathrm{d}\psi_0}{\mathrm{d}\xi} = -\mathrm{j}\frac{\alpha}{2}\psi_1, \tag{4.6.3}$$

和

$$\frac{\mathrm{d}\psi_1}{\mathrm{d}\xi} = -\mathrm{j}\frac{\alpha}{2}\psi_0 \tag{4.6.4}$$

来描述上移相互作用。

从物理上可以看出，如在下移相互作用中，根据式(4.3.6)，有

$$\frac{\mathrm{d}\psi_0}{\mathrm{d}z} = \frac{-\mathrm{j}k_0CA}{4\cos\phi_0}\psi_{-1}\exp\left(-\mathrm{j}k_0z\left(\cos\phi_{-1}-\cos\phi_0\right)\right) \tag{4.6.5}$$

和

$$\frac{\mathrm{d}\psi_{-1}}{\mathrm{d}z} = \frac{-\mathrm{j}k_0CA^*}{4\cos\phi_{-1}}\psi_0\exp\left(+\mathrm{j}k_0z\left(\cos\phi_{-1}-\cos\phi_0\right)\right). \tag{4.6.6}$$

当$\phi_{-1}=-\phi_0$，$\cos\phi_{-1}=\cos\phi_0$时，0 级和−1 级之间存在相位同步，参考图 4.7(a)，此时有$\phi_0=\phi_{\text{B}}=\phi_{\text{inc}}$和$\phi_{-1}=-\phi_{\text{B}}=-\phi_{\text{inc}}$。因此，0 级和−1 级相对于声波波前(sound wavefront)对称传播。在此条件下，式(4.6.5)和式(4.6.6)分别为式(4.6.1)和式(4.6.2)。同样，对于如图 4.7(b)所示的上移相互作用的情况，也可以得到类似结论。

考虑式(4.3.7)的边界条件，则式(4.6.1)和式(4.6.4)的解

$$\psi_0 = \psi_{\text{inc}}\cos\left(\alpha\xi/2\right), \tag{4.6.7a}$$

$$\psi_{-1} = -\mathrm{j}\psi_{\text{inc}}\sin\left(\alpha\xi/2\right) \tag{4.6.7b}$$

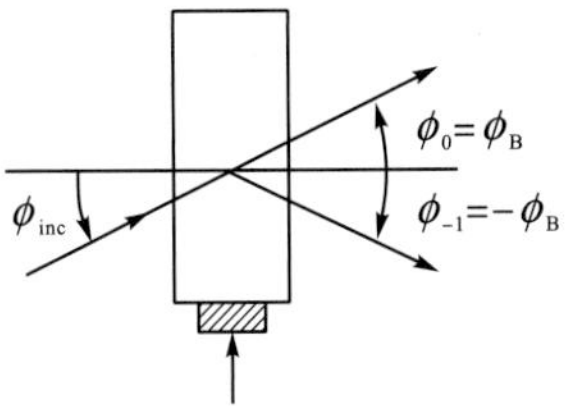

(a)下移布拉格衍射

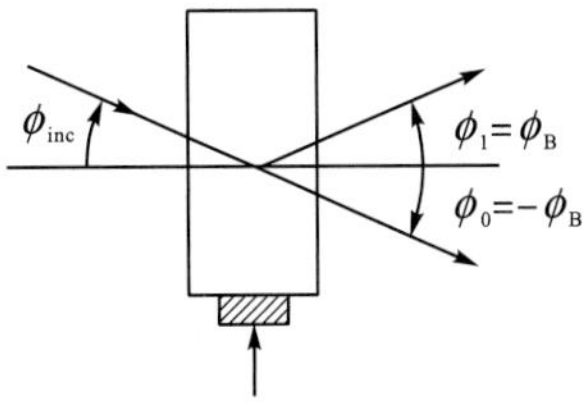

(b)上移布拉格衍射

图 4.7 下移布拉格衍射（$\phi_{inc}=\phi_B$）和上移布拉格衍射（$\phi_{inc}=-\phi_B$）（图中规定角度的逆时针方向为正）

是下移相互作用的情况。

$$\psi_0=\psi_{inc}\cos(\alpha\xi/2), \tag{4.6.8a}$$

$$\psi_1=-j\psi_{inc}\sin(\alpha\xi/2), \tag{4.6.8b}$$

是上移相互作用的情况。式(4.6.7)和式(4.6.8)就是众所周知的布拉格衍射中散射光的表达式。

==

能量守恒的举例

由式(4.6.3)和式(4.6.4)给出的理想布拉格衍射的耦合方程如下：

$$\frac{d\psi_0}{d\xi}=-j\frac{\alpha}{2}\psi_1, \tag{a}$$

和

$$\frac{d\psi_1}{d\xi}=-j\frac{\alpha}{2}\psi_0. \tag{b}$$

当$\xi\leqslant 0$时，边界条件为$\psi_m=\psi_{inc}\delta_{m0}$。式(4.6.8a)和式(4.6.8b)给出的耦合方程的解如下：

$$\psi_0=\psi_{inc}\cos(\alpha\xi/2),$$
$$\psi_1=-j\psi_{inc}\sin(\alpha\xi/2).$$

显然可以看出，根据能量守恒定律可得

$$I_0+I_1=\psi_0\psi_0^*+\psi_1\psi_1^*=\psi_{inc}\psi_{inc}^*=I_{inc}.$$

然而，可以直接从耦合方程来验证能量守恒定律，而不需要求解。这样比较有用，因为它可以提供一些信息，即判断导出的耦合方程是否适当。为此，计算如下：

$$\frac{d}{d\xi}(I_0+I_1)=\frac{d}{d\xi}(\psi_0\psi_0^*+\psi_1\psi_1^*)$$
$$=\frac{d\psi_0}{d\xi}\psi_0^*+\frac{d\psi_0^*}{d\xi}\psi_0+\frac{d\psi_1}{d\xi}\psi_1^*+\frac{d\psi_1^*}{d\xi}\psi_1.$$

现在，将式(a)和式(b)代入上式，有

$$\frac{d}{d\xi}(I_0+I_1)=-j\frac{\alpha}{2}\psi_1\psi_0^*+\left(-j\frac{\alpha}{2}\psi_1\right)^*\psi_0+\left(-j\frac{\alpha}{2}\psi_0\right)\psi_1^*+\left(-j\frac{\alpha}{2}\psi_0\right)^*\psi_1=0,$$

该式证明了能量守恒定律，因为两个衍射强度之和沿ξ是恒定的。

==

当声光调制器在布拉格条件下工作时，该调制器通常称为布拉格器件，图 4.8 为一个工作在 40MHz 的典型的布拉格器件。图中，两个衍射激光光斑显示在较远的背景位置处。其入射激光束(不可见，因为是在透明的玻璃介质中传输)沿传感器的长尺寸方向穿过玻璃，所示的布拉格器件 AOM-40 型号在 IntraAction 公司可以买到。它采用重火石玻璃作为声介质(折射率 $n_0 \approx 1.65$)且声波工作的中心频率为 40MHz，其压电换能器的高度约为 2mm(这点在二维分析时忽略了)且相互作用长度 L 约为 60mm。因此，当声波在玻璃中从左向右传输时是在声波长 $\Lambda = V_S / f_S \approx 0.1\text{mm}$ 下以速度 $V_S \approx 4000\,\text{m/s}$ 进行的。如果用氦氖激光器(He-Ne laser，空气中其波长约为 0.6328μm，玻璃中其波长为 $\lambda_0 \approx 0.6328\mu\text{m}/n_0 \approx 0.3743\mu\text{m}$)。因此，根据式(4.1.2)，在声介质中，其布拉格角约为 1.9×10^{-3}rad 或大约为 0.1°。基于所用参数并根据式(4.4.5)可以得到，$Q \approx 14$。

对于 $\phi_{\text{inc}} = -(1+\delta)\phi_B$，其中 δ 为入射平面波偏离布拉格角的量。对于上移相互作用，这里只考虑 0 级和+1 级，则式(4.4.6)可以简化为以下耦合微分方程：

$$\frac{d\psi_0}{d\xi} = -j\frac{\alpha}{2}e^{-j\delta Q\xi/2}\psi_1, \tag{4.6.9a}$$

和

$$\frac{d\psi_1}{d\xi} = -j\frac{\alpha}{2}e^{j\delta Q\xi/2}\psi_0. \tag{4.6.9b}$$

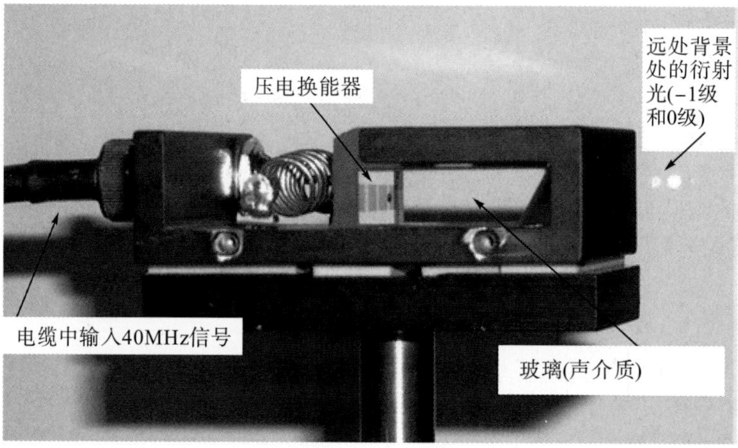

图 4.8 工作于 40MHz 的典型布拉格器件(Poon，2002)

在边界条件 $\psi_0(\xi=0) = \psi_{\text{inc}}$ 和 $\psi_1(\xi=0) = 0$ 的情况下，式(4.6.9)可以通过多种方法解析求出，其中有名的 Phariseau 公式(Phariseau，1956)给出的解为

$$\psi_0(\xi) = \psi_{\text{inc}} e^{-j\delta Q\xi/4}\left\{\cos\left((\delta Q/4)^2 + (\alpha/2)^2\right)^{1/2}\xi + j\frac{\delta Q}{4}\frac{\sin\left((\delta Q/4)^2+(\alpha/2)^2\right)^{1/2}\xi}{\left((\delta Q/4)^2+(\alpha/2)^2\right)^{1/2}}\right\}, \tag{4.6.10a}$$

和

$$\psi_1(\xi)=\psi_{\text{inc}}\,\mathrm{e}^{\mathrm{j}\delta Q\xi/4}\left(-\mathrm{j}\frac{\alpha}{4}\frac{\sin\left(\left((\delta Q/4)^2+(\alpha/2)^2\right)^{1/2}\xi\right)}{\left((\delta Q/4)^2+(\alpha/2)^2\right)^{1/2}}\right). \tag{4.6.10b}$$

式 (4.6.10a) 和式 (4.6.10b) 类似于 Aggarwal(1950) 发现的标准双波解，并被 Kogelnik(1969)用于全息术(holography)。最近，式(4.6.10)又重新利用费曼图(Feynman diagram)技术被重新推导(Chatterjee et al.，1990)。从中可以看出，通过令 $\delta=0$，可将其简化为式(4.6.8)给出的理想布拉格衍射的解。

为了明确说明 δ 的影响，写出式(4.6.10)在 $\xi=1$ 时弱相互作用 $(\alpha\to 0)$ (weak interaction)的形式，并利用式(4.4.5)可得

$$\begin{aligned}\psi_1(\xi=1)&\propto\psi_{\text{inc}}\,\mathrm{e}^{\mathrm{j}\delta Q/4}\left(-\mathrm{j}\frac{\alpha}{2}\frac{\sin(\delta Q/4)}{(\delta Q/4)}\right)\\&=\psi_{\text{inc}}\,\mathrm{e}^{\mathrm{j}\delta Q/4}\left(-\mathrm{j}\frac{\alpha}{2}\operatorname{sinc}(\delta\phi_{\mathrm{B}}L/\Lambda)\right),\end{aligned} \tag{4.6.11}$$

式中，sinc(·)项描述了宽度为 L 的换能器的平面波角谱。如果检测 1 级光波的功率，并将其绘制成入射角 $\delta\times\phi_{\mathrm{B}}$ 的函数，那么可以画出换能器的辐射图。图 4.9(a)显示出的实验数据点与 AOM-40 换能器理论辐射图非常接近，即 $\operatorname{sinc}^2(\delta\phi_{\mathrm{B}}L/\Lambda)$。由于该角度是在声介质(acoustic medium)外测量的，所以在图 4.9(a)的表达式中，$\operatorname{sinc}^2(\cdot)$ 的第一个零点含有 n_0。图 4.9(a)的物理解释在图 4.9(b)中已进行说明，光的入射平面波在 $-\phi_{\mathrm{B}}$ 处用箭头标记并表示为 $\phi_{\text{inc}}=-\phi_{\mathrm{B}}$。该入射光与偏移布拉格角的声平面波相互作用，所以其 1 级衍射(first-order diffraction)是在声平面波角度为 0 时产生的，即与垂直换能器方向传播的声平面波相互作用，故在 ϕ_{B} 处用箭头标记的衍射光平面波与声平面波的振幅成正比。通过增大入射角，即图 4.9(b)中入射光的箭头向右移动，其 1 级光的强度与声角谱成比例变化(Cohen and Gordon，1965)。因此，利用光探测技术探索声辐射(acoustic radiation)模式是可能的。

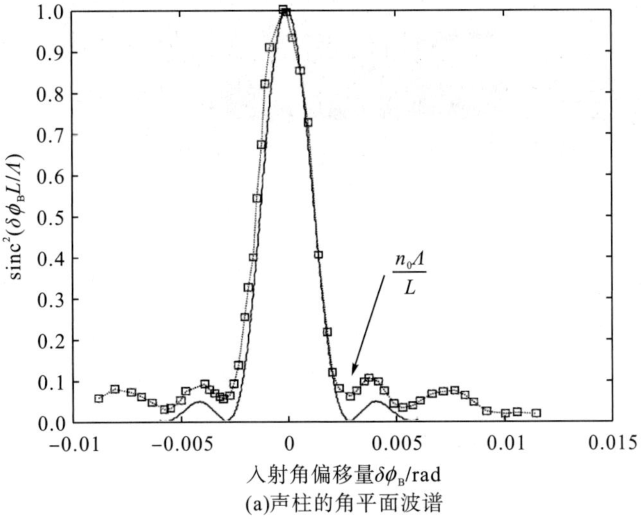

(a)声柱的角平面波谱

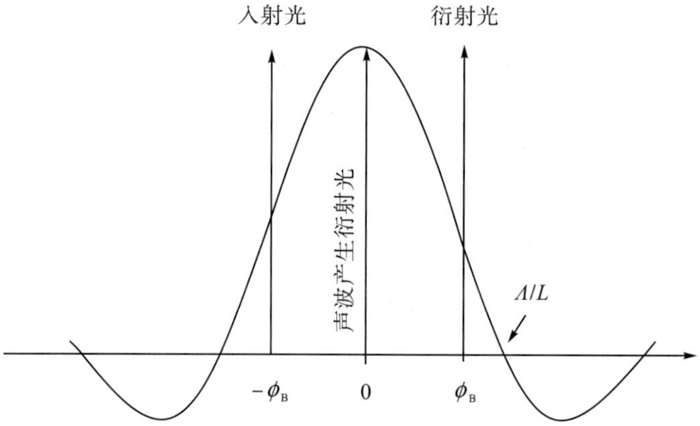

(b)对图(a)中声柱角平面波谱的物理解释

图 4.9　换能器辐射图[图(a)中实线表示理论上的数值，□表示实验数据点(Gies and Poon，2002)]

这里需要指出，声光调制器在布拉格条件下工作的判据是条件 $Q \gg 1$。在实际的物理情况中，由于在 ψ_0 和 $\psi_{\pm1}$ 之间进行完全的能量转换是不可能的，所以无论其条件变得多强，总会存在两个以上的级次。这种条件通常称为近布拉格条件(near-Bragg regime)(Poon and Korpel，1981a)，因为更高级次的产生将使 $|\psi_0|^2 + |\psi_{\pm1}|^2 \neq \psi_{\text{inc}}^2$。这里，当 $\alpha = \pi$ 时，其 1 级散射光的量可被绘制为 Q 的函数，在此情况下，布拉格体系可被条件 $|\psi_{\pm1}|^2 > 0.9\psi_{\text{inc}}^2$ [即其 1 级光的衍射效率(diffraction efficiency)大于 90%]任意进行定义，这点被证明也可以转换为用条件 $Q>7$ 来定义(Korpel，1972)。当 $Q \to \infty$ 时，$|\psi_{\pm1}|^2 \to \psi_{\text{inc}}^2$，这与预期相同。对近布拉格(典型的 $Q \leqslant 2\pi$)和低-$Q(Q \to 0)$ 条件下的声光衍射(acousto-optic diffraction)进行数值研究，目的是说明伪级次的问题和其中有可能出现的不可忽略的散射能量值现象(Chen and Chatterjee，1997)。

4.7　数值实例

本节利用 Korpel-Poon 方程，即式(4.4.6)，来演示用 MATLAB 得到的一些数值结果。表 4.1 给出了频率上移布拉格相互作用(Bragg interaction)含有 10 个衍射级次的衍射强度计算的 m-文件程序。在使用 m-文件时，创建了一个 MATLAB 函数 AO_B10，如表 4.2 所示。这 10 个耦合微分方程分别如下所示：

$$\frac{\mathrm{d}\psi_5}{\mathrm{d}\xi} = -\mathrm{j}\frac{\alpha}{2}\mathrm{e}^{-\mathrm{j}\frac{1}{2}Q\xi\left(\frac{\phi_{\text{inc}}}{\phi_{\text{B}}}+9\right)}\psi_4 - 0,$$

$$\frac{\mathrm{d}\psi_4}{\mathrm{d}\xi} = -\mathrm{j}\frac{\alpha}{2}\mathrm{e}^{-\mathrm{j}\frac{1}{2}Q\xi\left(\frac{\phi_{\text{inc}}}{\phi_{\text{B}}}+7\right)}\psi_3 - \mathrm{j}\frac{\alpha}{2}\mathrm{e}^{\mathrm{j}\frac{1}{2}Q\xi\left(\frac{\phi_{\text{inc}}}{\phi_{\text{B}}}+9\right)}\psi_5,$$

$$\frac{\mathrm{d}\psi_3}{\mathrm{d}\xi} = -\mathrm{j}\frac{\alpha}{2}\mathrm{e}^{-\mathrm{j}\frac{1}{2}Q\xi\left(\frac{\phi_{\text{inc}}}{\phi_{\text{B}}}+5\right)}\psi_2 - \mathrm{j}\frac{\alpha}{2}\mathrm{e}^{\mathrm{j}\frac{1}{2}Q\xi\left(\frac{\phi_{\text{inc}}}{\phi_{\text{B}}}+7\right)}\psi_4,$$

$$\frac{d\psi_2}{d\xi}=-j\frac{\alpha}{2}e^{-j\frac{1}{2}Q\xi\left(\frac{\phi_{inc}}{\phi_B}+3\right)}\psi_1-j\frac{\alpha}{2}e^{j\frac{1}{2}Q\xi\left(\frac{\phi_{inc}}{\phi_B}+5\right)}\psi_3,$$

$$\frac{d\psi_1}{d\xi}=-j\frac{\alpha}{2}e^{-j\frac{1}{2}Q\xi\left(\frac{\phi_{inc}}{\phi_B}+1\right)}\psi_0-j\frac{\alpha}{2}e^{j\frac{1}{2}Q\xi\left(\frac{\phi_{inc}}{\phi_B}+3\right)}\psi_2,$$

$$\frac{d\psi_0}{d\xi}=-j\frac{\alpha}{2}e^{-j\frac{1}{2}Q\xi\left(\frac{\phi_{inc}}{\phi_B}-1\right)}\psi_{-1}-j\frac{\alpha}{2}e^{j\frac{1}{2}Q\xi\left(\frac{\phi_{inc}}{\phi_B}+1\right)}\psi_1,$$

$$\frac{d\psi_{-1}}{d\xi}=-j\frac{\alpha}{2}e^{-j\frac{1}{2}Q\xi\left(\frac{\phi_{inc}}{\phi_B}-3\right)}\psi_{-2}-j\frac{\alpha}{2}e^{j\frac{1}{2}Q\xi\left(\frac{\phi_{inc}}{\phi_B}-1\right)}\psi_0,$$

$$\frac{d\psi_{-2}}{d\xi}=-j\frac{\alpha}{2}e^{-j\frac{1}{2}Q\xi\left(\frac{\phi_{inc}}{\phi_B}-5\right)}\psi_{-3}-j\frac{\alpha}{2}e^{j\frac{1}{2}Q\xi\left(\frac{\phi_{inc}}{\phi_B}-3\right)}\psi_{-1},$$

$$\frac{d\psi_{-3}}{d\xi}=-j\frac{\alpha}{2}e^{-j\frac{1}{2}Q\xi\left(\frac{\phi_{inc}}{\phi_B}-7\right)}\psi_{-4}-j\frac{\alpha}{2}e^{j\frac{1}{2}Q\xi\left(\frac{\phi_{inc}}{\phi_B}-5\right)}\psi_{-2},$$

$$\frac{d\psi_{-4}}{d\xi}=0-j\frac{\alpha}{2}e^{j\frac{1}{2}Q\xi\left(\frac{\phi_{inc}}{\phi_B}-7\right)}\psi_{-3},\tag{4.7.1}$$
†

其中，在式(4.4.6)中采用了 $-4\leqslant m\leqslant 5$ 。

在第一个例子中，运行 Bragg_regime_10.m。对于 d=0，对应上移相互作用以精确布拉格角入射(Bragg incidence)的情况，根据式(4.7.1)定义的 $\phi_{inc}/\phi_B=-(1+\delta)$，其中 δ 为 m-文件中的“d”。然后，取 $Q=100$ 来近似理想布拉格衍射，结果如图 4.10 所示。其中，垂轴表示 $|\psi_m|^2/|\psi_{inc}|^2$ 。从中可以发现，在图 4.10(a)中的 0 级和 1 级之间的能量是完全交换的，更高的级次基本不存在。在图 4.10(b)中，入射相对精确的布拉格角有一个偏差（$\delta=0.02$，即与布拉格角的偏差为 $0.02\phi_B$），从而导致在两个级次之间产生不完全的功率交换(power exchange)。

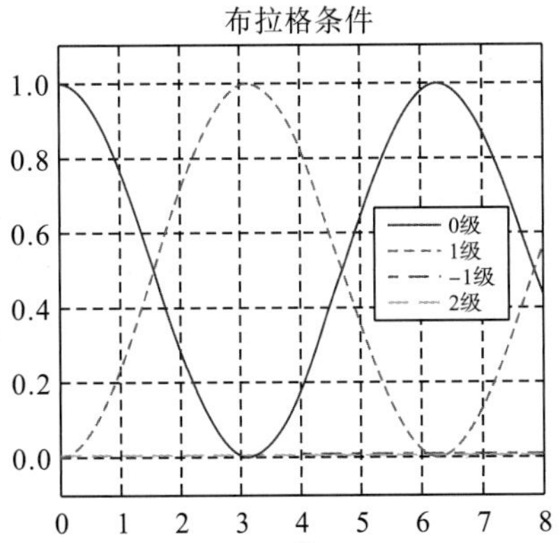

(a)布拉格角入射(δ=0)

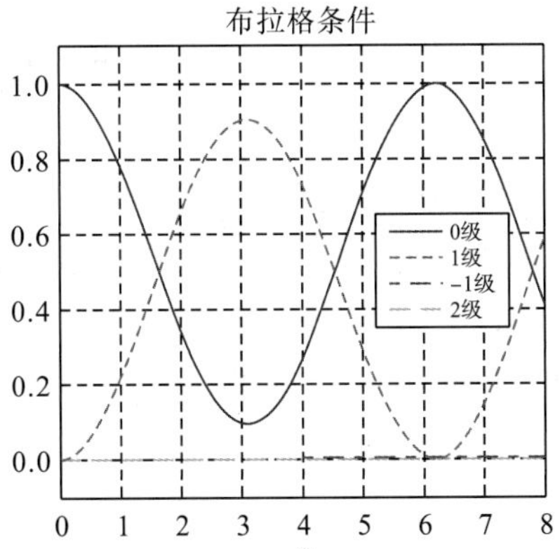

(b)近布拉格角入射(δ=0.02)

图 4.10　理想布拉格条件下 m-文件运行后其衍射级次的强度与峰值相位延迟“ α ”之间的关系

† 译文在原文的基础上修改了该公式。

作为第二个例子，取 $\delta=0$ (即在 m-文件中，$d = 0$) 且 $Q=5$，这对应近布拉格衍射(near-Bragg diffraction)。结果如图 4.11 所示，这与 Klein 和 Cook(1967)建立的结果非常吻合。在这种情况下，可以发现两个主要级次之间的周期性功率交换不再是完全的，说明这种情况存在更高的级次，如图 4.11 所示。

同样，利用式(4.4.6)来研究拉曼-奈斯衍射。对于垂直入射，这里限制在 13 个衍射阶次 $(-6\leqslant m\leqslant 6)$，即 $d=-1$。因此，可以写出这组含 13 个衍射的耦合方程，并相应地修改表 4.1 和表 4.2。图 4.12 为当 $Q=0$ 时不同的 α 对应不同散射级次的函数曲线，这说明由式(4.5.4)给出的贝塞尔函数的依存关系。图 4.13 为 $Q=1.26$ 时在垂直入射下的非理想拉曼-奈斯衍射。从图中可以发现，在理想情况下作为贝塞尔函数特征的零点在 α 取值较大时都消失了。图 4.13 的结果与已建立的结果(Mertens et al.，1985)相当吻合。

表 4.1　Bragg_regime_10.m：布拉格衍射中求 10 个耦合方程的 m-文件

```
----------------------------------------------------------------------
%Bragg_regime_10.m
%Bragg regime involving 10 diffracted orders
clear
d=input('delta = - incident angle/ Bragg angle -1 (enter 0 for exact
Bragg angle incidence) = ?')

Q=input('Q = (K^2*L)/ko (enter a large number,  say 100,  to get close
to ideal Bragg diffraction) = ')
n=0;
for

al=0: 0.01*pi: 8
n=n+1;
     AL(n)=al;
     [nz, y]=ode45('AO_B10',  [0 1],  [0 0 0 0 0 1 0 0 0 0],  [],  d,
al,  Q) ;
     [M1 N1]=size(y(: , 1));
     [M2 N2]=size(y(: , 2));
     [M3 N3]=size(y(: , 3));
     [M4 N4]=size(y(: , 4));
     [M5 N5]=size(y(: , 5));
     [M6 N4]=size(y(: , 6));
     [M7 N7]=size(y(: , 7));
     [M8 N8]=size(y(: , 8));
     [M9 N9]=size(y(: , 9));
```

```
    [M10 N10]=size(y(: , 10));
psn2(n)=y(M8, 8);       psn1(n)=y(M7, 7);      ps0(n)=y(M6, 6);
ps1(n)=y(M5, 5);       ps2(n)=y(M4, 4);
I(n)=y(M1 , 1).*conj(y(M1 , 1))+y(M2 , 2).*conj(y(M2 , 2))+y(M3 ,
3)*conj(y(M3, 3)) ...
+y(M4, 4)*conj(y(M4, 4))+y(M5, 5)*conj(y(M5, 5)) ...        b +y(M6,
6)*conj(y(M6, 6))+y(M7, 7)*conj(y(M7, 7))...
        +y(M8 , 8)*conj(y(M8 , 8))+y(M9 , 9)*conj(y(M9 , 9))+y(M10 ,
10)*conj(y(M10, 10));  end
   figure(1)
   plot(AL, ps0.*conj(ps0), '-', AL, ps1.*conj(ps1), ': ', ... AL,
psn1.*conj(psn1), '-.' AL, ps2.*conj(ps2), '--')
title('Bragg regime')
xlabel('alpha')
axis([0 8 -0.1 1.1])
   legend('0 order', '1 order', '-1 order', '2 order')    grid on
-----------------------------------------------------------------
```

表 4.2　AO_B10.m：利用表 4.1 中的 Bragg_regime_10.m 创建 MATLAB®函数 AO_B10 的 m-文件

```
-----------------------------------------------------------------
%AO_B10.m
function dy= AO_B10(nz, y, options, d, a, Q)

dy=zeros(10, 1);  %a column vector
% -4<= m <=5
% d=delta
% nz=normalized z
%m=5  -> y(1)
%m=4  -> y(2)
%m=3  -> y(3)
%m=2  -> y(4)
%m=1  -> y(5)
%m=0  -> y(6)
%m=-1 -> y(7)
%m=-2 -> y(8)
%m=-3 -> y(9)
%m=-4 -> y(10)
dy(1)=-j*a/2*y(2)*exp(-j*Q/2*nz*(-(1+d)+9))  +  0   ;
```

```
dy(2)=-j*a/2*y(3)*exp(-j*Q/2*nz*(-(1+d)+7))+-j*a/2*y(1)*exp(j*Q/2*nz
*(-(1+d)+9));
dy(3)=-j*a/2*y(4)*exp(-j*Q/2*nz*(-(1+d)+5))+-j*a/2*y(2)*exp(j*Q/2*nz
*(-(1+d)+7));
dy(4)=-j*a/2*y(5)*exp(-j*Q/2*nz*(-(1+d)+3))+-j*a/2*y(3)*exp(j*Q/2*nz
*(-(1+d)+5));
dy(5)=-j*a/2*y(6)*exp(-j*Q/2*nz*(-(1+d)+1))+-j*a/2*y(4)*exp(j*Q/2*nz
*(-(1+d)+3));
dy(6)=-j*a/2*y(7)*exp(-j*Q/2*nz*(-(1+d)-1))+-j*a/2*y(5)*exp(j*Q/2*nz
*(-(1+d)+1));
dy(7)=-j*a/2*y(8)*exp(-j*Q/2*nz*(-(1+d)-3))+-j*a/2*y(6)*exp(j*Q/2*nz
*(-(1+d)-1));
dy(8)=-j*a/2*y(9)*exp(-j*Q/2*nz*(-(1+d)-5))+-j*a/2*y(7)*exp(j*Q/2*nz
*(-(1+d)-3));
dy(9)=-j*a/2*y(10)*exp(-j*Q/2*nz*(-(1+d)-7))+-j*a/2*y(8)*exp(j*Q/2*n
z*(-(1+d)-5));

dy(10)=0+-j*a/2*y(9)*exp(j*Q/2*nz*(-(1+d)-7));

return

-------------------------------------------------------------
```

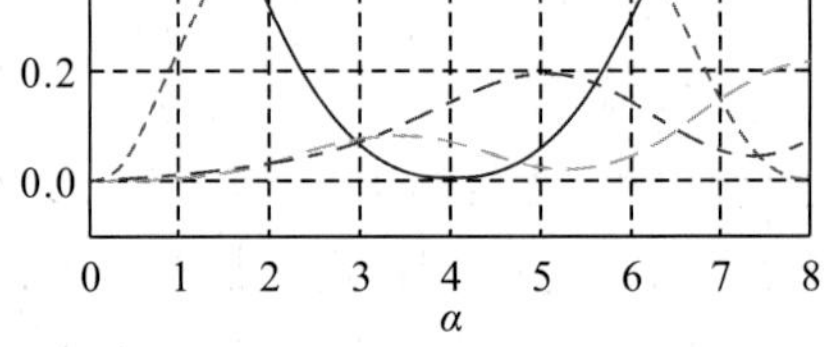

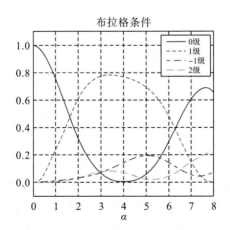

图 4.11 Q=5 时衍射级次的强度与峰值相位延迟“α”之间的关系

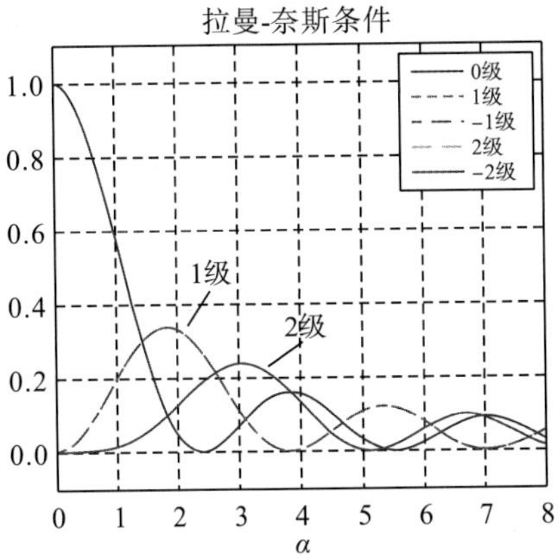

图 4.12 拉曼-奈斯条件下（$Q=0$）衍射级次强度与峰值相位延迟“α”之间的关系

−1 级和 1 级之间重叠；−2 级和 2 级之间重叠

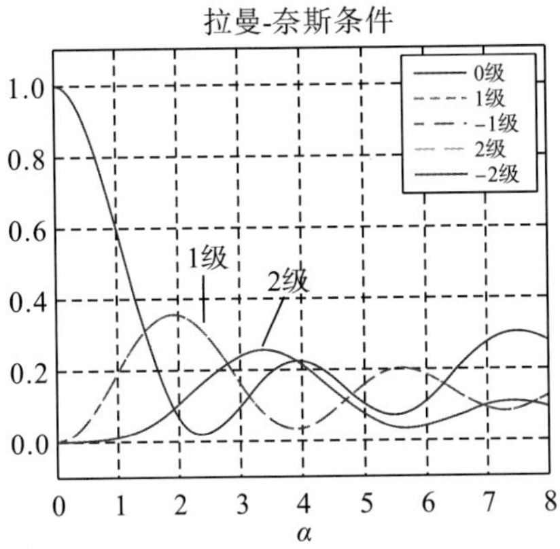

图 4.13 非理想拉曼-奈斯条件下（$Q=1.26$）衍射级次强度与峰值相位延迟“α”之间的关系

−1 级和 1 级之间重叠；−2 级和 2 级之间重叠

4.8 声光效应的现代应用

4.8.1 激光束的强度调制

通过改变声波的振幅即 α，可以实现对衍射光束的强度调制(intensity modulation)。实际上，声光布拉格器件(acousto-optic Bragg cell)最受欢迎的应用之一就是其调制激光的能力。图 4.14 绘制了 α [式(4.6.8)，$\psi_{\text{inc}}=1$]的函数，并给出 0 级和 1 级强度的衍射曲线，其中，P 表示线性运算所需的偏置点(bias point)。图 4.14 为调制信号 $m(t)$ 和强度调制输出信号 $I(t)$ 之间的关系，$m(t)$ 为沿 1 级衍射曲线线性部分的偏置(bias)。很明显，利用 0 级衍射也可以获得强度调制。然而，这两个衍射级次在相反斜率的线性区域处理信息。这表明通过第 1 级衍射获得的任意解调电信号将与通过第 0 级衍射获得的电信号之间有 180°的反相信号。图 4.15 为说明该原理的实验装置。其中，$m(t)$ 为调制信号，并且调幅器的输出为调幅信号$[b+m(t)]\cos\Omega t$，其中，b 被调至约 $\alpha=\pi/2$，而 Ω 被调至声换能器(acoustic transducer)的中心频率。当 $m(t)$ 为三角波形时，图 4.16(a)为图 4.15 中 PD_0 和 PD_1 两个光电探测器的输出，图中清晰地显示了两个电信号之间存在 180°相移。在另一实验中，$m(t)$ 为一个音频信号，图 4.16(b)为两个异相 180°的检测电信号。通过附加的电子器件并引入反馈(将在 4.8.4 节中讨论)，该声光系统可进行重新配置用以产生脉宽调制的光信号(Poon et al., 1997)。

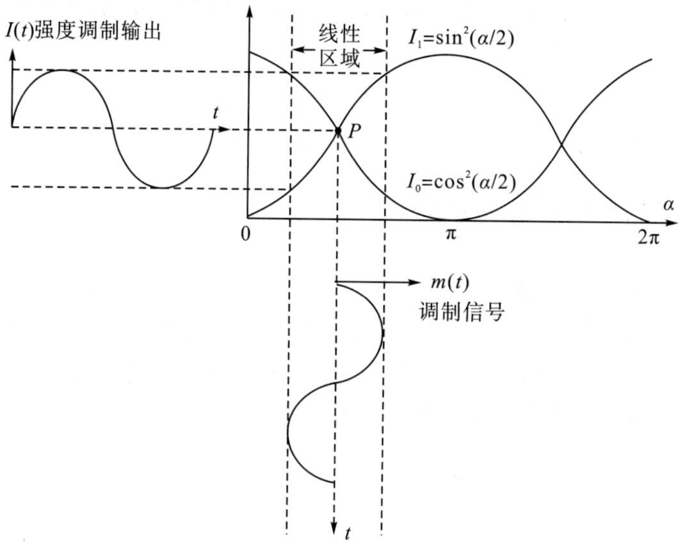

图 4.14 声光强度调制系统原理图

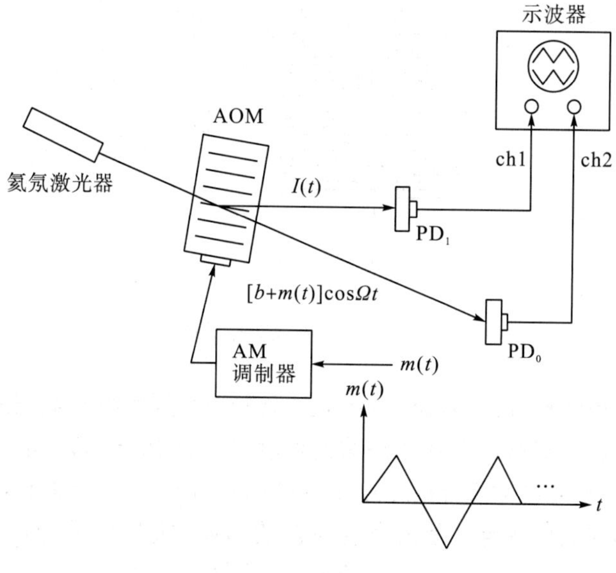

图 4.15 调幅解调器的实验装置

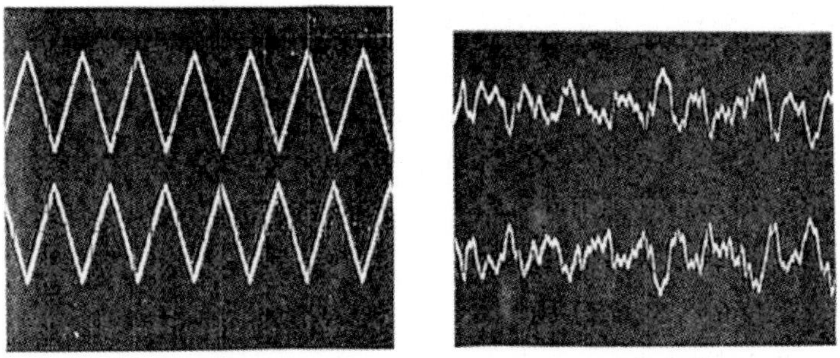

(a)三角波　　(b)音频信号

图 4.16　解调信号

上面的迹线（PD_1 的输出）与下面的迹线（PD_0 输出）之间有 180°的异相（Poon et al.，1997）

4.8.2　光束偏转器和频谱分析仪

与强度调制相比之下，调制信号的振幅是变化的，在实际应用中，光偏转时其调制信号的频率也会发生改变。图 4.17 为声光调制器在布拉格条件下工作的光束偏转器（light beam deflector）。其中，1 级光和 0 级光之间的夹角称为偏转角（deflection angle）ϕ_{d}。可将偏转角的变化 $\Delta\phi_{\mathrm{d}}$ 表示为声波频率的变化 $\Delta\Omega$，即

$$\Delta\phi_{\mathrm{d}} = \Delta\left(2\phi_{\mathrm{B}}\right) = \frac{\lambda_0}{2\pi V_{\mathrm{S}}}\Delta\Omega. \tag{4.8.1}$$

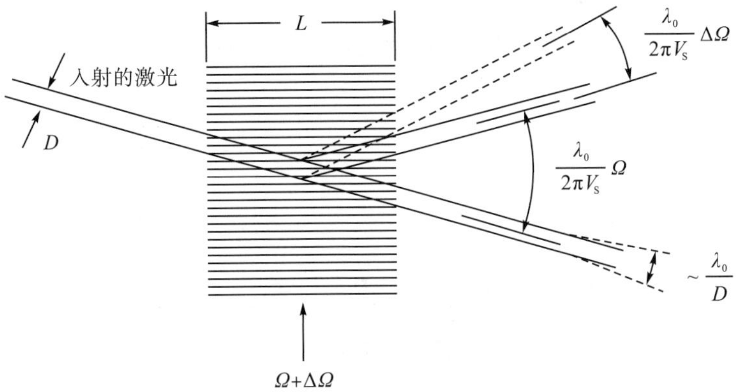

图 4.17　声光光束偏转器

利用一个氦氖激光器$\left(\lambda_0 \sim 0.6\mu\mathrm{m}\right)$，声光调制器中心频率约为 40MHz，声频率（acoustic frequency）的变化为 20MHz，玻璃中声波的速度 $V_{\mathrm{S}} \sim 4\times10^3\ \mathrm{m/s}$，偏转角的变化为 $\Delta\phi_{\mathrm{d}}$ ～3mrad。该装置可分辨角的数量（number of resolvable angles）N 由偏转角的范围 $\Delta\phi_{\mathrm{d}}$ 与扫描光束角度扩散之间的比值决定。因为宽度为 D 的光束的角度扩散为 λ_0/D，因此有

$$N = \frac{\Delta\phi_{\mathrm{d}}}{\lambda_0/D} = \tau\frac{\Delta\Omega}{2\pi}, \tag{4.8.2}$$

式中，$\tau = D/V_{\mathrm{S}}$ 为声波经过光束的传输时间（transit time）。利用之前计算的 $\Delta\phi_{\mathrm{d}}$ ～3mrad

和宽度 $D=5\text{mm}$ 的光束，可实现的分辨率(resolution)为~25个点。从式(4.8.2)可以看出，通过扩大传输布拉格器件光束的横向宽度，可以提高其分辨率。因为偏转角与扫描频率之间的关系是线性的，故通过声光效应(acousto-optic effect)能够实现一种简单的高速激光扫描机制，因为这种扫描不涉及移动的机械部件。

声器件并不一定是一个单频率的输入，它可以让变频率输入，并通过频谱同时进行寻址。因为每个频率都会产生特定衍射角的光束，故布拉格器件可将光束散射成由声波频谱(acoustic spectrum)控制的角度。因为声频谱与输入声器件的电信号频谱是相同的，因此该设备实质上就是频谱分析仪(习题 4.8)。

4.8.3 调频信号的解调

从前面的讨论可以认识到布拉格器件对频率的选择能力。这里，讨论如何利用它来解调调频(frequency-modulated，FM)信号(Poon and Pieper，1983；Pieper and Poon，1985)。从图 4.18 可以看出，布拉格器件将光衍射成由载频谱 $\Omega_{0i}(i=1,2,\cdots)$ 控制的角度 ϕ_{di}，其中每个载波都被频率调制过。对于第 i 个 FM 调频台，其信号的瞬时频率可以表示为 $\Omega_i(t)=\Omega_{0i}+\Delta\Omega_i(t)$，其中，$\Omega_{0i}$ 为固定载频，而 $\Delta\Omega_i(t)$ 为一个与调制信号幅值成正比的时变频差。通常，相比载波 Ω_{0i}，FM 的变化 $\Delta\Omega_i(t)$ 很小，利用式(4.8.1)，第 i 个 FM 调频台的波束定向方向一般在相对于入射光的方向上，并由下式给出，即

$$\phi_{di}=\frac{\lambda_0\Omega_{0i}}{2\pi V_S}. \tag{4.8.3}$$

如图 4.18 所示，对于每个 FM 载波，其对应的独立散射光束方向由相应的载频决定。为了清晰起见，只显示一些散射光束。FM 解调(FM demodulation)的原理，由于包含了 $\Delta\Omega_i(t)$，所以实际的瞬时偏转角与公式(4.8.3)略有偏差，从而导致偏转光束的“晃动” $\Delta\phi_{di}(t)$。特别地，可以发现对于式(4.8.2)，有

$$\Delta\phi_{di}(t)=\left(\frac{\lambda_0}{2\pi V_S}\right)\Delta\Omega_i(t). \tag{4.8.4}$$

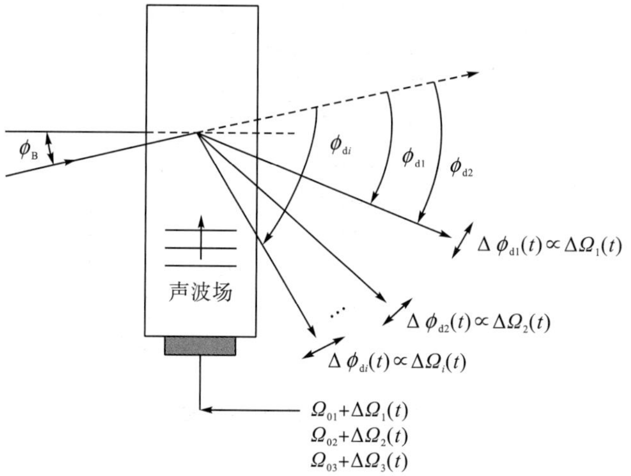

图 4.18 声光调频解调原理

因为在 FM 中，频率变化 $\Delta\Omega_i(t)$ 与音频信号的幅值成正比，所以其偏转角的变化 $\Delta\phi_{\mathrm{d}i}(t)$ 也与调制信号成正比。将刀口屏幕(knife-edge screen)放置在沿 $\phi_{\mathrm{d}i}$ 方向定位的光电二极管前方，发现到达光电二极管的光强[或其偏转角变化展开式的第一项(去掉高阶项)]随小抖动 $\Delta\Omega_i(t)$ 呈线性变化，因此电流与 $\Delta\Omega_i(t)$ 成正比[式(4.8.4)]。也就是说，输出电流与调制信号的振幅成正比。实际上，通过沿不同偏转光束放置一组刀口屏幕探测器阵列，就可以同时检测所有的 FM 调频台。该刀口技术以前曾用于表面声波探测(Whitman and Korpel，1969)。限制声光 FM 解调器(acoustic-optic FM demodulator)性能的因素已在使用刀边探测器(knife-edge detector)和双电芯探测器(两个光敏区中间有小的间隔)(Brooks and Reeve，1995)中进行了研究。使用双电芯探测器也能够在没有任何先验信息的情况下识别和解调大范围不同类型的相位调制(phase modulation，PM)(Hicks and Reeve，1998)。

4.8.4　双稳态开关

双稳态(bistability)是指在给定输入条件下系统存在两个稳定状态。双稳态光学设备(bistable optical device)由于在光信号处理中的潜在应用，近年来得到了广泛关注。一般来说，需要非线性和反馈来实现双稳态。

图 4.19 是一个在布拉格条件下工作的声光双稳态装置(acousto-optic bistable device)(Chrostowski and Delisle，1982)。衍射到第 1 级的光被光电探测器(photodetector，PD)检测、放大并与偏置 α_0 相加，再反馈给声换能器来改变其驱动信号的振幅，而这反过来又可以对衍射光的强度进行振幅调制。因此，反馈信号对衍射光的强度有一个循环递归的影响。可以发现，系统中引入的非线性是一个正弦平方函数[式(4.6.8b)]：

$$I_1 = |\psi_1|^2 = I_{\mathrm{inc}} \sin^2(\alpha/2) , \tag{4.8.5}$$

式中，$I_{\mathrm{inc}} = |\psi_{\mathrm{inc}}|^2$ 为入射强度，并且对应一个非线性输入 (α)—输出 (I_1) 关系的系统。

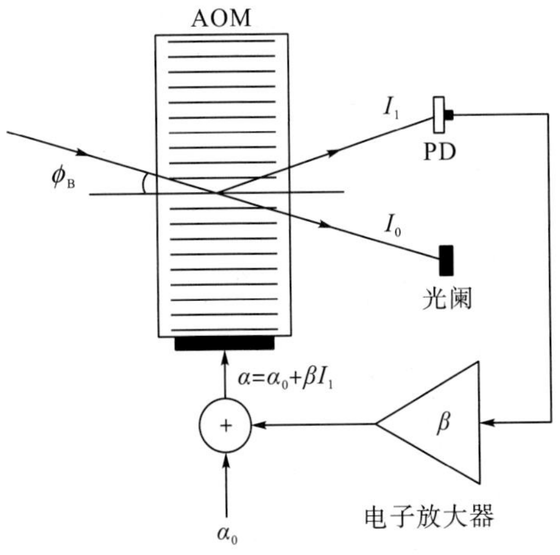

图 4.19　声光双稳态装置

声光器件中描述散射光的有效α可由反馈方程(feedback equation)给出，即

$$\alpha = \alpha_0 + \beta I_1. \tag{4.8.6}$$

式中，β为放大器增益与光电探测器量子效率(quantum efficiency)的乘积。

可以发现，在反馈作用下，α不再是常数。实际上，若由激光束宽度与器件中声速比值给出的相互作用时间同光电探测器有限响应时间引起的延迟相比很小，则在相互作用过程中可将α视为常数，引起的延迟包括声元件驱动器和反馈放大器(amplifier)或任何其他可能有意安装在反馈路径中的延迟线(如光纤或同轴电缆)。现在只考虑这种比值小的情况，系统的稳态行为可由式(4.8.5)和式(4.8.6)的联立解给出。图 4.20 为I_1在α_0的增量对于$\beta = 2.6$且$Q \to \infty$(表示仅包含两个衍射级次)的稳态值。从图 4.20 可以发现，随着输入偏置α_0的逐渐增加，输出强度I_1稳定增加[这表示较低稳定状态(lower stable state)]，直至达到一个临界值，此时输出切换到较高稳定状态(higher stable state)。当减少输入时，其输出并不会立即急剧下降，而是保持在曲线的上分支(较高稳定状态处)，直至输入减小到较低的临界值，此时输出切换到低值状态。从中发现转变发生时α_0值的差异引起了滞后(hysteresis)。同时，通过将$I_{\rm inc}$或β作为输入或将其他变量(如α_0)作为参数，都可以观察到类似的滞后现象(Banerjee and Poon，1987；Poon and Cheung，1989)。

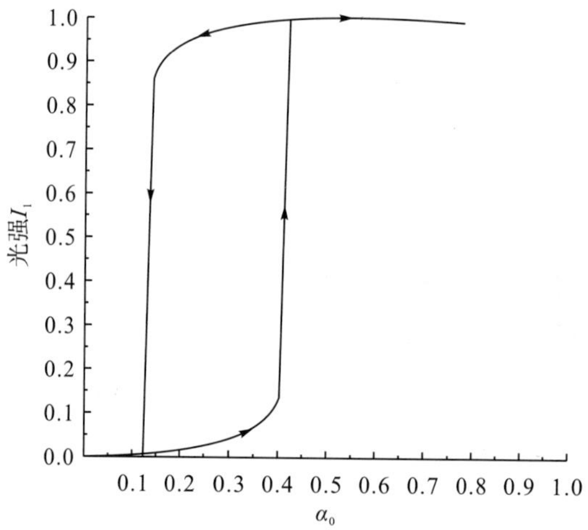

图 4.20 声光引起的滞后(Poon et al.，1997)

==

声光双稳态模拟问题

这里同时求解了

$$I_1 = |\psi_1|^2 = I_{\rm inc}\sin^2(\alpha/2),$$

和

$$\alpha = \alpha_0 + \beta I_1,$$

并用 MATLAB 绘制了当$\beta = 2.5$时的滞后回线。该仿真及其输出如下所示。

```
--------------------------------------------------------------------
clear;  clc
I1=linspace(0, 1, 1013);
I1_out=linspace(0, 1, 1013);

I2=linspace(0, 1, 1013);
I2_out=linspace(0, 1, 1013);

I_inc=1;
alpha0=linspace(0, 1, 1013);
beta=2.5;

for n=1: 1012
   I1_out(n)=I_inc*sin((alpha0(n)+beta*I1(n))/2).^2;
   I1(n+1)=I1_out(n);
 end

I2(1012)=I1(1012);

for n=1012: -1: 2
   I2_out(n)=I_inc*sin((alpha0(n)+beta*I2(n))/2).^2;
   I2(n-1)=I2_out(n);

End

figure(1)
plot(alpha0,  I1_out)
hold on
plot(alpha0,  I2_out)
xlabel('alpha_0')
ylabel('Intensity(I_1)')
--------------------------------------------------------------------
```

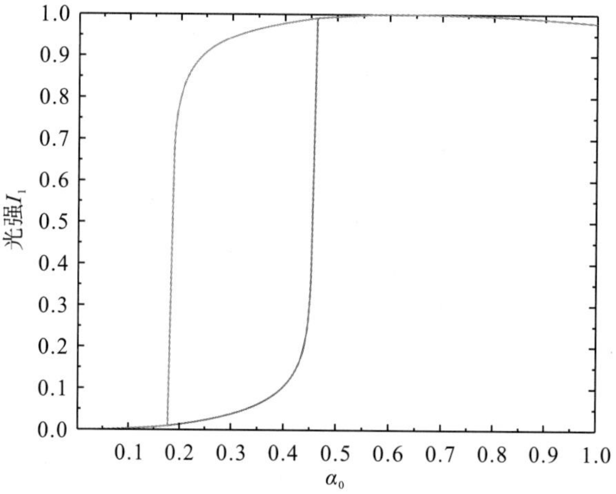

图(1)

==

图 4.21(a)为双稳态系统(bistable system)的实验装置，其中，计数加法器是一个电子求和器，它能够将光电二极管(PD_1)的输入和函数发生器的信号相加，并利用得到的输出驱动射频(radio-frequency，RF)驱动器，该函数发生器可为偏置α_0提供信号。图 4.21(b)为使用 AOM-40 时包含 1 级和 0 级的滞后。在 2 级布拉格条件(second-order Bragg regime)下对光学双稳态(optical bistability)进行研究，即入射角是布拉格角的2倍(Alferness，1976；Poon and Korpel，1981b)，在更宽的迟滞方面表现出更好的性能(McNeill and Poon，1992)。最近，带反馈的声光调制器的使用促进了对光学置位-复位触发器的研究(Chen and Chatterjee，1997)。

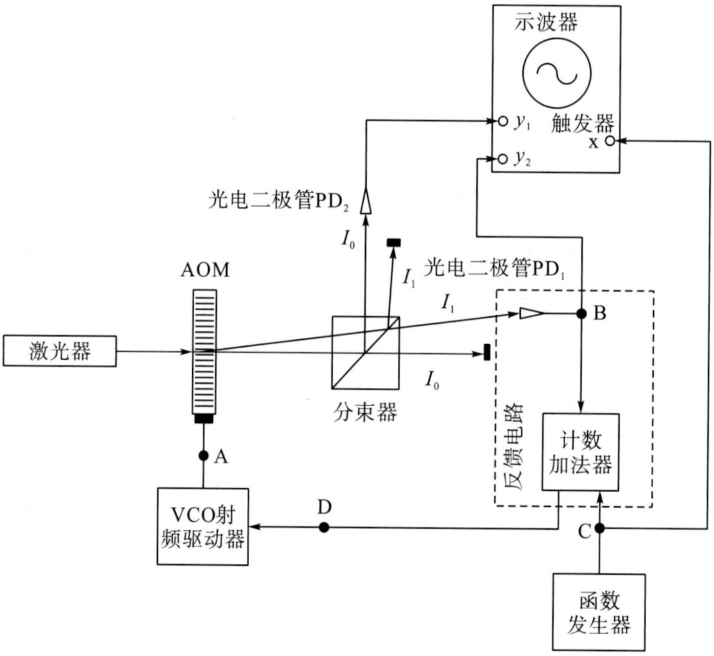

(a)声光双稳态系统的实验装置

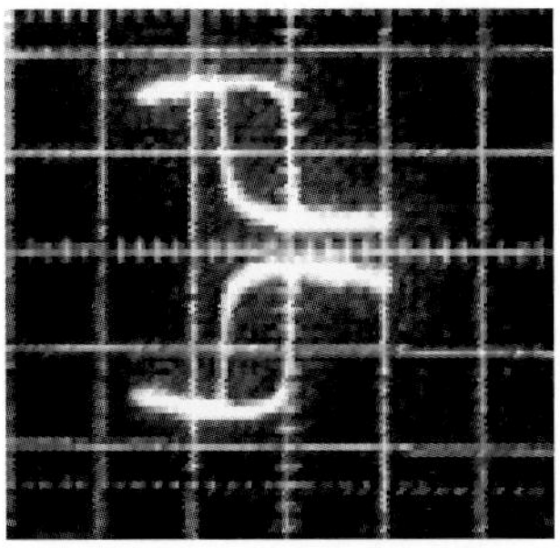

(b)实验结果

图 4.21　实验装置及实验结果(Poon and Cheung，1989)

4.8.5　声光空间滤波

利用声光相互作用的传统应用已经广泛使用在信号处理中，主要原因是声光调制器属于一维器件，声光之间的相互作用被限制在由声光波矢量定义的一个平面内。现在已经提出利用声光相互作用来控制光学图像结构的可能性(Balakshy，1984)，并从实验上实现了在布拉格条件下利用声光调制器进行二维图像处理(Xia et al.，1996)。实际上，该二维光学图像与声波场在声光调制器中发生相互作用，其二维光学图像的散射或衍射携带了处理后的原始光学图像信息。理解使用声光进行图像处理的最好办法是借助空间传递函数(spatial transfer function)，空间传递函数描述了声波与根据光场角平面波谱分解的初始光学图像之间的声光相互作用。

图 4.22 为任意入射光在通过一个以上移模式工作的布拉格器件时的传输情况。这里只限于两个衍射级次和零级光的情况，将入射光分解为传播方向由 $\phi' = \delta \times \phi_B$ 定义的具有不同振幅的平面波。当平面波 ψ_{inc} 以偏离布拉格入射角 ϕ' 的角度入射时，式(4.6.10)给出了零级光的平面波振幅，因此可以将零级光的传递函数定义为

$$H_0(\delta) = \frac{\psi_0(\xi)\big|_{\xi=1}}{\psi_{inc}}, \tag{4.8.7}$$

式中，$\psi_0(\xi)\big|_{\xi=1}$ 为式(4.6.10)在布拉格器件出射位置处所得的结果。传递函数的定义可以将输入(入射)频谱 $\Psi_{inc}(k_{x'})$ 与输出（零级)频谱 $\Psi_0(k_{x'})$ 联系起来，即

$$\Psi_0(k_{x'}) = \Psi_{inc}(k_{x'})H_0(\delta), \tag{4.8.8}$$

式中，$\psi_{inc}(x') = F^{-1}\{\Psi_{inc}(k_{x'})\}$ 和 $\psi_0(x') = F^{-1}\{\Psi_0(k_{x'})\}$ 分别为入射光和零级光的光场分布；F^{-1} 为逆傅里叶变换运算，x' 和 $k_{x'}$ 分别为变换的变量。最终，当将沿 x' 方向的空间频率 $k_{x'}$ 与 ϕ' 相联系，空间滤波的概念就逐渐清晰了(图 4.22)，因为 $\phi' = \delta \times \phi_B$ 和 $\phi_B = \lambda_0 / 2\Lambda$，有

$$k_{x'} = k_0 \sin\phi' \cong k_0\phi' = k_0\delta\phi_B = \pi\delta / \Lambda .$$

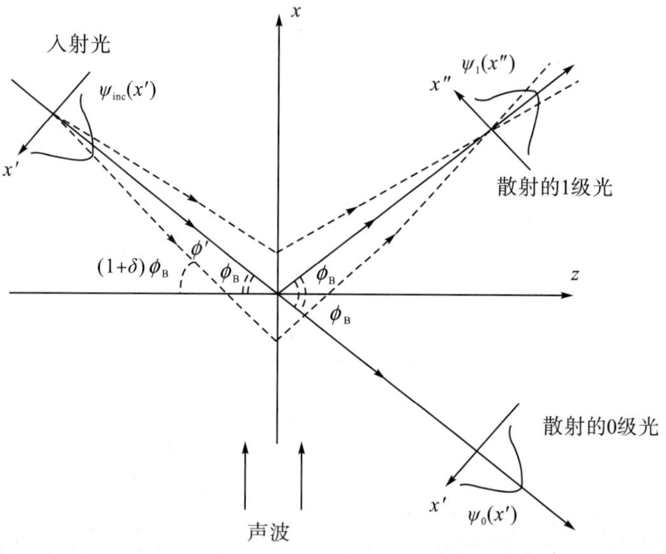

图 4.22 声光衍射几何图示

若使用上述导出关系，则 $\delta = k_{x'}\Lambda/\pi$，式(4.8.8)可写为空间频率的形式：

$$\Psi_0(k_{x'}) = \Psi_{inc}(k_{x'})H_0(k_{x'}\Lambda/\pi). \tag{4.8.9}$$

那么，空间分布 $\psi_0(x')$ 可写为

$$\begin{aligned}\psi_0(x') &= F^{-1}\{\Psi_{inc}(k_{x'})H_0(k_{x'}\Lambda/\pi)\} \\ &= \frac{1}{2\pi}\int_{-\infty}^{\infty}\Psi_{inc}(k_{x'})H_0\left(\frac{k_{x'}\Lambda}{\pi}\right)\exp(-jk_{x'}x')\mathrm{d}k_{x'}.\end{aligned} \tag{4.8.10}$$

式(4.8.10)决定了在声场(acoustic field)存在时任意入射场 $\psi_{inc}(x')$ 散射后的零级场 $\psi_0(x')$ 的分布轮廓。式(4.8.10)的形式与 Magdich 等(1977)提出的公式形式相似，后来由 Chatterjee 等(1990)在声光光束(acousto-optic beam)畸变研究中得以发展。

对于 $Q=14, \alpha=\pi$ 及 $\Lambda=0.1\,\text{mm}$，图 4.23(a)给出了零级传递函数 $|H_0(k_x\Lambda/\pi)|$ [式(4.6.10a)，其中 δ 被 $k_x\Lambda/\pi$ 代替]并给出作为 k_x 函数的幅度图。为了简单起见，将变量 x' 中的撇号去掉了，但它与坐标 x' 有关。该图在物理上比较容易理解，当平面波以布拉格角度入射时，从图中可以明显看出，当 $k_x=0$ 时，传递函数为零，所以此时该平面波被完全衍射到 1 级光中。对于远离布拉格角入射时，即 k_x 很大，期望入射平面波穿过布拉格器件，而不与声波产生任何相互作用，此时可以明显看出，当 k_x 值很大时，$|H_0|=1$。该传递函数表现出高通空间滤波(highpass spatial filtering)的特性。图 4.23(a)和图 4.23(b)分别给出了入射光和零级光的情况。从图中可以看出，在图 4.23(a)中，当零级光被传递函数进行空间滤波时，其边缘部分被突出了。表 4.3 为生成这些仿真结果的 m-文件。

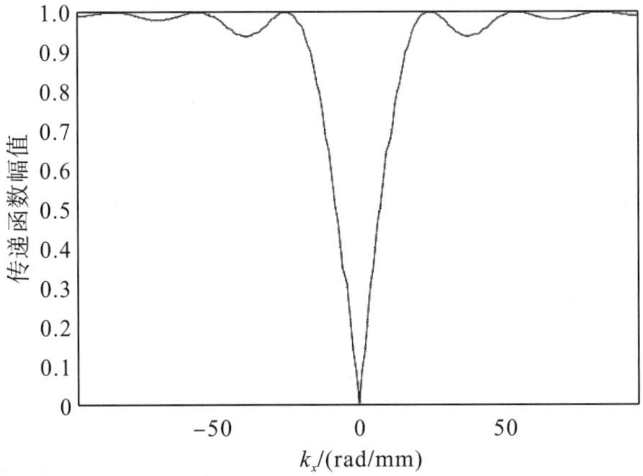

(a)零级传递函数的幅值$|H_0|$作为空间频率k_x的函数

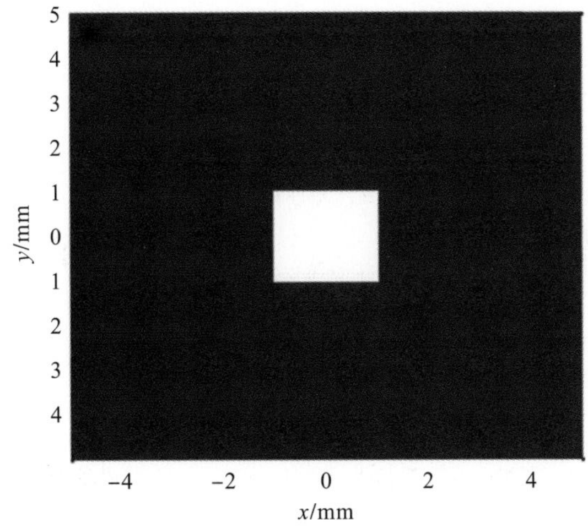

(b)入射光轮廓形状

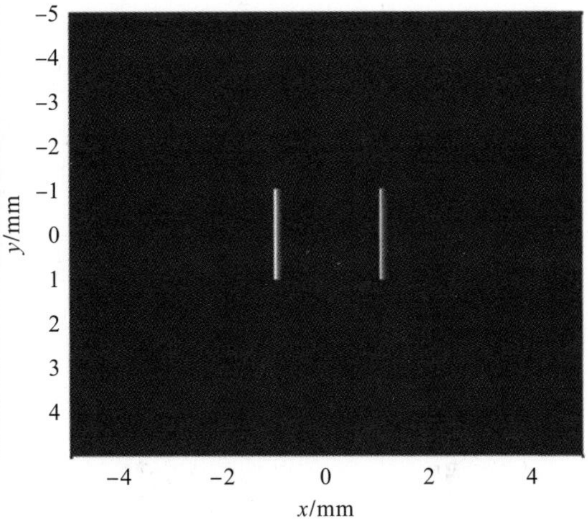

(c)零级出射光轮廓形状

图 4.23　对于 $Q=14, \alpha=\pi$ 和 $\Lambda=0.1\,\text{mm}$ 时的结果

当然，也可以直接从传递函数的理论来解释零级衍射光的高通滤波和边缘增强现象。利用 $\delta=k_x\Lambda/\pi$，并由式(4.6.10a)结合式(4.8.7)，可将 H_0 表示为

$$H_0\left(k_x\Lambda/\pi\right)\approx\exp\left(-\mathrm{j}Q\Lambda k_x/4\pi\right)\left(A+\mathrm{j}Bk_x\right)\approx\left(A+\mathrm{j}Bk_x\right), \tag{4.8.11}$$

若假设$(\delta_{\max}Q/4)\ll(\alpha/2)$，其中，$\delta_{\max}$ 为 δ 的最大扩展，$A=\cos\left(\dfrac{\alpha}{2}\right)$ 且 $B=\dfrac{Q\Lambda}{4\pi}\dfrac{\sin(\alpha/2)}{(\alpha/2)}$。此外，指数项与衍射光沿 x 轴的空间位置移动有关，但它对最终的图像表示并不重要，故在式(4.8.11)最后一步的近似中不包含该项。现在，在空域对式(4.8.11)进行解释。由第 2 章的表 2.2 可知，其具有傅里叶变换特性：

$$F\{\partial f(x,y)/\partial x\} = -\mathrm{j}k_x F\{f(x,y)\},$$

式中，F 同样为一个傅里叶变换运算，利用式(4.8.9)和式(4.8.10)，以完整的二维形式写出在布拉格器件出射位置处零级衍射光的振幅 $\psi_0(x,y)$ 可以近似表示为

$$\psi_0(x,y) = \left(A - B\frac{\partial}{\partial x}\right)\psi_{\text{inc}}(x,y).$$

对于图 4.23(b)给出的入射场，图 4.23(c)说明了由下式给出的衍射光的强度：

$$\left|\psi_0(x,y)\right|^2 = \left|\left(A - B\frac{\partial}{\partial x}\right)\psi_{\text{inc}}(x,y)\right|^2.$$

可以发现，图 4.23(c)为对于 $\alpha = \pi$，当 $A = 0$ 时的一个纯微分结果。可以看到，在 $(\delta_{\max}Q/4) \ll (\alpha/2)$ 和 $\alpha = \pi$ 的条件下，该零级衍射光对入射光的轮廓进行了一阶空间求导，因此如微分等数学运算可在光学上得以实现。

在上述例子中，正方形图像的两个边沿 x 方向被均等地提取。如果进行选择性边缘提取，则通过 α 来改变声压就可以对图像的左边缘或右边缘进行提取。利用表 4.3 中的 m-文件，可以改变峰值相位延迟，即 $\alpha = 0.6\pi$。图 4.24(a)为其传递函数，而图 4.24(b)则显示出方形左侧边缘被突出。实际上，最近的实验已经证实了这一观点(Davis and Nowak，2002)。为了获得更高阶导数，可将两个声光调制器进行串联(Cao et al.，1998)。若将两个声光调制器于互相垂直的方向进行放置，即可实现二阶混合求导运算。最近，也有研究将各向异性声光衍射用于二维光学图像处理(Voloshinov et al.，2002；Balakshy et al.，2005)。顺便指出，利用体相位光栅进行边缘增强也已有报道(Case，1979；Márquez et al.，2003)。

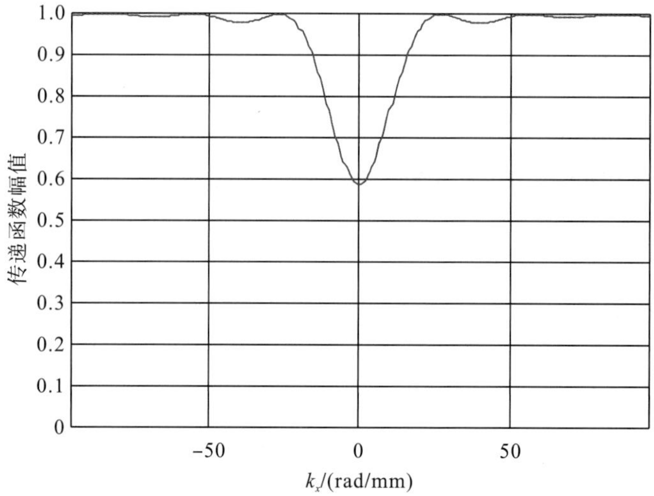

(a)零级传递函数的幅值$|H_0|$作为空间频率k_x的函数

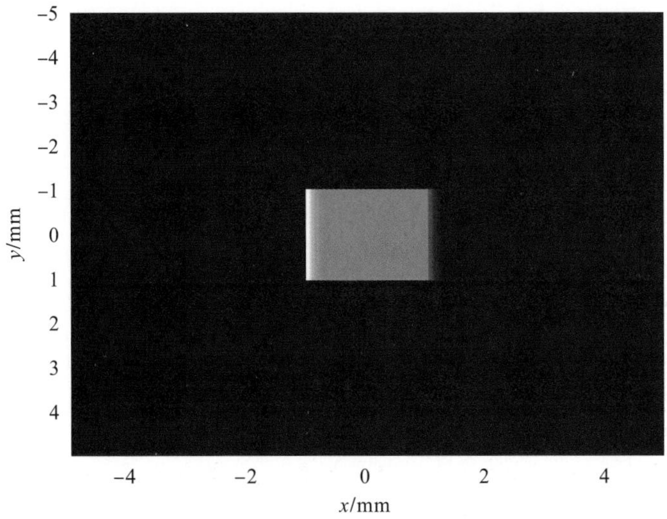

(b)零级输出光轮廓形状

图 4.24　对于 $Q = 14, \alpha = 0.6\pi$ 及 $\Lambda = 0.1$ mm 时的结果

表 4.3　AO_spatial_filtering.m

```
----------------------------------------------------------------
%AO_spatial_filtering.m
clear Q=input('Q = ');  z=1;
Ld=input('Wavelength of sound wave in [mm] (0.1 mm nominal value)=
');
Ld=Ld*10^-3;
al=input('alpha = ');
X_Sx=input('Length of square in [mm] (enter 1.3)= ');
X_Sx=X_Sx*10^-3;
Xmin=-0.005;
Xmax=0.005;
Step_s=0.5*6.5308e-005;  x=Xmin: Step_s: Xmax;
%Length of consideration range
L=Xmax-Xmin;
%Ratio of the square about the consideration range
R=X_Sx/L;
n=size(x);
N=n(2);
%Size of the square
Sx=round(N*R);
%Square
```

```
Einc=zeros(N, N);
S=size( Einc(  round(N/2)-round(Sx/2): round(N/2)+round(Sx/2),  ...
    round(N/2)-round(Sx/2): round(N/2)+round(Sx/2)));
Einc(round(N/2)-round(Sx/2): round(N/2)+round(Sx/2),  ...
    round(N/2)-round(Sx/2): round(N/2)+round(Sx/2) )=ones(S);

%Square profile in Frequency domain using FFT
F_Einc=fft2(Einc);
F_Einc=fftshift(F_Einc);
%dx is the step size
dx=L/(N-1);
%Calcuation of range vector for space and frequency for k=1: N
   X(k)=L/N*(k-1)-L/2;
   Y(k)=L/N*(k-1)-L/2;
   %Kx=(2*pi*k)/(N*dx)
   %k is sampling number,  N is number of sample,  dx is step size
   Kxp(k)=(2*pi*(k-1))/((N-1)*dx);
    Kyp(k)=(2*pi*(k-1))/((N-1)*dx);

end Kx=Kxp-max(Kxp)/2;  Ky=Kyp-max(Kyp)/2;
%Calculation of H0 for l=1: N
  for m=1: N
   d_x=Kx(l)*Ld/pi;
   D_x(l)=d_x;
   A_x= cos( ( ( (d_x*Q/4)^2 + (al/2)^2 )^0.5 ) *z);
   Bdn_x= sin( ( ( (d_x*Q/4)^2 + (al/2)^2 )^0.5 ) *z);
   Bn_x=         ( (d_x*Q/4)^2 + (al/2)^2 )^0.5;
   B_x=Bdn_x/Bn_x;
   H0(m, l)=exp(-j*d_x*Q*z/4)*(A_x+j*d_x*Q/4*B_x);
   end
end
%Calculation of profile of zero order output beam in Frequency domain
F_Eout_zero=F_Einc.*H0;
F_Eout_zero=fftshift(F_Eout_zero);
%Zeroth-order output beam profile in Space domain
E_out_zero=ifft2(F_Eout_zero);
%axis in [mm] scale
X=X*10^3;
```

```
Y=Y*10^3;
Kx=Kx*10^-3;
Ky=Ky*10^-3;
figure(1) plot(Kx， abs(H0(154， ： ))) title('Magnitude of transfer
funciton H0') xlabel(' Kx [rad/mm] ')
grid on
axis([ min(Kx) max(Kx) 0 1])
axis square
figure(2) image(X, Y, 256*Einc/max(max(Einc))) colormap(gray(256))
title('Profile ofncident beam')
xlabel('x [mm]') ylabel('y [mm]') axis square figure(3)
image(X, Y,  256*abs(E_out_zero)/max(max(abs(E_out_zero))))
colormap(gray(256))
title('Profile of zeroth-order output beam' ) xlabel('x [mm]')
ylabel('y [mm]')
axis square
--------------------------------------------------------------------
```

4.8.6　声光外差作用

光学信息通常是由相干光(如激光)来携带的。根据式(2.3.2)，令

$$\psi(x,y,z=0,t)=\psi_{\mathrm{p}}(x,y;0)\exp(\mathrm{j}\omega_0 t)$$

表示光电探测器表面的相干光场，光场以时间频率 ω_0 振荡，由于光电探测器对光的强度有响应，即 $|\psi|^2$，所以通过对强度进行空间积分可以得到输出电流 i：

$$\begin{aligned} i &\propto \iint_D \left|\psi_{\mathrm{p}}\exp(\mathrm{j}\omega_0 t)\right|^2 \mathrm{d}x\mathrm{d}y \\ &= \iint_D \left|\psi_{\mathrm{p}}\right|^2 \mathrm{d}x\mathrm{d}y = A^2 D, \end{aligned} \tag{4.8.12}$$

式中，D 为光电探测器的光敏面(对光强度敏感的面积)。若考虑 $\psi_{\mathrm{p}}=A$，即均匀平面波入射，就可以得到上式中的最后一步。情况如图 4.25 所示。

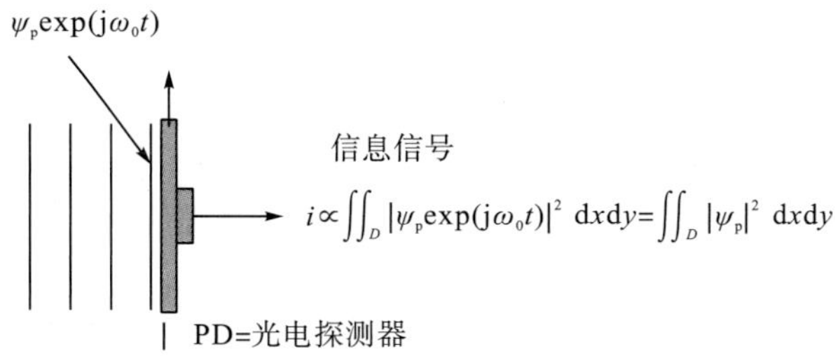

图 4.25　直接检测

在此情况下，可以看出光电探测器的电流与入射光的强度 A^2 成正比，因此输出电流随信息信号的强度而变化。这种光电探测器的模式在光学系统中称为直接检测(direct detection)或非相干检测(incoherent detection)。

现在考虑光电探测器表面上两个平面波的外差(heterodyning)，如图 4.26 所示。假设一束携带信息的平面波，也称为信息信号平面波 $A_s\exp\{j(\omega_0 t+s(t))\}\exp(-jk_0x\sin\phi)$，而一束参考平面波 $A_r\exp(j(\omega_0+\Omega))$ 称为无线电中的本地振荡器(local oscillator)。

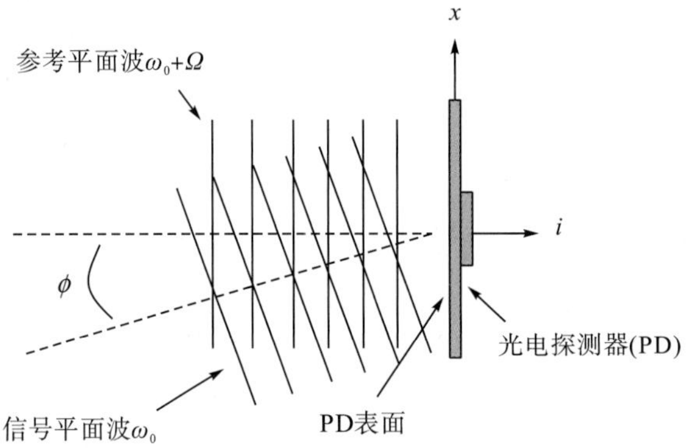

图 4.26 外差或相干检测(coherent detection)

从图中可以发现，参考平面波的频率比信号平面波的频率高 Ω，信号平面波相对于光电探测器垂直入射的参考平面波的倾斜角为 ϕ。同时，本例中的信息内容 $s(t)$ 在信号波(signal wave)的相位中。在如图 4.26 所示的情况下，可以看到两个平面波在光电探测器表面发生干涉，则总光场 ψ_t 为

$$\psi_t=A_r\exp(j(\omega_0+\Omega)t)+A_s\exp\{j(\omega_0 t+s(t))\}\exp(-jk_0x\sin\phi).$$

同样，光电探测器只对光的强度响应，故输出电流

$$\begin{aligned}i&\propto\int_D|\psi_t|^2\,\mathrm{d}x\,\mathrm{d}y\\&=\int_{-a}^{a}\int_{-a}^{a}\left[A_r^2+A_s^2+2A_rA_s\cos(\Omega t-s(t)+k_0x\sin\phi)\right]\mathrm{d}x\,\mathrm{d}y.\end{aligned}$$

这里可以假设，该光电探测器有一个 $2a\times2a$ 的均匀光敏面，其电流可估算为

$$i(t)\propto 2a\left(A_r^2+A_s^2\right)+4A_rA_s\frac{\sin(k_0a\sin\phi)}{k_0\sin\phi}\cos(\Omega t-s(t)). \tag{4.8.13}$$

为了简单起见，设 A_r 和 A_s 为实数，电流输出可分为两个部分，即直流(DC)电流和交流(AC)电流。频率为 Ω 的交流电流称为外差电流(heterodyne current)，可以发现最初嵌在信号平面波相位中的信息内容 $s(t)$ 现在被保留并转移到外差电流的相位中。事实上，光学这种保相技术通常称为全息记录(holographic recording)或波前记录(wavefront recording)(Gabor，1949)。以上过程称为光学外差(optical heterodyning)(Poon and kim，2005)，在光通信中通常称为光学相干检测(optical coherent detection)。相比之下，如果参考平面波没有用于检测，那么先前描述的则是非相干检测。显然，由于 $A_r=0$，所以由信号平面波携带的信息内容就会丢失，上式只是给出了一个与信号平面波强度 A_s^2 成正比的直流电流值。

现在考虑外差中遇到的一些实际问题。同样，上式给出电流的交流部分为外差电流 $i_{\text{het}}(t)$，可由下式给出：

$$i_{\text{het}}(t) \propto A_{\text{r}} A_{\text{s}} \frac{\sin(k_0 a \sin\phi)}{k_0 \sin\phi} \cos(\Omega t - s(t)). \tag{4.8.14}$$

可以发现，因两个平面波沿稍不同的方向传播，外差电流的输出下降了 $\frac{\sin(k_0 a \sin\phi)}{(k_0 \sin\phi)} = a\text{sinc}(k_0 a \sin\phi / \pi)$ 的一个因子。对于小角度，即 $\sin\phi \approx \phi$，其电流幅值下降为 $\text{sinc}(k_0 a\phi / \pi)$。因此，当信号平面波和参考平面波之间的角度差为 0 时，即这两个平面波的传播方向完全相同，外差电流最大。当 $k_0 a\phi / \pi = 1$ 或 $\phi = \lambda_0 / 2a$ 时，电流为 0。其中，λ_0 为激光波长。要知道，为了获得任何外差输出需要对准的角度 ϕ 非常严格，假设光电探测器的尺寸为 $2a = 1\,\text{cm}$，并且所用激光器为红光，即 $\lambda_0 \approx 0.6\,\mu\text{m}$，此时计算的 ϕ 约为 $(2.3\times10^{-3})°$。因此，为了进行外差，需要有精确的光机支座来保证角度旋转，以最小化外差作用时两个平面波之间的角度差。图 4.27 是一个声光外差(acousto-optic heterodyne)实验，它恢复了声波频率 Ω (Cummins and Knable，1963)，其中，假设 ψ_{p} 和 B 在光电探测器表面是常数。在布拉格条件下工作的声光调制器放置在透镜的前焦面处。

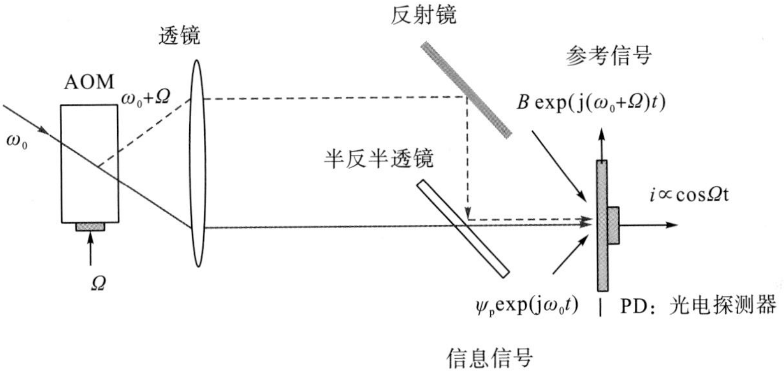

图 4.27 光学外差检测

习 题

4.1 验证式(4.2.14)。

4.2 验证式(4.4.3)和式(4.4.4)。

4.3 从式(4.3.6)出发，验证 Korpel-Poon 方程[式(4.4.6)]。

4.4 求以下无限耦合方程的解：

$$\frac{\text{d}a_m}{\text{d}\xi} = -\text{j}\beta a_m + \alpha(a_{m-1} - a_{m+1}).$$

式中，$a_i(0) = \psi_{\text{inc}}\delta_{i0}$ 且 α、β 和 ψ_{inc} 均为实数。[提示：定义一个函数 $a_m(\xi) = A_m(\xi)\exp(-\text{j}\beta\xi)$.]

4.5 证明由式(4.6.3)和式(4.6.4)给出的耦合方程的解可由式(4.6.8a)和式(4.6.8b)给出。

4.6 对于倾斜入射到宽度为 L 的声柱上的平面波，即 $\phi_{\text{inc}} \neq 0$，求第 m 阶衍射光的振幅.

提示：定义一个函数

$$I_n = \mathrm{e}^{\mathrm{j}nbz} J_n\left[(a\sin bz)/b\right]$$

且证明

$$\frac{\mathrm{d}I_n}{\mathrm{d}z} = \frac{1}{2}a\mathrm{e}^{2\mathrm{j}bz} I_{n-1} - \frac{1}{2}a\mathrm{e}^{-2\mathrm{j}bz} I_{n+1}.$$

4.7 对于近相位同步(near phase-synchronous)上移声光布拉格衍射(acousto-optic Bragg diffraction)，即 $\phi_{\text{inc}} = -\phi_{\text{B}}(1+\delta)$，其零级和一级振幅的演化根据以下耦合方程组进行：

$$\frac{\mathrm{d}\psi_0}{\mathrm{d}\xi} = -\mathrm{j}\frac{a}{2}\mathrm{e}^{-\mathrm{j}\delta Q\xi/2}\psi_1,$$

$$\frac{\mathrm{d}\psi_1}{\mathrm{d}\xi} = -\mathrm{j}\frac{a}{2}\mathrm{e}^{\mathrm{j}\delta Q\xi/2}\psi_0.$$

不求解方程，证明 $\frac{\mathrm{d}}{\mathrm{d}\xi}[|\psi_0|^2 + |\psi_1|^2] = 0$。然后，在边界条件 $\psi_0(\xi=0) = \psi_{\text{inc}}$ 和 $\psi_1(\xi=0) = 0$ 下，求解 ψ_0 和 ψ_1。

4.8 如图题 4.8 所示，布拉格器件在布拉格条件下工作，位于焦距在 $f = 1\,\text{m}$ 的透镜的前焦面处，声波在声介质中的速度为 4000 m/s，真空中，光的波长为 $\lambda_v = 0.6328\mu\text{m}$ 且介质的折射率为 1.6。$s(t)$ 表示传输到布拉格器件的信号。现在，从无线电台 WTCP 和 WPPB 分别以载频 40MHz 和 45MHz 的两个测试信号被天线(antenna)接收后，经放大并到达声光调制器的换能器，求解以下问题：

(a) 透镜后焦面处光束的频率；

(b) 后焦面处两束光之间的空间距离。

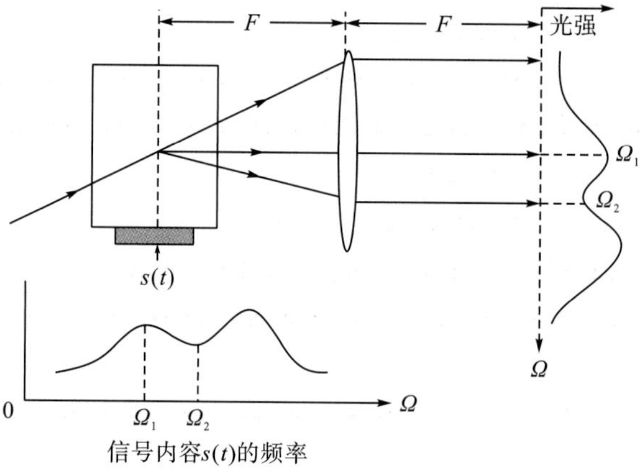

图题 4.8 频谱分析仪

4.9 布拉格衍射时，其零阶光表现出对入射光的高通空间滤波特性。若考虑布拉格散射光束，则对入射光进行哪种空间滤波？并证明。

4.10　参考图 4.26，假设光的波长为 $0.6328\mu m$，若两个平面波之间有 1°的间隔，求其最佳的光电探测器尺寸。

4.11　光电探测器表面的平面波和球面波分别由以下表达式给出：$A_1\exp(\mathrm{j}\omega_0 t)$ 和 $A_2\exp\left(\mathrm{j}(\omega_0+\Omega)t\right)\exp\left(-\mathrm{j}\frac{\pi}{\lambda_0 Z}\left(x^2+y^2\right)\right)$，该光电探测器具有半径为 R 的均匀圆形光敏面。证明其外差电流由下式给出：

$$i_{\mathrm{het}}(t)\propto A_1A_2R^2\,\mathrm{sinc}\left(\frac{R^2}{2\lambda_0 Z}\right)\cos\left(\Omega t-\frac{\pi R^2}{2\lambda_0 Z}\right)$$

且最佳的光电探测器尺寸为 $R_{\mathrm{opt}}=\sqrt{\lambda_0 Z}$。

参考文献

Aggarwal, R.R. (1950). "Diffraction of Light by Ultrasonic Waves (Deduction of Different Theories for the Generalized Theory of Raman and Nath)," *Proc. Ind. Acad. Sci.*, A31, pp. 417.426.

Alferness, R. (1976). "Analysis of Propagation at the Second-Order Bragg Angle of a Thick Holographic Grating," *J. Opt. Soc. Am.*, 66, pp. 353.362.

Appel, R. and M.G. Somekh (1993). "Series Solution for Two-Frequency Bragg Interaction Using the Korpel-Poon Multiple-Scattering Model," *J. Opt. Soc. Am. A*, 10, pp. 466.

Balakshy, V. I. (1984). "Acousto-Optic Cell as a Filter of Spatial Frequencies," *J. Commun. Tech. & Electronics*, 29, pp.1610-1616.

Balakshy, V.I., V.B. Voloshinov, T.M. Babkina, and D.E. Kostyuk (2005). " Optical Image Processing by Means of Acousto-Optic Spatial Filtration," *J. Modern Optics*, 52, pp. 1.20.

Banerjee, P.P. and T.-C. Poon (1991). *Principles of Applied Optics.* Irwin, Illinois.

Banerjee, P.P. and T.-C. Poon (1987)."Simulation of Bistability and Chaos in Acousto-Optic Devices," *Proc. of Midwest Symposium on Circuits & Systems,* pp. 820-823, (Syracuse, NY).

Brooks P. and C.D. Reeve (1995). "Limitations in Acousto-Optic FM Demodulators," *IEE Proc. Optoelectron.*, 142, pp. 149-156.

Cao, D., P.P. Banerjee, and T.-C. Poon (1998). "Image Edge Enhancement Using Two Cascaded Acousto-Optic Cells with Contra propagating Sound," *Appl. Opt.*, 37, pp. 3007.3014.

Case, S. (1979). "Fourier Processing in the Object Plane," *Opt. Lett.*, 4, pp. 286.288.

Chen, S. -T. and M. R. Chatterjee (1996). A Numerical Analysis and Expository Interpretation of the Diffraction of Light by Ultrasonic Waves in the Bragg and Raman-Nath Regimes Using Multiple Scattering Theory," *IEEE Trans. on Education*, 39, pp. 56.68.

Chen S. -T. and M.R. Chatterjee (1997). "Dual-Input Hybrid Acousto-Optic Set-Reset Flip-Flop and its Nonlinear Dynamics," *Appl. Opt.*, 36, pp. 3147.3154.

Cohen, M.G. and E.I. Gordon (1965). "Acoustic Beam Probing Using Optical Techniques," *Bell System Tech. Journal*, 44, pp. 693.721.

Chatterjee, M.R., T.-C. Poon and D. N. Sitter, Jr. (1990). "Transfer Function Formalism for Strong Acousto-Optic Bragg Diffraction of Light Beams with Arbitrary Profiles," *Acustica*, 71, pp. 81.92.

Chrostowski, J. and C. Delisle (1982). "Bistable Optical Switching Based on Bragg Diffraction," *Opt. Commun.*, 41, pp. 71.77.

Cummins, H.Z. and N. Knable (1963). "Single Sideband Modulation of Coherent Light by Bragg Reflection from Acoustical Waves," *Proc. IEEE*, p. 1246.

Davis, J.A. and M.D. Nowak (2002). "Selective Edge Enhancement of Images with an Acousto-Optic Light Modulator," *Appl. Opt.* 41, 4835.4839.

Gabor, D. (1949). "Microscopy by Reconstructed Wavefronts," *Proc. Roy. Soc., ser. A*, 197, 454.487.

Gies, D. T and T. C. Poon (2002). "Measurement of Acoustic Radiation Pattern in an Acousto-Optic Modulator," *Proc. IEEE SoutheastCon*, pp.441.445.

Hicks, M. and C. D. Reeve (1998). "Acousto-Optic System for Automatic Identification and Decoding of Digitally Modulated Signals," *Opt. Eng.*, 37, pp. 931.941.

IntraAction Corporation, 3719 Warren Avenue, Bellwood, IL 60104.

Klein W.R. and B.D. Cook (1967). "Unified Approach to Ultrasonic Light Diffraction," *IEEE Trans. on Sonics and Ultrasonics*, SU-14, 123.134.

Kogelnik, H. (1969). "Coupled Wave Theory for Thick Hologram Grating," *Bell Syst. Tech. J.*, 48, pp. 2909-2947.

Korpel, A. (1972). Acousto-Optics. In *Applied Solid State Science*, Vol. 3 (R. Wolfe, ed.) Academic, New York.

Korpel, A. (1988). *Acousto-Optics*. Marcel Dekker, Inc., New York and Basel.

Korpel, A., R. Adler, and B. Alpiner (1964). "Direct Observation of Optically Induced Generation and Amplification of Sound," *Applied Physics Letters*, 5, pp. 86.88.

Korpel, A. and T. C Poon (1980). "Explicit Formalism for Acousto-Optic Multiple Plane-Wave Scattering," *J. Opt. Soc. Am.*, 70, pp. 817.

Magdich L.N., V.Y. Molchanov, and V. Ya (1977). "Diffraction of a Divergent Beam by Intense Acoustic Waves, " *Opt. Spectrosc.* (USSR), 42, pp. 299-302.

Márquez A, Neipp C, Beléndez A, et al.(2003)."Edge-Enhanced Imaging with Polyvinyl Alcohol/Acrylamide Photopolymer Gratings," *Opt. Lett.*, 28, pp. 1510.

McNeill, M, T. C. Poon (1992). "Hybrid Acousto-Optical Bistability in the Second-Order Bragg Regime," *IEEE Proc. Southeastern Symposium on System Theory,* pp. 556.560.

Mertens, R., W. Hereman, and J. -P. Ottoy (1985). "The Raman-Nath Equations Revisited," *Proc. Ultrason. Int.*, 85, 422.428.

Phariseau, P. (1956). "On the Diffraction of Light by Progressive Supersonic Waves, " *P. Proc. Indian Acad. Sci.* 44: 165. 170.

Pieper, R.J. and T.-C. Poon (1985). "An Acousto-Optic FM Receiver Demonstrating Some Principles of Modern Signal Processing," *IEEE Trans. on Education*, Vol. E-27, No. 3, pp. 11.17.

Poon, T.-C. (2002). "Acousto-Optics," in *Encyclopedia of Physical Science and Technology*, Academic Press.

Poon, T.-C. (2004). "Heterodyning," in *Encyclopedia of Modern Optics*, Elsevier Physics, pp. 201.206.

Poon, T.-C. and S.K. Cheung (1989). "Performance of a Hybrid Bistable Device Using an Acousto-Optic Modulator," *Appl. Opt.*, 28, pp. 4787.

Poon, T.-C. and T. Kim (2005). "Acousto-Optics with MATLAB®," *Proc. SPIE*, Vol. 5953, 59530J-1.59530J-12.

Poon, T.-C. and A. Korpel (1981a). "Feynman Diagram Approach to Acousto-Optic Scattering in the Near Bragg Region," *J. Opt. Soc. Am.*, 71, pp. 1202.1208.

Poon, T.-C. and A. Korpel（1981b）. "High Efficiency Acousto-Optic Diffraction into the Second Bragg Order," *IEEE Proc. Ultrasonics Symposium*, Vol. 2, pp. 751.754.

Poon, T.-C, M. D. McNeill, and D. J. Moore（1997）. "Two Modern Optical Signal Processing Experiments Demonstrating Intensity and Pulse-Width Modulation Using an Acousto-Optic Modulator," *American Journal of Physics*, 65, pp. 917.925.

Poon, T.-C. and R. J. Pieper（1983）. "Construct an Optical FM Receiver," *Ham Radio*, pp. 53.56.

Raman C.V. and N.S.N. Nath（1935）. "The Diffraction of Light by High Frequency Sound Waves： Part I.," *Proc. of the Indian Academy of Sciences*, 2, pp. 406.412.

Whitman R.L. and A. Korpel（1969）. "Probing of Acoustic Surface Perturbations by Coherent Light," *Appl. Opt.*, 8, pp. 1567.1576.

VanderLugt, A.（1992）. *Optical Signal Processing.* John Wiley & Sons, Inc., New York.

Voloshinov, V.B., T. M. Babkina, and V.Y. Molchanov（2002）. "Two Dimensional Selection of Optical Spatial Frequencies by Acousto-Optic Methods," *Opt. Eng.*, 41, pp. 1273.

Xia, J.G., T. C. Poon, P.P. Banerjee, et al.（1996）. "Image Edge Enhancement by Bragg Diffraction," *Opt. Commun.*,128, pp. 1.7.

第 5 章　电　光　学

前面介绍了波在均匀介质(第 2 章)、非均匀介质(第 3 章)和时变介质(第 4 章)中的传播效应，然而，很多介质材料(如晶体)是各向异性的(anisotropic)。本章将学习线性波在均匀且磁各向同性(μ_0 为常数)介质但同时在电各向异性介质(electrical anisotropy)中传输的情况。到此，可以发现，外加电场在介质中产生的极化不再只是一个常数乘以电场，还取决于外加场的方向与介质各向异性之间的关系。对于这个问题的讨论将有助于理解激光调制电光材料的性质和用途。

5.1　介 电 张 量

从第 2 章可以知道，对于线性、均匀且各向同性的介质，有 $\boldsymbol{D}=\varepsilon\boldsymbol{E}$，其中，$\varepsilon$ 是一个标量常数，所以 $\boldsymbol{D}=D_x\boldsymbol{a}_x+D_y\boldsymbol{a}_y+D_z\boldsymbol{a}_z$ 的方向平行于 $\boldsymbol{E}=E_x\boldsymbol{a}_x+E_y\boldsymbol{a}_y+E_z\boldsymbol{a}_z$ 的方向。例如，外加电场 $E_x\boldsymbol{a}_x$ 产生仅沿 x 方向的电位移矢量 $\boldsymbol{D}$，即仅为 $D_x\boldsymbol{a}_x$，但在各向异性介质中的情况却不同。图 5.1 是一个晶体中电子各向异性结合(anisotropic binding)的模型。各向异性(anisotropy)是通过假设每个方向上有不同的弹性常数来考虑问题的(在各向同性的情况下，所有的弹性常数均相等)。因此，一般情况下，一个外加电场 $E_x\boldsymbol{a}_x$ 产生含有三个分量的 $\boldsymbol{D}$，如下所示：

$$D_x=\varepsilon_{xx}E_x,\quad D_y=\varepsilon_{yx}E_x,\quad D_z=\varepsilon_{zx}E_x. \tag{5.1.1a}$$

式中，ε_{xx}、ε_{yx} 和 ε_{zx} 分别为相应的介电常数分量。同理，外加电场 $E_y\boldsymbol{a}_y$ 产生了

$$D_x=\varepsilon_{xy}E_y,\quad D_y=\varepsilon_{yy}E_y,\quad D_z=\varepsilon_{zy}E_y \tag{5.1.1b}$$

且 $E_z\boldsymbol{a}_z$ 产生了

$$D_x=\varepsilon_{xz}E_z,\quad D_y=\varepsilon_{yz}E_z,\quad D_z=\varepsilon_{zz}E_z. \tag{5.1.1c}$$

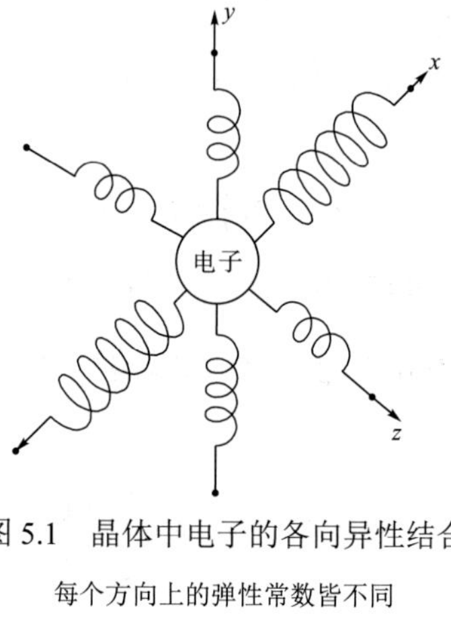

图 5.1　晶体中电子的各向异性结合

每个方向上的弹性常数皆不同

综上所述，若外加电场具有这三个分量，即 $E = E_x\boldsymbol{a}_x + E_y\boldsymbol{a}_y + E_z\boldsymbol{a}_z$，而非式(2.1.12a)，则 $\boldsymbol{D}$ 和 $\boldsymbol{E}$ 由以下公式关联[可以发现式(2.1.12b)依然成立，因为这里考虑的是磁各向同性介质]：

$$D_x = \varepsilon_{xx}E_x + \varepsilon_{xy}E_y + \varepsilon_{xz}E_z, \tag{5.1.2a}$$

$$D_y = \varepsilon_{yx}E_x + \varepsilon_{yy}E_y + \varepsilon_{yz}E_z, \tag{5.1.2b}$$

$$D_z = \varepsilon_{zx}E_x + \varepsilon_{zy}E_y + \varepsilon_{zz}E_z, \tag{5.1.2c}$$

或矩阵形式

$$\begin{pmatrix} D_x \\ D_y \\ D_z \end{pmatrix} = \begin{pmatrix} \varepsilon_{xx} & \varepsilon_{xy} & \varepsilon_{xz} \\ \varepsilon_{yx} & \varepsilon_{yy} & \varepsilon_{yz} \\ \varepsilon_{zx} & \varepsilon_{zy} & \varepsilon_{zz} \end{pmatrix} \begin{pmatrix} E_x \\ E_y \\ E_z \end{pmatrix}, \tag{5.1.3a}$$

简化为

$$D_i = \sum_{j=1}^{3} \varepsilon_{ij}E_j, \tag{5.1.3b}$$

式中，对于 x，i、$j=1$，对于 y，i、$j=2$，对于 z，i、$j=3$ 时。式(5.1.3a)或式(5.1.3b)通常写为

$$\boldsymbol{D} = \bar{\varepsilon}\boldsymbol{E}, \tag{5.1.4}$$

式中

$$\bar{\varepsilon} = \begin{pmatrix} \varepsilon_{11} & \varepsilon_{12} & \varepsilon_{13} \\ \varepsilon_{21} & \varepsilon_{22} & \varepsilon_{23} \\ \varepsilon_{31} & \varepsilon_{32} & \varepsilon_{33} \end{pmatrix}. \tag{5.1.5}$$

以上(3×3)矩阵通常称为介电张量(dielectric tensor)。这里证明在无损耗介质中，介电张量具有特殊的对称性。由式(2.1.3)和式(2.1.4)可知，没有电流的介质中的两个麦克斯韦方程为

$$\nabla \times \boldsymbol{E} = -\frac{\partial \boldsymbol{B}}{\partial t}, \tag{5.1.6}$$

和

$$\nabla \times \boldsymbol{H} = \frac{\partial \boldsymbol{D}}{\partial t}, \tag{5.1.7}$$

其中，对于磁各向同性介质，$\boldsymbol{B} = \mu\boldsymbol{H}$ 且 $\mu = \mu_0$。现在，对 $\boldsymbol{E}$ 和式(5.1.7)进行点积运算，有

$$\boldsymbol{E}\cdot(\nabla \times \boldsymbol{H}) = \boldsymbol{E}\cdot\frac{\partial \boldsymbol{D}}{\partial t}.$$

由于向量恒等式 $\nabla\cdot(\boldsymbol{E}\times\boldsymbol{H}) = \boldsymbol{H}\cdot(\nabla\times\boldsymbol{E}) - \boldsymbol{E}\cdot(\nabla\times\boldsymbol{H})$ 成立，将上式写为

$$\boldsymbol{H}\cdot(\nabla\times\boldsymbol{E}) - \nabla\cdot(\boldsymbol{E}\times\boldsymbol{H}) = \boldsymbol{E}\cdot\frac{\partial \boldsymbol{D}}{\partial t}. \tag{5.1.8}$$

现在，利用式(5.1.6)，有

$$\boldsymbol{H}\cdot(\nabla\times\boldsymbol{E}) = \boldsymbol{H}\cdot\left(-\frac{\partial \boldsymbol{B}}{\partial t}\right). \tag{5.1.9}$$

将式(5.1.9)代入式(5.1.8)，可得

$$-\nabla\cdot(\boldsymbol{E}\times\boldsymbol{H})=\boldsymbol{H}\cdot\left(\frac{\partial\boldsymbol{B}}{\partial t}\right)+\boldsymbol{E}\cdot\frac{\partial\boldsymbol{D}}{\partial t}. \tag{5.1.10}$$

由坡印亭矢量的定义可知，$\boldsymbol{S}=\boldsymbol{E}\times\boldsymbol{H}$ [式(2.2.32)]，可将式(5.1.10)写为

$$-\nabla\cdot\boldsymbol{S}=\boldsymbol{H}\cdot\left(\frac{\partial\boldsymbol{B}}{\partial t}\right)+\boldsymbol{E}\cdot\frac{\partial\boldsymbol{D}}{\partial t}. \tag{5.1.11}$$

考虑能量流的连续性方程(continuity equation for energy flow)为

$$\nabla\cdot\boldsymbol{S}+\frac{\mathrm{d}W}{\mathrm{d}t}=0, \tag{5.1.12}$$

上式表明，电磁能量密度(energy density) W 的时间变化率等于能通量 $-\nabla\cdot\boldsymbol{S}$ 的流出量。因为

$$W=\frac{1}{2}\boldsymbol{E}\cdot\boldsymbol{D}+\frac{1}{2}\boldsymbol{H}\cdot\boldsymbol{B}, \tag{5.1.13}$$

则有

$$\begin{aligned}\frac{\mathrm{d}W}{\mathrm{d}t}&=\frac{\mathrm{d}}{\mathrm{d}t}\left(\frac{1}{2}\sum_{i,j=1}^{3}E_i\varepsilon_{ij}E_j\right)+\frac{1}{2}\left(\frac{\mathrm{d}\boldsymbol{H}}{\mathrm{d}t}\cdot(\mu\boldsymbol{H})+\boldsymbol{H}\cdot\frac{\mathrm{d}\mu\boldsymbol{H}}{\mathrm{d}t}\right)\\&=\frac{1}{2}\left(\sum_{i,j=1}^{3}\frac{\mathrm{d}E_i}{\mathrm{d}t}\varepsilon_{ij}E_j+\sum_{i,j=1}^{3}E_i\varepsilon_{ij}\frac{\mathrm{d}E_j}{\mathrm{d}t}\right)+\mu\boldsymbol{H}\cdot\frac{\mathrm{d}\boldsymbol{H}}{\mathrm{d}t}.\end{aligned} \tag{5.1.14}$$

利用式(5.1.11)、式(5.1.12)和式(5.1.14)，有

$$\begin{aligned}&\frac{1}{2}\left(\sum_{i,j=1}^{3}\frac{\mathrm{d}E_i}{\mathrm{d}t}\varepsilon_{ij}E_j+\sum_{i,j=1}^{3}E_i\varepsilon_{ij}\frac{\mathrm{d}E_j}{\mathrm{d}t}\right)=\boldsymbol{E}\cdot\frac{\mathrm{d}\boldsymbol{D}}{\mathrm{d}t}\\&=\sum_{i,j=1}^{3}E_i\frac{\mathrm{d}}{\mathrm{d}t}\left(\sum_{j=1}^{3}\varepsilon_{ij}E_j\right)\\&=\sum_{i,j=1}^{3}E_i\varepsilon_{ij}\frac{\mathrm{d}E_j}{\mathrm{d}t}.\end{aligned}$$

因此，由上式可得

$$\frac{1}{2}\sum_{i,j=1}^{3}\frac{\mathrm{d}E_i}{\mathrm{d}t}\varepsilon_{ij}E_j=\frac{1}{2}\sum_{i,j=1}^{3}E_i\varepsilon_{ij}\frac{\mathrm{d}E_j}{\mathrm{d}t}. \tag{5.1.15}$$

这里，交换式(5.1.15)右侧的索引参数 i 和 j 并不改变其值大小，则式(5.1.15)化为

$$\sum_{i,j=1}^{3}\frac{\mathrm{d}E_i}{\mathrm{d}t}\varepsilon_{ij}E_j=\sum_{i,j=1}^{3}E_j\varepsilon_{ji}\frac{\mathrm{d}E_i}{\mathrm{d}t},$$

这表示

$$\varepsilon_{ij}=\varepsilon_{ji}. \tag{5.1.16}$$

现已证明，介电张量在无损耗介质中是对称的。对于有损耗的介质，ε_{ij} 为复数，因为有复数的折射率，所以其能量会被介质吸收。在无损耗介质的条件下，从式(5.1.16)可以看出，ε_{ij} 只有 6 个独立元素。众所周知，任何实对称矩阵都可以通过坐标变换进行对角化，因此该介电张量可以采用对角线的形式：

$$\bar{\varepsilon}=\begin{pmatrix}\varepsilon_x & 0 & 0\\ 0 & \varepsilon_y & 0\\ 0 & 0 & \varepsilon_z\end{pmatrix}. \tag{5.1.17}$$

该新坐标系称为主轴系统，其中三个介电常数(dielectric permittivities) ε_x、ε_y 和 ε_z 称为主介电常数(principal dielectric constants)，笛卡儿坐标轴称为主轴(principal axis)。可以发现，在晶体中其主轴方向是特殊方向，因为当 $\boldsymbol{E}$ 作用于其中任意一个方向时，就会产生与之平行的 $\boldsymbol{D}$，这是显而易见的。因为 $\boldsymbol{D}=\bar{\varepsilon}\boldsymbol{E}$，其中 $\bar{\varepsilon}$ 可由式(5.1.17)表示。根据式(5.1.17)，可以确定三种晶体类型(表 5.1)：立方体(cubic)、单轴(uniaxial)和双轴(biaxial)。因为大多数用于电光器件(electro-optic devices)的晶体都是单轴晶体(uniaxial crystal)，因此在后续的讨论中，只集中讨论这些类型的晶体。可以发现，对于单轴晶体，以 ε_z 为特征的轴称为光轴(optic axis)，当 $\varepsilon_z>\varepsilon_x=\varepsilon_y$ 时，该晶体为正单轴(positive uniaxial)晶体，而当 $\varepsilon_z<\varepsilon_x=\varepsilon_y$ 时，该晶体为负单轴(negative uniaxial)晶体。

表 5.1　晶体类型和一些常见例子

	立方体	单轴晶体	双轴晶体
主轴系统	$\begin{pmatrix}\varepsilon & 0 & 0\\ 0 & \varepsilon & 0\\ 0 & 0 & \varepsilon\end{pmatrix}$	$\begin{pmatrix}\varepsilon_x & 0 & 0\\ 0 & \varepsilon_x & 0\\ 0 & 0 & \varepsilon_z\end{pmatrix}$	$\begin{pmatrix}\varepsilon_x & 0 & 0\\ 0 & \varepsilon_y & 0\\ 0 & 0 & \varepsilon_z\end{pmatrix}$
常见例子	氯化钠 钻石	石英 （正，$\varepsilon_x<\varepsilon_z$） 方解石 （负，$\varepsilon_x>\varepsilon_z$）	云母 黄晶

5.2　平面波在单轴晶体中的传输：双折射

为了发展平面波在单轴晶体中的传播理论，首先讨论麦克斯韦方程对 $\boldsymbol{E}$ 和 $\boldsymbol{D}$ 的限制，然后引入 $\boldsymbol{E}$ 和 $\boldsymbol{D}$ 的本构关系，从而求解含 $\boldsymbol{E}$ 的一个方程，并通过该方程来研究平面波在晶体中的传播。

假设电磁波是在晶体内相互作用的平面波，即所有麦克斯韦方程中的因变量 $\boldsymbol{E}$、$\boldsymbol{D}$、$\boldsymbol{B}$ 和 $\boldsymbol{H}$ 根据 $\exp[\mathrm{j}(\omega_0 t-\boldsymbol{k}_0\cdot\boldsymbol{R})]$ 而变化，并且振幅恒定。在这种时变场中，麦克斯韦方程组中的操作算子 $\mathrm{d}/\mathrm{d}t$ 和 ∇ 可根据以下规则被替换为

$$\frac{\mathrm{d}}{\mathrm{d}t}\to \mathrm{j}\omega_0 \tag{5.2.1a}$$

$$\nabla\to -\mathrm{j}\boldsymbol{k}_0=-\mathrm{j}k_0\boldsymbol{a}_k. \tag{5.2.1b}$$

则式(5.1.6)和式(5.1.7)分别化为

$$\boldsymbol{k}_0\times\boldsymbol{E}=k_0\boldsymbol{a}_k\times\boldsymbol{E}=\omega_0\mu\boldsymbol{H} \tag{5.2.2a}$$

和

$$\boldsymbol{k}_0\times\boldsymbol{H}=k_0\boldsymbol{a}_k\times\boldsymbol{H}=-\omega_0\boldsymbol{D}, \tag{5.2.2b}$$

式中，使用了 $\boldsymbol{B}=\mu_0\boldsymbol{H}$ 和 $\boldsymbol{a}_k=\boldsymbol{k}_0/|\boldsymbol{k}_0|=\boldsymbol{k}_0/k_0$。现在，消去式(5.2.2a)和式(5.2.2b)中的 $\boldsymbol{H}$，

可得

$$\boldsymbol{D}=\frac{{k_0}^2}{{\omega_0}^2\mu_0}[\boldsymbol{E}-(\boldsymbol{a}_k\cdot\boldsymbol{E})\boldsymbol{a}_k]. \tag{5.2.3}$$

对于电各向同性介质，$\boldsymbol{a}_k\cdot\boldsymbol{E}=0$，即沿传输方向没有电场分量(第 3 章)，此时式(5.2.3)可简化为

$$\boldsymbol{D}=\frac{{k_0}^2}{{\omega_0}^2\mu_0}\boldsymbol{E}=\frac{1}{u^2\mu_0}\boldsymbol{E}=\varepsilon\boldsymbol{E}. \tag{5.2.4}$$

然而，在各向异性晶体(anisotropic crystal)中，$\boldsymbol{D}=\overline{\varepsilon}\boldsymbol{E}$ [式(5.1.4)]。因此，式(5.2.3)化为

$$\overline{\varepsilon}\boldsymbol{E}=\frac{{k_0}^2}{{\omega_0}^2\mu_0}[\boldsymbol{E}-(\boldsymbol{a}_k\cdot\boldsymbol{E})\boldsymbol{a}_k]. \tag{5.2.5}$$

该式为研究各向异性介质中平面波传输的起始方程。

在举例说明式(5.2.5)的用法之前，这里对矢量场的相关方向进行说明。从式(5.2.2)中可以发现，$\boldsymbol{H}$ 或 $\boldsymbol{B}$ 与共面的 $\boldsymbol{k}_0$、$\boldsymbol{E}$ 和 $\boldsymbol{D}$ 成直角。此外，因为在无源区，$\nabla\cdot\boldsymbol{D}=-\mathrm{j}\boldsymbol{k}_0\cdot\boldsymbol{D}=0$，如式(2.1.1)所述，$\boldsymbol{D}$ 与 $\boldsymbol{k}_0$ 正交意味着对于一般的各向异性介质，$\boldsymbol{D}$ 垂直于传播方向，而由于各向异性 $\boldsymbol{E}$ 可能并不垂直于传播方向。图 5.2 总结了这一点。

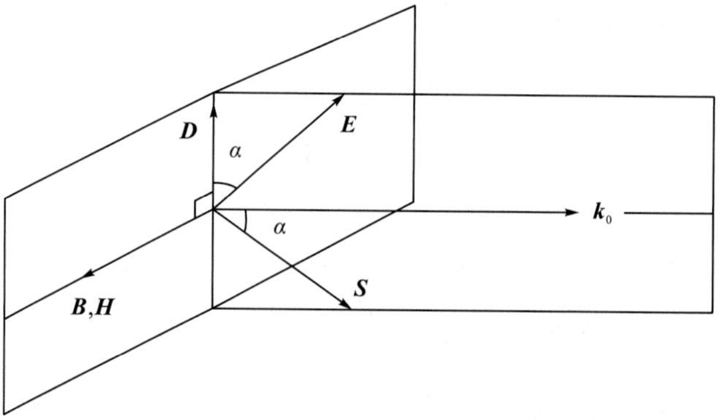

图 5.2　各向异性介质中不同场量的方向

可以发现，坡印亭矢量 $\boldsymbol{S}=\boldsymbol{E}\times\boldsymbol{H}$ (它决定其能量流的方向)与 $\boldsymbol{k}_0$ 表示的波前传播方向不同，并且 $\boldsymbol{E}$ 和 $\boldsymbol{D}$ 之间的角度 α 与 $\boldsymbol{k}_0$ 和 $\boldsymbol{S}$ 之间的角度相同。实际上，可以区分其相速度 $u_\mathrm{p}=\omega_0/k_0$ 和群速度 $\boldsymbol{u}_\mathrm{g}$，群速度 $\boldsymbol{u}_\mathrm{g}$ 的定义为

$$\boldsymbol{u}_\mathrm{g}=\boldsymbol{S}/W, \tag{5.2.6}$$

式中，W 在式(5.1.13)中定义。群速度在 $\boldsymbol{S}$ 的方向上，可以证明其相速度是群速度在 $\boldsymbol{k}_0$ 方向上的投影为

$$u_\mathrm{p}=|\boldsymbol{u}_\mathrm{g}|\cos\alpha. \tag{5.2.7}$$

现在，利用式(5.2.5)来分析平面波在单轴晶体中的传播。假设平面波是极化的，则其电场 $\boldsymbol{E}_a$ 垂直于光轴，其传播矢量相对于光轴成 θ 角，如图 5.3 所示。其 x 方向垂直指向纸内。由于 $\boldsymbol{E}$ 随 $\exp(\mathrm{j}(\omega_0 t))$ 的变化而变化，因此可以写出 $\boldsymbol{E}_a=E_a\boldsymbol{a}_x\exp(\mathrm{j}(\omega_0 t))$，并将其代入式(5.2.5)，采用 $\varepsilon_x=\varepsilon_y$，可得

$$\begin{pmatrix} \varepsilon_x & 0 & 0 \\ 0 & \varepsilon_y & 0 \\ 0 & 0 & \varepsilon_z \end{pmatrix}\begin{pmatrix} E_a\boldsymbol{a}_x \\ 0 \\ 0 \end{pmatrix} = \frac{k_0{}^2}{\omega_0^2\mu_0}[E_a\boldsymbol{a}_x - (\boldsymbol{a}_k \cdot E_a\boldsymbol{a}_x)\boldsymbol{a}_k]. \tag{5.2.8}$$

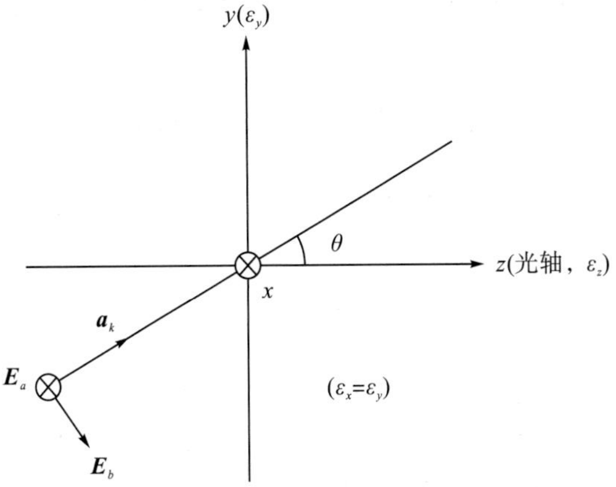

图 5.3　平面波在单轴晶体中的传播

由于 $E_a\boldsymbol{a}_x$ 沿其中一个主轴方向，$\boldsymbol{D}$ 场与之平行。因为 $\boldsymbol{k}_0 \cdot \boldsymbol{D} = 0$，上式的 $\boldsymbol{a}_k \cdot E_a\boldsymbol{a}_x$ 项为 0。最后，通过比较式(5.2.8)中的 x 分量，有

$$\varepsilon_x E_a = \frac{k_0{}^2}{\omega_0{}^2\mu_0}E_a$$

或

$$k_0^2 = \omega_0^2\mu_0\varepsilon_x = \omega_0^2\mu_0\varepsilon_y. \tag{5.2.9}$$

因此，与沿 x 方向极化的波对应的相速度(phase velocity)为

$$u_x = u_1 = \frac{\omega_0}{k_0} = \frac{1}{\sqrt{\mu_0\varepsilon_x}} = \frac{1}{\sqrt{\mu_0\varepsilon_y}} = u_2. \tag{5.2.10}$$

可以证明，对于任何沿光轴没有分量的 $\boldsymbol{E}$，可以得到相同的速度(u_1 或 u_2)。

考虑第二个例子，其中，$\boldsymbol{E}_b$ 的极化矢量(polarization vector)为 $E_{by}\boldsymbol{a}_y + E_{bz}\boldsymbol{a}_z$，如图 5.3 所示，那么式(5.2.5)可以简化为以下两个分量方程

$$\omega_0^2\mu_0\varepsilon_y E_{by} = k_0^2[E_{by} - (\sin\theta E_{by} + \cos\theta E_{bz})\sin\theta], \tag{5.2.11a}$$

和

$$\omega_0^2\mu_0\varepsilon_z E_{bz} = k_0^2[E_{bz} - (\sin\theta E_{by} + \cos\theta E_{bz})\cos\theta], \tag{5.2.11b}$$

其中，式(5.2.5)中的 $\boldsymbol{a}_k$ 已经写为 $\boldsymbol{a}_k = \sin\theta\boldsymbol{a}_y + \cos\theta\boldsymbol{a}_z$，故可将式(5.2.11a)和式(5.2.11b)表示为

$$\begin{pmatrix} \omega_0^2\mu_0\varepsilon_y - k_0^2\cos^2\theta & k_0^2\cos\theta\sin\theta \\ k_0^2\cos\theta\sin\theta & \omega_0^2\mu_0\varepsilon_z - k_0^2\sin^2\theta \end{pmatrix}\begin{pmatrix} E_{by} \\ E_{bz} \end{pmatrix} = 0. \tag{5.2.12}$$

对于非零解，(2×2)矩阵的行列式应该为零，这就给出了

$$k_0^2 = \frac{k_{0y}^2 k_{0z}^2}{k_{0y}^2\sin^2\theta + k_{0z}^2\cos^2\theta}, \tag{5.2.13}$$

式中，$k_{0y}^2=\omega_0^2\mu_0\varepsilon_y$ 且 $k_{0z}^2=\omega_0^2\mu_0\varepsilon_z$，则总的相速度由下式给出：

$$u=\frac{\omega_0}{k_0}=\sqrt{(u_2\cos\theta)^2+(u_3\sin\theta)^2}\,, \tag{5.2.14}$$

式中，$u_2=1/\sqrt{\mu_0\varepsilon_y}$ 且 $u_3=1/\sqrt{\mu_0\varepsilon_z}$。可以发现，当 $\theta=0$ 时，沿光轴传播的光，电场(在 $-\boldsymbol{a}_y$ 方向)垂直于光轴，相速度为 $u_2=1/\sqrt{\mu_0\varepsilon_y}$。实际上，对于任何沿光轴方向没有偏振矢量(polarization vector)分量的波，其相速度是相同的，即 $u_1=u_2=1/\sqrt{\mu_0\varepsilon_x}=c/n_0$，因为在单轴晶体中，$\varepsilon_x=\varepsilon_y$，其中 $n_0=\sqrt{\varepsilon_x/\varepsilon_0}$ 为寻常折射率(ordinary refractive index)。与两个相等折射率有关的波通常称为寻常波(ordinary wave)或简称为 o-光(o-ray)。当 $\theta=\pi/2$ 时，偏振矢量的方向沿光轴，波的相速度为 $u_3=1/\sqrt{\mu_0\varepsilon_z}=c/n_e$，这里，$n_e=\sqrt{\varepsilon_z/\varepsilon_0}$ 为非寻常折射率(extraordinary refractive index)，相应于这个折射率的波称为非寻常波(extraordinary wave)或 e-光(e-ray)。这种在晶体中传输的光波的相速度取决于其偏振方向的现象称为双折射(birefringence)。可以证明，当光束从光轴以外的方向入射到单轴晶体上时，由于这两个不同的折射率 n_e 和 n_0，晶体中会发出两束光，并且这两束光的偏振方向互相垂直。因此，如果通过晶体观察物体，将观察到两个图像。晶体中的这种异常现象称为双折射(double refraction)。下面分析一种随机偏振波垂直入射到单轴晶体的情况，如图 5.4 所示。

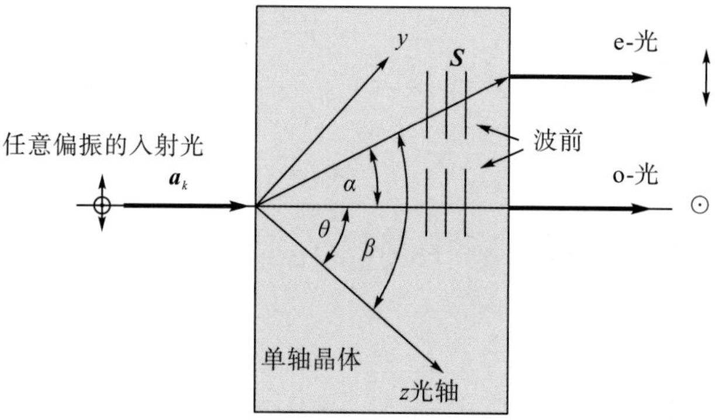

图 5.4 单轴晶体中的双折射

⊙表示偏振方向指向纸内，而↕表示在纸张平面上指向上下

入射光的方向由 $\boldsymbol{a}_k$ 表示且该波与 z 轴(光轴)的夹角为 θ，由此可以求出 e-光和光轴之间的 β 角。先求 e-光能量流的方向，这可以通过计算坡印亭矢量 $\boldsymbol{S}$ 获得，因此有

$$\boldsymbol{S}=\boldsymbol{E}\times\boldsymbol{H}=\frac{k_0}{\omega_0\mu}\boldsymbol{E}\times(\boldsymbol{a}_k\times\boldsymbol{E}),$$

上式使用了式(5.2.2a)。利用两个叉积的向量恒等式可将上式重新写为

$$\boldsymbol{S}=\frac{k_0}{\omega_0\mu}[\boldsymbol{a}_k|\boldsymbol{E}|^2-\boldsymbol{E}(\boldsymbol{E}\cdot\boldsymbol{a}_k)]\,. \tag{5.2.15}$$

对于 $\boldsymbol{E}$ 垂直于光轴的波，与图 5.3 的 $\boldsymbol{E}_a$ 情况相同，有 $\boldsymbol{E}\cdot\boldsymbol{a}_k=0$，因此 $\boldsymbol{S}$ 平行于 $\boldsymbol{a}_k$，该 o-光不发生偏折并直接通过晶体，但如果该波的 $\boldsymbol{E}$ 位于 y-z 平面，与图 5.3 中的 $\boldsymbol{E}_b$ 情况相同，则该 e-光将发生折射但不直接通过晶体。可以发现，其波前沿 $\boldsymbol{a}_k$ 方向传播，但其

能量方向将沿坡印亭矢量方向。对此情况分析如下。

同样，假设 $\boldsymbol{E}$ 的偏振形式为 $E_y\boldsymbol{a}_y + E_z\boldsymbol{a}_z$ 且在 y-z 平面上，同样可以知道，$\boldsymbol{a}_k = \sin\theta\boldsymbol{a}_y + \cos\theta\boldsymbol{a}_z$。为了简单起见，对 E_y 和 E_z 取实数，可将式(5.2.15)写为

$$\boldsymbol{S} = \frac{k_0}{\omega_0\mu}[(E_y^2 + E_z^2)\boldsymbol{a}_k - (E_y\boldsymbol{a}_y + E_z\boldsymbol{a}_z)(E_y\sin\theta + E_z\cos\theta)]. \tag{5.2.16}$$

现在，如图 5.4 所示的角度 β 可由下式确定，即

$$\tan\beta = \frac{S_y}{S_z} = \frac{\left(E_y^2 + E_z^2\right)\sin\theta - E_y\left(E_y\sin\theta + E_z\cos\theta\right)}{\left(E_y^2 + E_z^2\right)\cos\theta - E_z\left(E_y\sin\theta + E_z\cos\theta\right)}, \tag{5.2.17}$$

式中，S_y 和 S_z 分别为 $\boldsymbol{S}$ 的 y 分量和 z 分量。式(5.2.17)可简化为以下形式：

$$\tan\beta = \frac{(E_z / E_y)\sin\theta - \cos\theta}{(E_y / E_z)\cos\theta - \sin\theta}. \tag{5.2.18}$$

由式(5.2.12)和式(5.2.13)的关系可以得到 E_z 和 E_y 的比值，将其代入式(5.2.18)，最终可以得到下式：

$$\tan\beta = \left(\frac{k_{0y}}{k_{0z}}\right)^2 \tan\theta = \left(\frac{n_o}{n_e}\right)^2 \tan\theta. \tag{5.2.19}$$

考虑磷酸二氢钾(potassium dihydrogen phosphate，KDP)，$n_o = 1.50737$，$n_e = 1.46685$，且相对于光轴的入射角为45°，即 $\theta = 45°$。利用式(5.2.19)计算 o-光和 e-光的夹角，即当 $\alpha = \beta - \theta$ 时，约为1.56°。当 $\theta = 0°$ 或90°时，o-光和 e-光之间的夹角为 0，这意味着两束光沿相同方向传播，这与之前的结果一致。

5.3　双折射的应用：波带片(波片)

考虑由单轴晶体材料制成的厚度为 d 的晶片，其光轴沿 z 方向，如图 5.5 所示。

设线偏振光场入射到 $x = 0$ 处的晶体上，在晶体内 $x = 0^+$ 位置处形成的光场形式为

$$\boldsymbol{E}_{\text{inc}} = \text{Re}[E_0(\boldsymbol{a}_y + \boldsymbol{a}_z)\text{e}^{\text{j}\omega_0 t}]. \tag{5.3.1}$$

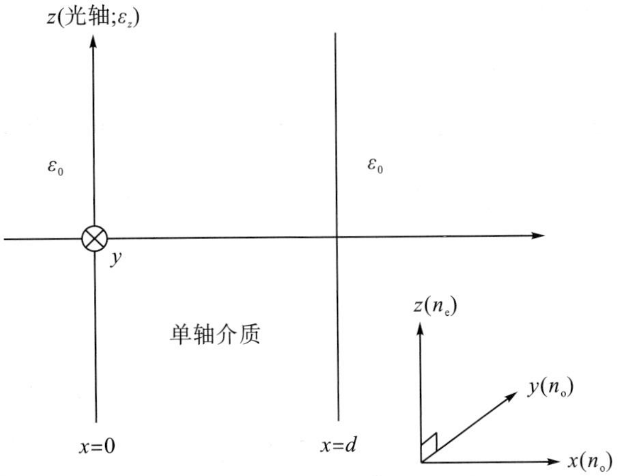

图 5.5　波带片

该光波穿过该晶片传输，在该晶片右侧边缘处($x = d$)的光场可表示为

$$E_{out} = \mathrm{Re}\left(E_0\left[\exp\left(-\mathrm{j}\frac{\omega_0}{u_2}d\right)\boldsymbol{a}_y + \exp\left(-\mathrm{j}\frac{\omega_0}{u_3}d\right)\boldsymbol{a}_z\right]\mathrm{e}^{\mathrm{j}\omega_0 t}\right)$$
$$= \mathrm{Re}\left(E_0\exp\left(-\mathrm{j}\frac{\omega_0}{u_2}d\right)[\boldsymbol{a}_y + \exp(-\mathrm{j}\Delta\phi)\boldsymbol{a}_z]\mathrm{e}^{\mathrm{j}\omega_0 t}\right). \quad (5.3.2)$$

这两种平面偏振波分别为寻常光(沿 $\boldsymbol{a}_y$)和非寻常光(沿 $\boldsymbol{a}_z$)，当它们通过晶体传输时可获得不同的相位，这两个波之间产生的相对相移(phase shift) $\Delta\phi$ 为

$$\Delta\phi = \left(\frac{\omega_0}{u_3} - \frac{\omega_0}{u_2}\right)d = \frac{\omega_0}{c}(n_e - n_o)d = \frac{2\pi}{\lambda_v}(n_e - n_o)d, \quad (5.3.3)$$

式中，λ_v 为光在真空中的波长。若 $n_e > n_o$，则非寻常光在相位上滞后于寻常光，也就是说，寻常光传播得更快，而当 $n_e < n_o$ 时，则反之。这样的移相器通常称为补偿器(compensator)或延迟板(retardation plate)。这两个被允许的波的偏振方向相互正交，通常称为晶体的慢轴(slow axis)和快轴(fast axis)。若 $n_e > n_o$，则 z 轴为慢轴，y 轴为快轴。由于晶片表面垂直于主轴 x，即波的传输方向，所以晶片称为 x-切割。若 $\Delta\phi = 2m\pi$，其中 m 为一个整数(通过引入适当厚度 d)，那么补偿器称为全波片(full-wave plate)，则非寻常光相对寻常光延后或提前了整整一个 λ_v 的周期，出射光将具有与入射光相同的偏振态。若 $\Delta\phi = (2m+1)\pi$ 和 $(m+1/2)\pi$，则分别有一个半波片(half-wave plate)和一个 1/4 波片(quarter-wave plate)。半波片可以使入射光的偏振面(plane of polarization)旋转，如图 5.6 所示。

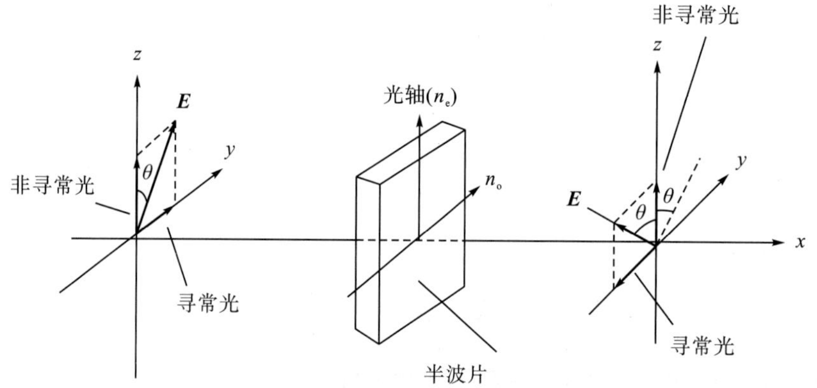

图 5.6　半波片使偏振态旋转

可以发现，一个关于 π 的相位变化等效于反转 $\boldsymbol{E}$ 的一个分量。在晶片出射处这两个分量的组合表明，偏振方向被旋转了 2 倍的 θ 角。还应注意，旋转与反转的分量无关，因为偏振方向仅指定了沿矢量 $\boldsymbol{E}$ 振荡的直线。尽管半波片可以旋转其偏振方向，但 1/4 波片却可以将平面偏振波转换为圆偏振波，因为该波片在非寻常光和寻常光之间引入了一个 $\pi/2$ 的相对相移。最后还应注意，对于任何其他的 $\Delta\phi$ 值，当为平面偏振入射光时，其出射光将为椭圆偏振。

5.4　折射率椭球

前面已经从数学上证明，在单轴晶体中，对于任意给定方向上的平面偏振波，有两个被允许的偏振(two allowed polarizations)，其中一个沿光轴，另一个垂直于光轴。由 5.2 节可知，沿任意方向传输的波的总相速度完全取决于沿主轴方向的偏振波的速度和波的传播方向 θ 。一种简便方法是通过折射率椭球(index ellipsoid)来描述两个波的偏振方向及其相速度，其数学表达式为

$$\frac{x^2}{n_x^2}+\frac{y^2}{n_y^2}+\frac{z^2}{n_z^2}=1\,, \tag{5.4.1}$$

式中，$n_x^2=\varepsilon_x/\varepsilon_0$, $n_y^2=\varepsilon_y/\varepsilon_0$ 且 $n_z^2=\varepsilon_z/\varepsilon_0$ 。如图 5.7 所示为折射率椭球。

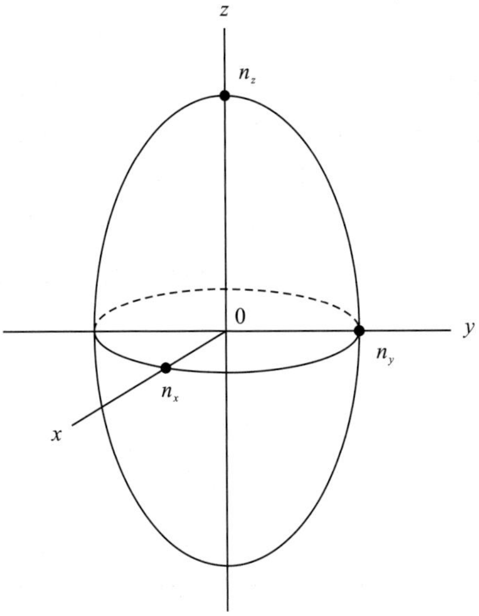

图 5.7　由式(5.4.1)描述的折射率椭球

实际上，可以通过认识其电场来推导式(5.4.1)：

$$W_{\mathrm{e}}=\frac{1}{2}\boldsymbol{E}\cdot\boldsymbol{D}\,,$$

或电磁场的能量密度为

$$\begin{aligned}2W_{\mathrm{e}}&=(E_x\boldsymbol{a}_x\quad E_y\boldsymbol{a}_y\quad E_z\boldsymbol{a}_z)\begin{pmatrix}\varepsilon_x&0&0\\0&\varepsilon_y&0\\0&0&\varepsilon_z\end{pmatrix}\begin{pmatrix}E_x\boldsymbol{a}_x\\E_y\boldsymbol{a}_y\\E_z\boldsymbol{a}_z\end{pmatrix}\\&=\varepsilon_xE_x^2+\varepsilon_yE_y^2+\varepsilon_zE_z^2\\&=\frac{D_x^2}{\varepsilon_x}+\frac{D_y^2}{\varepsilon_y}+\frac{D_y^2}{\varepsilon_y}.\end{aligned}\tag{5.4.2}$$

因为$D_i=\varepsilon_i E_i$，其中$i=x$、y或z，如果用x、y和z代替$\sqrt{D_i/2W_e\varepsilon_0}$，并将其视为空域中的笛卡儿坐标，则式(5.4.2)变为

$$1=\frac{x^2}{\varepsilon_x/\varepsilon_0}+\frac{y^2}{\varepsilon_y/\varepsilon_0}+\frac{z^2}{\varepsilon_z/\varepsilon_0}, \tag{5.4.3}$$

上式与式(5.4.1)给出的折射率椭球相同。一般来说，为了通过式(5.4.2)获得式(5.4.3)，因x、y和z正比于$\boldsymbol{D}_i$，所以折射率椭球表面上的任意一点都是折射率或场$\boldsymbol{D}$的一个解，因此折射率椭球中的x、y和z轴与主轴方向一致。实际上，由式(5.4.1)可知，对于晶体中给定的传播方向，可以确定其各自的折射率及$\boldsymbol{D}$的两个允许的偏振。下面分析如何做到这一点，对于用$\boldsymbol{k}_0$表示的一个给定的传播方向，其与$\boldsymbol{k}_0$有关的场$\boldsymbol{D}$必须位于垂直于$\boldsymbol{k}_0$的一个平面上，因为对于无源区，$\nabla\cdot\boldsymbol{D}=-\mathrm{j}\boldsymbol{k}_0\cdot\boldsymbol{D}=0$。该平面与该椭球相交，为椭圆$A$，并且其长轴和短轴的方向分别对应$\boldsymbol{D}$的两个正交分解位移$\boldsymbol{D}_1$和$\boldsymbol{D}_2$的正交方向。如图5.8所示就是一个单轴晶体的情况，其长轴和短轴给出了各自的折射率，据此得出$\boldsymbol{D}_1$和$\boldsymbol{D}_2$的相速度。

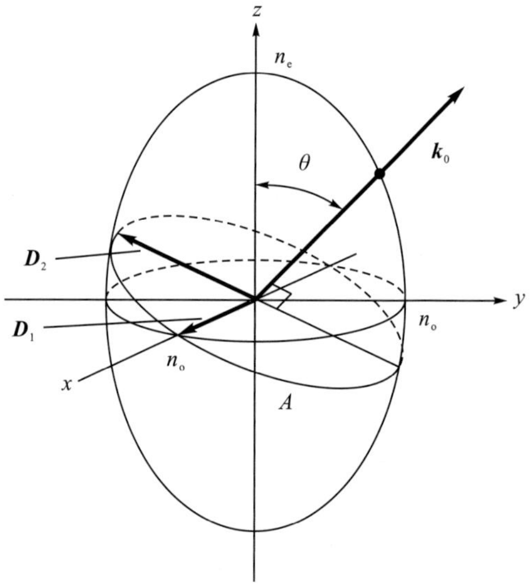

图 5.8　两个被允许的偏振$\boldsymbol{D}_1$和$\boldsymbol{D}_2$

作为一个例子，考虑沿y方向且以$\boldsymbol{k}_0$传播的波，即$\theta=\pi/2$时，来确定两个允许波的相速度，取一个垂直于$\boldsymbol{k}_0$的椭球截面，该椭圆面由下式给出：

$$\frac{x^2}{n_o^2}+\frac{z^2}{n_e^2}=1.$$

因此，可以得到沿x方向和z方向偏振且相速度分别为$u_1=c/n_o$和$u_3=c/n_e$的两个波$\boldsymbol{D}_1$和$\boldsymbol{D}_2$。因此，$\boldsymbol{D}_1$为寻常光，$\boldsymbol{D}_2$为非寻常光。

若θ是任意的，但在y-z平面上，则沿$\boldsymbol{D}_2$的折射率$n_e(\theta)$可由图5.9确定。利用关系

$$n_e^2(\theta)=z^2+y^2, \tag{5.4.4a}$$

$$\frac{z}{n_e(\theta)}=\sin\theta\ , \tag{5.4.4b}$$

及椭圆方程

$$\frac{y^2}{n_o^2}+\frac{z^2}{n_e^2}=1\ , \tag{5.4.4c}$$

有

$$\frac{1}{n_e^2(\theta)}=\frac{\cos^2\theta}{n_o^2}+\frac{\sin^2\theta}{n_e^2}\ . \tag{5.4.5}$$

可以发现，式(5.4.5)可由式(5.2.14)直接求得。从图 5.9 也可以看出，当 $\theta=0$ 时，即该波沿光轴传输时是没有双折射现象的，因为此时的双折射值为零，即 $n_e(0)-n_o=0$。同样，其双折射值 $n_e(\theta)-n_o$ 取决于传输方向，并且当传输方向垂直于光轴时，即 $\theta=90°$ 时，n_e-n_o 的值最大。

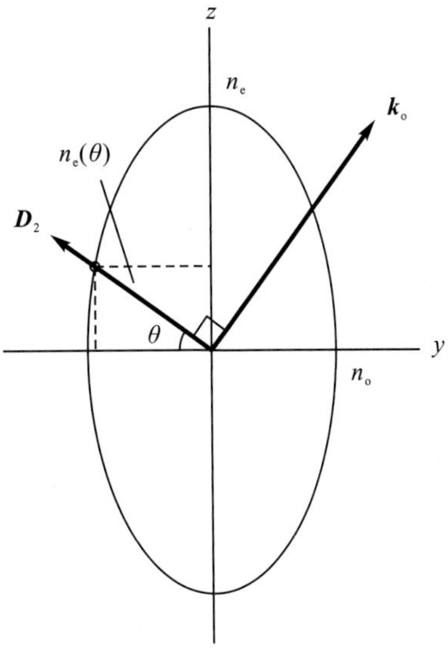

图 5.9　折射率椭球的横截面图

说明折射率的值取决于波的传播方向

5.5　单轴晶体中的电光效应

在介绍了波在各向异性介质中的传播之后，现在分析固有各向异性的电光效应。如之后所见，可以利用折射率椭球的概念对此进行有效研究。本节将学习之前讨论的电光效应在声光相关领域的应用，如强度调制和相位调制。

大体上说，该电光效应(electro-optic effect)是由外加电场引起的 n_e 和 n_o 的改变。本章只讨论线性(linear)电光效应[或泡克耳斯效应，Pockels effect]，即 n_e 和 n_o 的变化与所施加的电场呈线性变化的情况。另一种情况即 n_e 和 n_o 取决于非线性的外加电场，称为克尔效应，这部分内容已经在第 3 章非线性光学中进行了讨论。

数学上，电光效应可以表示为受外加电场引起的折射率椭球的变形。与其明确表示折射率的变化，更方便的方法是描述由外加电场作用而引起的$1/n^2$的变化，即$\Delta(1/n^2)$。本节仅考虑线性电光(或泡克耳斯)效应和单轴晶体的情况，则折射率椭球的一般表达式为

$$\left[\frac{1}{n_o^2}+\Delta\left(\frac{1}{n^2}\right)_1\right]x^2+\left[\frac{1}{n_o^2}+\Delta\left(\frac{1}{n^2}\right)_2\right]y^2+\left[\frac{1}{n_e^2}+\Delta\left(\frac{1}{n^2}\right)_3\right]z^2$$
$$+2\Delta\left(\frac{1}{n^2}\right)_4 yz+2\Delta\left(\frac{1}{n^2}\right)_5 xz+2\Delta\left(\frac{1}{n^2}\right)_6 xy=1, \tag{5.5.1}$$

式中

$$\Delta\left(\frac{1}{n^2}\right)_i=\sum_{j=1}^{3}r_{ij}E_j,\quad i=1,\cdots,6,$$

式中，r_{ij}为线性电光系数或泡克耳斯系数(Pockels coefficients)。这些E_j为外加电场在x、y和z方向的分量。可以发现，当外加电场为零时，即$E_j=0$时，式(5.5.1)可简化为式(5.4.1)，其中，$n_x=n_o=n_y$，$n_z=n_e$。

将$\Delta\left(\frac{1}{n^2}\right)_i$表示为矩阵形式，即

$$\begin{pmatrix}\Delta\left(\frac{1}{n^2}\right)_1\\ \Delta\left(\frac{1}{n^2}\right)_2\\ \Delta\left(\frac{1}{n^2}\right)_3\\ \Delta\left(\frac{1}{n^2}\right)_4\\ \Delta\left(\frac{1}{n^2}\right)_5\\ \Delta\left(\frac{1}{n^2}\right)_6\end{pmatrix}=\begin{pmatrix}r_{11}&r_{12}&r_{13}\\ r_{21}&r_{22}&r_{23}\\ r_{31}&r_{32}&r_{33}\\ r_{41}&r_{42}&r_{43}\\ r_{51}&r_{52}&r_{53}\\ r_{61}&r_{62}&r_{63}\end{pmatrix}\begin{pmatrix}E_1\\ E_2\\ E_3\end{pmatrix}. \tag{5.5.2}$$ †

该(6×3)矩阵通常写为$[r_{ij}]$，称为线性电光张量(electro-optic tensor)。该张量包含 18 个元素。在大多数情况下，当晶体中不存在对称性时，这些元素是必须的。然而，这 18 个元素中的许多元素都是零值，某些非零元素具有相同的值，这取决于晶体的对称性。表 5.2 列出了一些代表性晶体的非零值。利用式(5.5.1)和表 5.2，可以求得在外加电场下的折射率椭球方程。

† 译著中对该公式进行了修正。

表 5.2　泡克耳斯系数

材料	$r_{ij}/(\times10^{-12}\text{m/V})$	$\lambda_v/\mu\text{m}$	折射率
$LiNbO_3$	$r_{13}=r_{23}=8.6$	0.63	$n_o=2.2967$
	$r_{33}=30.8$		$n_e=2.2082$
	$r_{22}=-r_{61}=-r_{12}=3.4$		
	$r_{51}=r_{42}=28$		
SiO_2	$r_{11}=-r_{21}=-r_{62}=0.29$	0.63	$n_o=1.546$
	$r_{41}=-r_{52}=0.2$		$n_e=1.555$
KDP（磷酸二氢钾）	$r_{41}=r_{52}=8.6$	0.55	$n_o=1.50737$
	$r_{63}=10.6$		$n_e=1.46685$
ADP（磷酸二氢铵）	$r_{41}=r_{52}=2.8$	0.55	$n_o=1.52$
	$r_{63}=8.5$	0.55	$n_e=1.48$
GaAs	$r_{41}=r_{52}=r_{63}=1.2$	0.9	$n_o=n_e=3.42$（立方体）

例 1　铌酸锂($LiNbO_3$)的折射率椭球

根据表 5.2，其线性电光张量为

$$\left[r_{ij}\right]=\begin{pmatrix}0 & -r_{12} & r_{13}\\ 0 & r_{22} & r_{13}\\ 0 & 0 & r_{33}\\ 0 & r_{51} & 0\\ r_{51} & 0 & 0\\ -r_{22} & 0 & 0\end{pmatrix}. \tag{5.5.3}$$

对于该晶体，在外加电场 $\boldsymbol{E}=E_z\boldsymbol{a}_z$ 的情况下，其折射率椭球可简化为

$$\frac{x^2}{n_o^2}+\frac{y^2}{n_o^2}+\frac{z^2}{n_e^2}+r_{13}E_zx^2+r_{13}E_zy^2+r_{33}E_zz^2=1,$$

上式可重新写为

$$\frac{x^2}{n_x^2}+\frac{y^2}{n_y^2}+\frac{z^2}{n_z^2}=1, \tag{5.5.4a}$$

式中

$$\frac{1}{n_x^2}=\frac{1}{n_o^2}+r_{13}E_z, \tag{5.5.4b}$$

$$\frac{1}{n_y^2}=\frac{1}{n_o^2}+r_{13}E_z, \tag{5.5.4c}$$

和

$$\frac{1}{n_z^2}=\frac{1}{n_e^2}+r_{33}E_z. \tag{5.5.4d}$$

假设 $n_o^2 r_{13} E_z \ll 1$ 和 $n_e^2 r_{33} E_z \ll 1$，并借助在 $\varDelta \ll 1$ 时 $\sqrt{1-\varDelta} \approx 1-\varDelta/2$ 的近似，可根据式(5.5.4)求出折射率椭球对于 x、y 和 z 偏振波，分别为

$$n_x = n_y \approx n_o - \frac{1}{2} r_{13} n_o^3 E_z \tag{5.5.5a}$$

和

$$n_z \approx n_e - \frac{1}{2} r_{33} n_e^3 E_z . \tag{5.5.5b}$$

因此，当外加电场沿 z 方向时，其折射率椭球并未发生任何旋转，仅折射率椭球轴的长度改变了。这种折射率椭球的变形产生了外部诱导的双折射。

例 2　磷酸二氢钾(potassium dihydrogen phosphate，KDP)的折射率椭球

对于 KDP 晶体，根据表 5.2 可知，其线性电光张量为

$$[r_{ij}] = \begin{pmatrix} 0 & 0 & 0 \\ 0 & 0 & 0 \\ 0 & 0 & 0 \\ r_{41} & 0 & 0 \\ 0 & r_{41} & 0 \\ 0 & 0 & r_{63} \end{pmatrix} . \tag{5.5.6}$$

在外部电场 $\boldsymbol{E} = E_x \boldsymbol{a}_x + E_y \boldsymbol{a}_y + E_z \boldsymbol{a}_z$ 的作用下，其折射率椭球方程可简化为

$$\frac{x^2}{n_o^2} + \frac{y^2}{n_o^2} + \frac{z^2}{n_e^2} + 2r_{41}E_x yz + 2r_{41}E_y xz + 2r_{63}E_z xy = 1 . \tag{5.5.7}$$

折射率椭球方程中的混合项意味着当有外加电场时，该折射率椭球的长轴和短轴不再平行于其 x、y 和 z 轴，而在没有外加电场时，这些 x、y 和 z 轴为主轴方向。的确，在应用外加电场时，折射率椭球会改变方向。

5.6　电光效应的应用

5.6.1　强度调制

纵向结构(longitudinal configuration)：电光强度调制器(intensity modulator)的典型结构如图 5.10 所示。它由放置在两个偏振轴相互垂直的正交偏振片(polarizers)之间的电光晶体构成。其偏振轴(polarization axis)决定其出射光线的偏振方向。这里使用一个 KDP 晶体，其主轴与 x、y 和 z 对齐。因电场是通过电压 V 并沿光场传播方向即 z 轴施加的，所以证明了纵向结构的合理性。仅对于 E_z，则式(5.5.7)可化为

$$\frac{x^2}{n_o^2} + \frac{y^2}{n_o^2} + \frac{z^2}{n_e^2} + 2r_{63}E_z xy = 1. \tag{5.6.1}$$

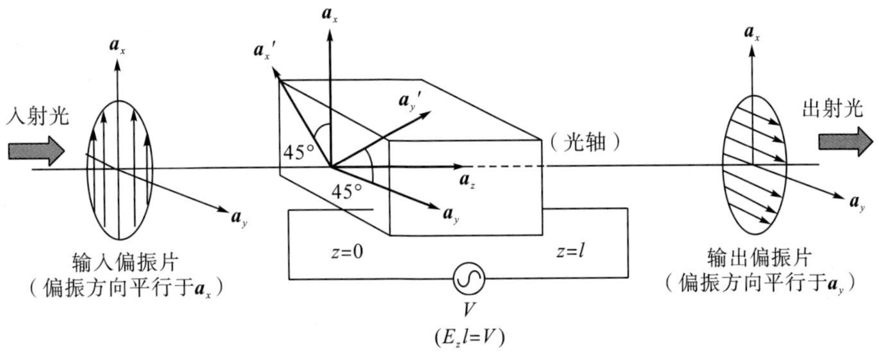

图 5.10　纵向电光强度调制系统

检查式(5.6.1)，可以发现存在一个交叉项 xy。由解析几何(analytic geometry)可知，通过将 x 轴和 y 轴相对于 z 轴旋转成新的 x' 轴和 y' 轴，即可消掉该交叉项。实际上，每个二次表达式

$$Ax^2+Bxy+Cy^2 \tag{5.6.2a}$$

均可简化为这种形式，即

$$A'x'^2+C'y'^2 \tag{5.6.2b}$$

将轴旋转角度 θ，其中，

$$\cot 2\theta=(A-C)/B \tag{5.6.2c}$$

且

$$\begin{pmatrix}x\\y\end{pmatrix}=\begin{pmatrix}\cos\theta & -\sin\theta\\ \sin\theta & \cos\theta\end{pmatrix}\begin{pmatrix}x'\\y'\end{pmatrix}. \tag{5.6.2d}$$

比较式(5.6.1)和式(5.6.2a)可以看到，$A=C$，所以 $\cot 2\theta=0$，这意味着 $\theta=\pm45°$。取 $\theta=-45°$，则式(5.6.2d)化为

$$x=\frac{1}{\sqrt{2}}(x'+y')\text{ 和 }y=-\frac{1}{\sqrt{2}}(x'-y'). \tag{5.6.3}$$

将以上表达式代入式(5.6.1)，可得其在与新主轴 x'、y' 和 z 对齐的坐标系下的折射率椭球方程：

$$\frac{x'^2}{n_x'^2}+\frac{y'^2}{n_y'^2}+\frac{z^2}{n_e^2}=1 \tag{5.6.4}$$

式中

$$\frac{1}{n_x'^2}=\frac{1}{n_o^2}-r_{63}E_z\text{ 且 }\frac{1}{n_y'^2}=\frac{1}{n_o^2}+r_{63}E_z,$$

表明

$$n_x'\approx n_o+\frac{n_o^3}{2}r_{63}E_z\text{ 且 }n_y'\approx n_o-\frac{n_o^3}{2}r_{63}E_z,$$

在图 5.10 中，$\boldsymbol{a}_x'$ 和 $\boldsymbol{a}_y'$ 是沿 x' 轴和 y' 轴的单位向量，它们相对于 x 轴和 y 轴旋转了 45°。

举例　折射率椭球

沿主轴 z 施加外部电场的 KDP 晶体的折射率椭球由式(5.6.1)给出。对于给定的外加

电场，绘出该折射率椭球沿 x-y 平面旋转 45° 的图示。在式(5.6.4)中，当 $z=0$ 时，它在 x'-y' 平面上给出一个椭圆，因此 y' 值可根据 x' 计算如下：

$$y'=\pm n_y'\sqrt{1-(1/n_x')^2x'^2}.$$

由于 y' 值是在实轴上定义的，所以 x' 的范围由 $-n_x'\leqslant x'\leqslant n_x'$ 给出，沿 x' 和 y' 坐标的折射率 (n_x',n_y') 由式(5.6.4)给出。利用 MATLAB，首先给出一个表示 x' 在范围 $-n_x'\leqslant x'\leqslant n_x'$ 的矢量，再根据上式算出 y' 值。然后，通过下式计算的 (x',y') 转换为 (x,y)，即

$$x=\left(1/\sqrt{2}\right)(x'+y') \text{ 和 } y=\left(-1/\sqrt{2}\right)(x'-y').$$

利用'plot(·)'函数绘制 (x,y) 图，对于 $E_z=0.5\times10^{11}$V/m，如图 5.11 所示。可以发现，该施加电场的值是不切实际的，此处选择此值仅是为了说明问题。表 5.3 给出了生成图 5.11 的 m-文件。

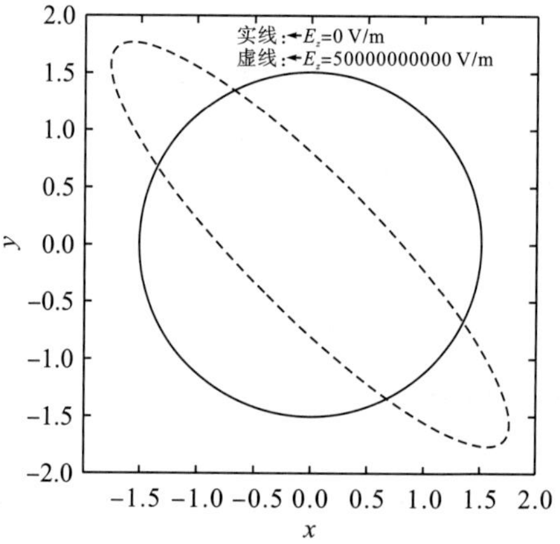

图 5.11 用 MATLAB 绘制的折射率椭球

表 5.3 Index_Ellipsoid.m[**绘制式(5.6.1)的 m-文件**]

```
-----------------------------------------------------------------
%Index_Ellipsoid.m clear
no=1.51;  %no is the refractive index of the ordinary axis of KDP
r63=10.6*10^-12;  %Electro-optic Coefficient (r63)of KDP
E=input('Applied Electric Field [V/m]  = ') %suggested value is
0.5*10^ 11 for n=1: 2
   if n==1       Ez=0;     end
   if n==2       Ez=E;     end
  nx_p=no+(no^3)/2*r63*Ez; %principal refractive index along x', see
Eq. (5.6.4)   ny_p=no-(no^3)/2*r63*Ez;  %principal refractive index
along y'
  %Calculate the index ellipsoid in the presence of applied electric
field
  x_p=-nx_p: nx_p/1000: nx_p;  %Range of x'
```

```
y1_p=ny_p*(ones(size(x_p))-(x_p./nx_p).^2).^0.5 ;   %Corresponding
positive y'
 y2_p=-ny_p*(ones(size(x_p))-(x_p./nx_p).^2).^0.5;
%Corresponding negative y'
%Transform (x', y') to the (x, y)
%x11 and x12 are the x's
%y11 and y12 are the y's
x11=1/(2^0.5)*(x_p+y1_p);
y11=-1/(2^0.5)*(x_p-y1_p);
x12=1/(2^0.5)*(x_p+y2_p);
y12=-1/(2^0.5)*(x_p-y2_p);
  if n==1
     figure(1) plot(x11, real(y11), '-')
     hold on
     plot(x12, real(y12), '-')
      end
   if n==2    plot(x11, real(y11), '--')
  hold on
  plot(x12, real(y12), '--')
   end end
text(-max(x11)*0.5, max(y11), ['solid line:   Ez = ', num2str(0),
' [V/m]']); text(-max(x11)*0.5, max(y11)*0.9, ['dotted line: Ez =
', num2str(E), ' [V/m]']); axis square
hold off
xlabel('x')
ylabel('y')
title('Index ellipsoids')
```

现在，再回到图 5.10，$z=0$ 处的输入光场紧贴晶体前方放置，沿 x 方向偏振并写为 $E_0\boldsymbol{a}_x$，其场可以分解为沿 x' 和 y' 方向偏振的两个互相正交的分量。在通过电光晶体一段距离 l 后，沿 $\boldsymbol{a}'_x$ 和 $\boldsymbol{a}'_y$ 的场分量分别为

$$E_{x'}\big|_{z=l}=\frac{E_0}{\sqrt{2}}\exp\left(-\mathrm{j}\frac{\omega_0}{c}n'_x l\right) \tag{5.6.5a}$$

和

$$E_{y'}\big|_{z=l}=\frac{E_0}{\sqrt{2}}\exp\left(-\mathrm{j}\frac{\omega_0}{c}n'_y l\right). \tag{5.6.5b}$$

两个分量在 $z=l$ 处的相位差称为延迟(retardation) $\varPhi_{\mathrm{L}}$，并由下式给出：

$$\Phi_{\rm L} = \frac{\omega_0}{c}(n'_x - n'_y)l$$
$$= \frac{\omega_0}{c}n_{\rm o}^3 r_{63} V = \frac{2\pi}{\lambda_v}n_{\rm o}^3 r_{63} V, \tag{5.6.6}$$

式中，$V = E_z l$。值得一提的是，当$\Phi_{\rm L} = \pi$时，电光晶体实质上起了半波片的作用，其双折射是由电感应产生的。为了在$z = l$处产生一个y偏振，晶体将在$z = 0$处引起一个x偏振波。然后，其入射光场通过输出偏振片但未被衰减，当晶体内部的电场关闭(V=0)时，没有出射光，因为它被正交的输出偏振片挡住了。因此，该系统可以通过电光方式打开和关闭光，并产生一个延迟$\Phi_{\rm L} = \pi$的电压，通常称为半波电压(half-wave voltage)，即

$$V_\pi = \frac{\lambda_v}{2n_{\rm o}^3 r_{63}}. \tag{5.6.7}$$

由表 5.2 和$\lambda_v = 0.55\mu{\rm m}$时可知，对于 KDP 晶体，有$V_\pi \approx 7.58\,{\rm kV}$。

回到对一般系统的分析，平行于$\boldsymbol{a}_y$的电场分量，即通过输出偏振片的分量为

$$E_y^0 = [E_{x'}\big|_{z=l}\boldsymbol{a}'_x + E_{y'}\big|_{z=l}\boldsymbol{a}'_y]\cdot \boldsymbol{a}_y$$
$$= \left[\frac{E_0}{\sqrt{2}}\exp\left(-{\rm j}\frac{\omega_0}{c}n'_x l\right)\boldsymbol{a}'_x + \frac{E_0}{\sqrt{2}}\exp\left(-{\rm j}\frac{\omega_0}{c}n'_y l\right)\boldsymbol{a}'_y\right]\cdot \boldsymbol{a}_y$$

可以发现，$(\boldsymbol{a}'_y)\cdot \boldsymbol{a}_y = 1/\sqrt{2}$和$(\boldsymbol{a}'_x)\cdot \boldsymbol{a}_y = -1/\sqrt{2}$，则上式化为

$$E_y^0 = \frac{1}{2}E_0\left[\exp\left(-{\rm j}\frac{\omega_0}{c}n'_y l\right) - \exp\left(-{\rm j}\frac{\omega_0}{c}n'_x l\right)\right].$$

因此，输出光强($I_0 = |E_y^{\rm o}|^2$)与输入光强($I_{\rm i} = |E_0|^2$)之比为

$$\frac{I_0}{I_{\rm i}} = \sin^2\left(\frac{\omega_0}{2c}\left(n'_x - n'_y\right)l\right) = \sin^2\left(\frac{\Phi_{\rm L}}{2}\right) = \sin^2\left(\frac{\pi}{2}\frac{V}{V_\pi}\right). \tag{5.6.8}$$

图 5.12 为透过率($I_0/I_{\rm i}$)与外加电压V的变化关系图。可以发现，曲线的线性区域是在偏置电压(bias voltage)为$V_\pi/2$时获得的，因此该电光调制器(electro-optic modulator)在偏置下通常有一个固定的延迟以达到 50%的透过率。该偏置可以通过电(通过施加固定电压$V = V_\pi/2$)或光(利用一个 1/4 波片)来实现。此 1/4 波片必须以插入电光晶体和检偏器的方式使其慢轴和快轴与$\boldsymbol{a}'_x$和$\boldsymbol{a}'_y$的方向对齐。

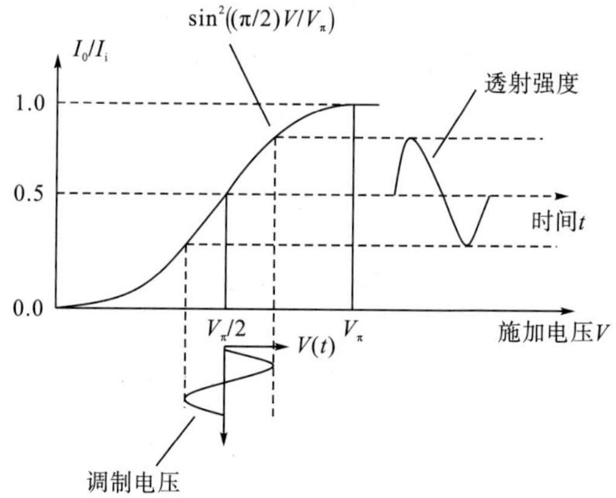

图 5.12　调制电压与透射强度之间的关系

横向结构(transverse configuration)：在前面的讨论中，电场是沿光的传播方向施加的，现在考虑图 5.13 的结构，其中所施加的电场垂直于传播方向。在这种结构中，该调制器工作于横向结构。

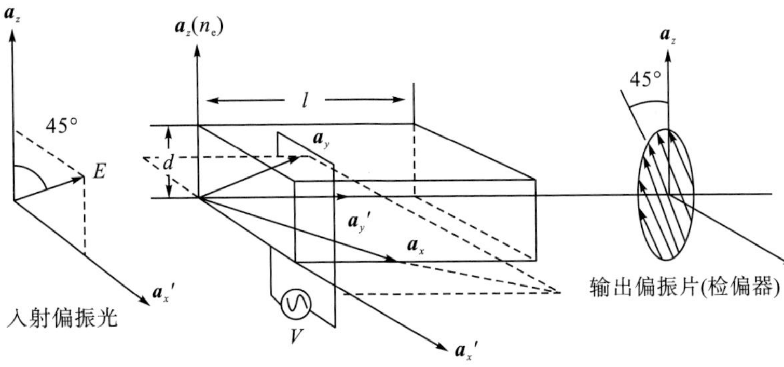

图 5.13　横向电光强度调制系统

入射光沿 y' 方向传播，其偏振与 z 轴成 45°并在 x'-z 平面上，并且其检偏器垂直于起偏器入射光的方向。由于施加了电压 V，所以折射率椭球的主轴 x 和 y 被旋转到沿 x' 和 y' 方向的新主轴上。同样，因 E_z 产生的折射率椭球的改变可由式(5.6.4)给出。从图中可以发现，在此结构中，没有沿 z 产生的双折射，因此入射电场的 z 分量不被相位调制。然而，$\boldsymbol{a}_x'$ 将出现延迟。假设输入场的偏振为 $E_0(\boldsymbol{a}_x'+\boldsymbol{a}_z)/\sqrt{2}$，那么晶体出射位置处的场分量 $\boldsymbol{a}_x'$ 和 $\boldsymbol{a}_z$ 分别为

$$E_x' = \frac{E_0}{\sqrt{2}}\exp\left(-\mathrm{j}\frac{\omega_0}{c}n_x' l\right) \tag{5.6.9}$$

和

$$E_z = \frac{E_0}{\sqrt{2}}\exp\left(-\mathrm{j}\frac{\omega_0}{c}n_{\mathrm{e}} l\right). \tag{5.6.10}$$

两个分量之间的相位差为

$$\begin{aligned}\Phi_{\mathrm{T}} &= \frac{\omega_0}{c}(n_x'-n_{\mathrm{e}})l \\ &= \frac{\omega_0}{c}\left[(n_{\mathrm{o}}-n_{\mathrm{e}})+\frac{n_{\mathrm{o}}^3}{2}r_{63}E_z\right]l \\ &= \frac{\omega_0}{c}\left[(n_{\mathrm{o}}-n_{\mathrm{e}})+\frac{n_{\mathrm{o}}^3}{2}r_{63}\frac{V}{d}\right]l,\end{aligned} \tag{5.6.11}$$

式中，使用了式(5.6.4)中 n_x' 的值，而 d 为沿所施加 V 的方向上的晶体长度。对于横向结构，由式(5.6.11)可以求得其电感应半波电压 V_π，通过设

$$\frac{\omega_0}{c}\frac{n_{\mathrm{o}}^3}{2}r_{63}\frac{V_\pi}{d}l = \frac{2\pi}{\lambda_v}\frac{n_{\mathrm{o}}^3}{2}r_{63}\frac{V_\pi}{d}l = \pi,$$

可得横向半波电压，即

$$V_\pi = \left(\frac{\lambda_v}{n_o^3 r_{63}}\right)\frac{d}{l} = (V_\pi)_T,$$

将其与式(5.6.7)所得的纵向半波电压$(V_\pi)_L$进行比较，有

$$(V_\pi)_T = 2\frac{d}{l}(V_\pi)_L.$$

可以发现，该横向半波电压是纵向半波电压的$2(d/l)$倍。由表 5.2 可知，对于 KDP 晶体在$\lambda_v = 0.55\mu m$、$d = 5mm$、$l = 10mm$时，在横向结构中，$V_\pi \approx 7.58kV$，该值与纵向结构中 KDP 晶体的半波电压相同。但是，通过在传播方向使用一个更长的晶体，可以获得比纵向结构来说更低的半波电压，而在纵向结构$(V_\pi)_L$中并不依赖于l[式(5.6.7)]。因此，横向结构是一种更加理想的操作模式。此外，在横向结构情况下，场电极不干扰入射光。

现在，通过检偏器[沿$(\boldsymbol{a}_z - \boldsymbol{a}'_x)/\sqrt{2}$方向]的最终光场为

$$\begin{aligned} E_y^o &= [E'_x \boldsymbol{a}'_x + E_z \boldsymbol{a}_z]\cdot[(\boldsymbol{a}_z - \boldsymbol{a}'_x)/\sqrt{2}] \\ &= \frac{1}{\sqrt{2}}[E_z - E'_x] \\ &= \frac{E_0}{\sqrt{2}}\left[\exp\left(-j\frac{\omega_0}{c}n_e l\right) - \exp\left(-j\frac{\omega_0}{c}n'_x l\right)\right], \end{aligned} \tag{5.6.12}$$

式中，已经利用了式(5.6.9)和式(5.6.10)，类似于纵向情况，输出光强($I_0 = |E_y^o|^2$)与入射光强($I_i = |E_0|^2$)的比值可用延迟表示为

$$\frac{I_0}{I_i} = \sin^2\left(\frac{\Phi_T}{2}\right). \tag{5.6.13}$$

但可以发现，在横向情况下，其输出场在没有外加电场时一般为椭圆偏振。因为由式(5.6.11)可知，当$V = 0$时，$\Phi_T = (\omega_0/c)(n_o - n_e)l$，而对于纵向情况，当$V = 0$时，$\Phi_L = 0$。这就提供了一种在横向情况下电光将线偏振光转换为椭圆偏振光的方法。

5.6.2 相位调制

图 5.13 给出一个能够对输入光进行相位调制的系统。从图中可以发现，此系统与图 5.10 中的系统相似。在强度调制中，入射光沿x'轴和y'轴的平分线偏振，而在相位调制(phase-modulation)中，光沿平行于其中一个诱导的双折射轴偏振(在图 5.14 中是x'方向)。

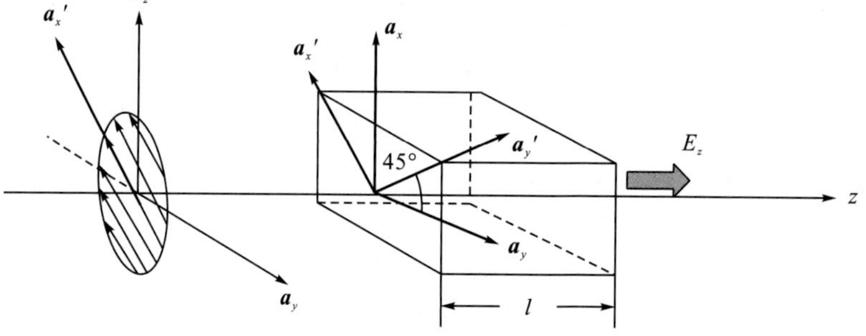

图 5.14　一种电光相位调制方案

沿 z 方向的外加电场不会改变其偏振状态，只改变其相位。晶体末端的相移为

$$\phi_x' = \frac{\omega_0}{c} n_x' l \ , \tag{5.6.14}$$

式中，n_x' 由式(5.6.4)给出。例如，若外加电场 E_z 根据下式被调制：

$$E_z = E_m \sin \omega_m t \ , \tag{5.6.15}$$

则晶体出射位置处的光场为

$$\begin{aligned}\boldsymbol{E} &= \mathrm{Re}(E_x' \exp(\mathrm{j}\omega_0 t))\boldsymbol{a}_x' = \mathrm{Re}\left(E_0 \exp(\mathrm{j}(\omega_0 t - \phi_x'))\right)\boldsymbol{a}_x' \\ &= \mathrm{Re}\left(E_0 \exp(\mathrm{j}\omega_0 t) \exp\left(\frac{-\mathrm{j}\omega_0 n_o}{c}\right) \exp(-\mathrm{j}\delta \sin \omega_m t) \right) \boldsymbol{a}_x',\end{aligned}$$

式中

$$\delta = \frac{\omega_0 n_o^3 r_{63} E_m l}{2c} = \frac{\pi n_o^3 r_{63} E_m l}{\lambda_v}$$

称为调相指数(phase modulation index)，出射光被相位调制。值得注意的是，调相指数是由式(5.6.6)给出的延迟 Φ_L 的一半。

5.6.3　频移

前面已经知道，由于声波在声介质中的传播，声光器件能够提供激光频率的移动。在电光器件中，可以通过向驱动电压提供锯齿波来实现频移功能。作为一个例子，这里将利用图 5.13 的横向结构来解释频移。设入射光沿 x' 方向偏振，此外去掉检偏器部分。在这种情况下，晶体在出射位置处的电场可表示为

$$\boldsymbol{E} = \mathrm{Re}(E_x' \exp(\mathrm{j}\omega_0 t) \exp(-\mathrm{j}\phi_x'))\boldsymbol{a}_x' \ , \tag{5.6.16}$$

式中，$\phi_x' = \frac{\omega_0}{c} n_x' l$ 且 $n_x' \approx n_0 + \frac{n_0^3}{2} r_{63} E_z$。因此，对于 KDP 晶体，由式(5.6.14)给出

$$\begin{aligned}\phi_x' &= \frac{\omega_0}{c} n_x' l = \frac{\omega_0}{c}\left(n_o + \frac{n_o^3}{2} r_{63} E_z \right) l \\ &= \frac{\omega_0}{c} n_o l + \frac{n_o^3}{2} r_{63} E_z l \\ &= \frac{2\pi}{\lambda_v} n_o l + \frac{\pi}{\lambda_v} n_o^3 r_{63} \frac{V(t)}{d} l,\end{aligned}$$

式中，$V(t)$ 为驱动电压。利用半波电压的定义，$(V_\pi)_T = \left(\frac{\lambda_v}{n_o^3 r_{63}}\right)\frac{d}{l}$，$\phi_x'$ 可表示为

$$\phi_x' = \frac{2\pi}{\lambda_v} n_o l + \frac{\pi V(t)}{(V_\pi)_T}.$$

由于其瞬时频率为 $\Delta\omega = \frac{\mathrm{d}\phi_x'}{\mathrm{d}t}$，有

$$\Delta\omega = \frac{\mathrm{d}\phi_x'}{\mathrm{d}t} = \frac{\pi}{(V_\pi)_T} \frac{\mathrm{d}V(t)}{\mathrm{d}t}. \tag{5.6.17}$$

那么，式(5.6.16)可写为

$$\boldsymbol{E} = \mathrm{Re}(E_0 \exp(\mathrm{j}\omega_0 t)\exp(-\mathrm{j}\phi'_x))\boldsymbol{a}'_x$$
$$= \mathrm{Re}(E_0 \exp(\mathrm{j}\omega_0 t)\exp(-\mathrm{j}\Delta\omega t))\boldsymbol{a}'_x \quad (5.6.18)$$

并由此反映场的频率变化。现在，求如图 5.15 所示的对于给定$V(t)$的频率$\Delta\omega$。其驱动电压是一个锯齿波形，由下式给出：

$$V(t)=\frac{2V_a}{T}t,\quad -T/2<t<T/2.$$

对于此波形，根据式(5.6.17)，有

$$\Delta\omega=\frac{2\pi V_a}{(V_\pi)_{\mathrm{T}}T}=\frac{2\pi}{T},\quad V_a=(V_\pi)_{\mathrm{T}}.$$

因此，式(5.6.18)变为

$$\boldsymbol{E} = \mathrm{Re}(E_0 \exp(\mathrm{j}(\omega_0-\Delta\omega)t))\boldsymbol{a}'_x.$$

式中，$\Delta\omega=2\pi/T$ 且其频率的下移由锯齿波形的周期T 控制。

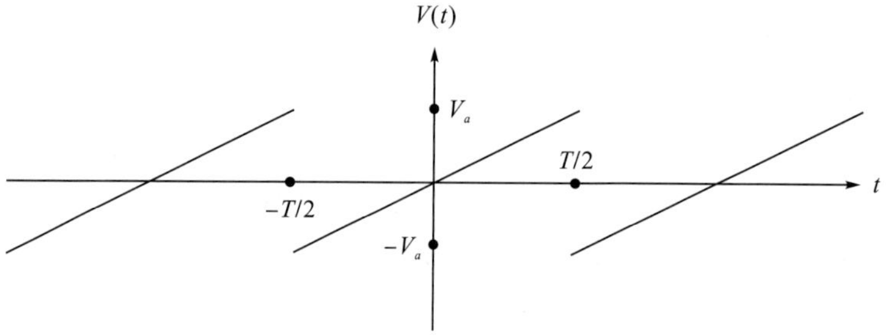

图 5.15 驱动电压为锯齿波形

使用电光设备进行外差时，其入射光沿y'方向传播，其偏振在x'-z平面上，并且与z轴夹角为 45°，如图 5.13 所示。在这种情况下，如前所述，沿$\boldsymbol{a}'_x$方向的电场在离开晶体时会发生频移，而沿$\boldsymbol{a}_z$方向的电场频率将保持不变，与入射电场频率一致。这两个携带不同时间频率的偏振被分离，例如，在晶体出射位置处使用一个分光器，然后再使用一对互相垂直的偏振片即可。全息术中的电光外差已经在最近的一些出版物中得到了证实(Liu et al.，2016；Kim et al.，2016)。

习　题

5.1 对于线性各向同性均匀介质中的时谐均匀平面波，假设场根据$\exp(\mathrm{j}(\omega_0 t-\boldsymbol{k}_0\cdot\boldsymbol{R}))$变化。证明：在这种情况下，无源区的麦克斯韦方程组可表示为

$$\boldsymbol{k}_0\cdot\boldsymbol{D}=0,$$
$$\boldsymbol{k}_0\cdot\boldsymbol{H}=0,$$
$$\boldsymbol{k}_0\times\boldsymbol{E}=\omega_0\mu\boldsymbol{H},$$
$$\boldsymbol{k}_0\times\boldsymbol{H}=-\omega_0\boldsymbol{D},$$

首先验证式(5.2.1)，随后验证式(5.2.3)。

5.2　证明：对于各向异性介质中的平面波传输，其相速度为$u_p = |\boldsymbol{u}_g|\cos\alpha$，其中，$\alpha$为波前传播方向和$\boldsymbol{S} = \boldsymbol{E} \times \boldsymbol{H}$之间的夹角且$|\boldsymbol{u}_g|$为能量传播速度。

5.3　给定一束可能是非偏振也可能是圆偏振的光束，如何确定其实际的偏振状态？

5.4　从式(5.2.14)开始，如图 5.3 所示，一束平面波以相对光轴为θ的角度传输，其总相速度为

$$u = \sqrt{(u_2\cos\theta)^2 + (u_3\sin\theta)^2}\ ,$$

推导式(5.4.5)。

5.5　从式(5.2.18)开始，验证式(5.2.19)。

5.6　图 5.4 中的单轴晶体铌酸锂与光轴成45°传输时，求与 o-光和 e-光相关的$\boldsymbol{E}$和$\boldsymbol{D}$之间的夹角。

5.7　顺时针圆偏振光($\lambda_v = 0.688\mu\text{m}$)由下式给出：

$$\boldsymbol{E}_i = E_i\cos(\omega_0 t - k_0 x)\boldsymbol{a}_y - E_i\sin(\omega_0 t - k_0 x)\boldsymbol{a}_z$$

入射到厚度为$d = 0.006\text{mm}$的 x-切割方解石晶体($n_o = 1.658, n_e = 1.486$)上。求其出射场$\boldsymbol{E}_{out}$的表达式及其偏振态。

5.8　一顺时针圆偏振光($\lambda_v = 0.688\mu\text{m}$)入射到一个厚度为$d = 0.025$ mm 的x-切割石英晶体($n_o = 1.544$，$n_e = 1.553$)上，确定其出射光的偏振态。

5.9　考虑铌酸锂晶体，沿y轴主方向给其施加外电场，即$\boldsymbol{E} = E_y\boldsymbol{a}_y$。

(a)折射率椭球在哪个平面上被旋转了一个角度?

(b)对于所旋转的角度给出其表达式。假定这是一个小角度，即$\sin\theta \approx \theta$且$\cos\theta \approx 1$，同样，求其对于 1kV 的电压横跨 1mm 厚晶体的旋转角度。

5.10　考虑一个 KDP 晶体，沿x主方向给其施加外电场E_x。

(a)证明其折射率椭球在y-z平面上被旋转一个角度α，该角度由下式给出：

$$\tan 2\alpha = -\frac{2r_{41}E_x}{(1/n_e^2 - 1/n_o^2)}.$$

(b)对于10^6 V/m 的外加电场，求其旋转角度。

(c)证明对于小角度假设，其主折射率近似由下式给出：

$$n'_y = n_o + \frac{n_o^5(n_e r_{41} E_x)^2}{2(n_o^2 - n_e^2)},$$

$$n'_z = n_e - \frac{n_e^5(n_o r_{41} E_x)^2}{2(n_o^2 - n_e^2)}.$$

5.11　在无外加电场的情况下，单轴晶体 $LiNbO_3$ 的折射率椭球由式(5.4.1)给出，一个外电场E_{z0}由沿晶体的光轴(z)施加。

(a)求该折射率椭球方程，并估算沿x、y和z方向相应的折射率。

(b)假设线偏振光沿y轴入射，并且入射光被分解为E_x和E_z分量。求光穿过晶体长度l后这两个分量之间的相位延迟。

(c)如果出射波是圆偏振的(取$l = 1$ cm)，计算所需的E_{z0}的幅度。

参考文献

Banerjee, P.P., T. C. Poon (1991). *Principles of Applied Optics.* Irwin, Homewood, Illinois.

Chen, C. L.(1996). Elements of Optoelectronics & Fiber Optics. Irwin, Chicago, Illinois.

Fowles, G. R. (1975). Introduction to Modern Optics. Holt, Rinehart and Winston, New York.

Ghatak, A.K., K. Thyagarajan (1989). Optical Electronics, Cambridge University Press, Cambridge.

Haus, H.A. (1984). Waves and Fields in Optoelectronics. Prentice-Hall, Inc. New Jersey.

Johnson, C. (1965). Field and Wave Electrodynamics. McGraw-Hill, New York.

Kim, H., Kim Y., Kim T., et al. (2016). "Full-Color Optical Scanning Holography with Common Red, Green, and Blue Channels [Invited], " Applied Optics, 55, pp. A17- A21.

Liu, J. P., Guo C. H., Hsiao W. J., et al. (2016). "Coherence Experiments in Single-Pixel Digital Holography, " Optics Letters, 40, pp. 2366. 2369.

Nussbaum, A, R.A. Phillips, Ogren H. (1976). Contemporary Optics for Scientists and Engineers. Prentice-Hall, Inc. New Jersey.

Yariv, A (1976). *Introduction to Optical Electronics*. 2d Ed. Holt, Rinehart, and Winston, New York.

索　　引†

A

† 此处，译著改用单页码型索引，索引排序基本遵照原著，译者有个别调整和删减。

B

C

D

E

F

G

H

I

K

L

M

N

O

P

Q

R

S

T

U

V

W